新工科建设·智能化物联网工程与应用系列教材

物联网技术基础实践

/ 李小龙 / 主编

/ 邓昀 周涵 杨俊丰 刘洋 / 副主编

電子工業出版社

Publishing House of Electronics Industry

北京·BEIJING

内 容 简 介

本书将物联网各项技术实例化，以实验任务的形式全面介绍了物联网应用技术实践中所用到的相关技术和设备。全书分为 10 章：第 1 章介绍感知技术，包括传感器原理、条形码技术、图像识别技术和定位技术的相关理论，为后面几章的实验内容打下理论基础；第 2 章介绍实验开发环境；第 3 章为传感器接口实验，包括光敏传感器、温湿度传感器、人体红外传感器、可燃气体/烟雾传感器等实验；第 4 章为感知基础实验，包括一维码、二维码、编码识别、GPS 定位、人脸识别等实验；第 5 章介绍无线通信技术，包括 ZigBee、蓝牙、蜂窝式无线网络、Wi-Fi 等技术；第 6～10 章介绍如何使用物联网相关技术进行项目开发，包括 CC2530 模块实验、ZigBee 网络通信实验、CC2540 模块实验、蜂窝式无线网络实验、STC12C5A60S2 基础实验。

本书可作为物联网技术导论课程的实践教材，也可作为高等院校物联网通信技术、嵌入式开发与应用、物联网控制基础、定位技术等课程的实验指导书。

图书在版编目（CIP）数据

物联网技术基础实践 / 李小龙主编. —北京：电子工业出版社，2022.4
ISBN 978-7-121-43308-5

Ⅰ. ①物…　Ⅱ. ①李…　Ⅲ. ①物联网－研究　Ⅳ.①TP393.4②TP18

中国版本图书馆 CIP 数据核字（2022）第 066118 号

责任编辑：冉　哲　　文字编辑：底　波
印　　刷：涿州市般润文化传播有限公司
装　　订：涿州市般润文化传播有限公司
出版发行：电子工业出版社
　　　　　北京市海淀区万寿路 173 信箱　邮编 100036
开　　本：787×1 092　1/16　印张：13　字数：332 千字
版　　次：2022 年 4 月第 1 版
印　　次：2024 年 7 月第 3 次印刷
定　　价：46.00 元

凡所购买电子工业出版社图书有缺损问题，请向购买书店调换。若书店售缺，请与本社发行部联系，联系及邮购电话：（010）88254888，88258888。

质量投诉请发邮件至 zlts@phei.com.cn，盗版侵权举报请发邮件至 dbqq@phei.com.cn。

本书咨询联系方式：ran@phei.com.cn。

前　言

本书将物联网各项技术实例化，以实验任务的形式全面介绍了物联网应用技术实践中所用到的相关技术和设备。本书以感知技术和无线通信技术的原理、定义、结构、发展历史为切入点，采用实例化、软硬件相结合的方式，讲解了物联网应用技术的各种实践方法。

全书分为 10 章：第 1 章介绍感知技术，包括传感器原理、条形码技术、图像识别技术和定位技术的相关理论，为后面几章的实验内容打下理论基础；第 2 章介绍实验开发环境；第 3 章为传感器接口实验，包括光敏传感器、温湿度传感器、人体红外传感器、可燃气体/烟雾传感器等实验；第 4 章为感知基础实验，包括一维码、二维码、编码识别、GPS 定位、人脸识别等实验；第 5 章介绍无线通信技术，包括 ZigBee、蓝牙、蜂窝式无线网络、Wi-Fi 等技术；第 6～10 章介绍如何使用物联网相关技术进行项目开发，包括 CC2530 模块实验、ZigBee 网络通信实验、CC2540 模块实验、蜂窝式无线网络实验、STC12C5A60S2 基础实验。

为使本书具有良好的可读性和实用性，本书重点考虑了如下问题：

（1）注重原理与应用相结合。本书不仅介绍了物联网相关技术所涉及的物联网设备及其原理，还将原理与实例设计相结合，使学生能够尽快掌握各种物联网设备的使用方法。

（2）突出物联网应用技术的实践性、典型性。本书针对物联网常用设备设计了实验内容和步骤，采取了典型的实用方案，并且提供了大量的接口设计实例及程序，软硬件相结合，便于学生快速掌握物联网相关知识，提高效率。

（3）为便于自学，本书力求文字精炼，通俗易懂，深入浅出。本书各章末均有思考题，供读者做进一步研究。

本书是物联网专业学生学习物联网技术的基础，着重培养学生结合相应硬件进行上机程序调试的实践能力。本书可作为物联网技术导论课程的实践教材，也可作为高等院校物联网通信技术、嵌入式开发与应用、物联网控制基础、定位技术等课程的实验指导书。

书中若存在错误及疏漏之处，敬请读者批评指正。

目　录

第 1 章　感知技术介绍 ········ 1

1.1　传感器原理 ········ 1

1.1.1　传感器的定义 ········ 1

1.1.2　传感器的发展历史及趋势 ········ 1

1.2　条形码技术 ········ 2

1.2.1　一维码的定义 ········ 2

1.2.2　一维码的组成 ········ 3

1.2.3　二维码的定义 ········ 3

1.2.4　二维码的应用 ········ 4

1.3　图像识别技术 ········ 5

1.3.1　图像识别技术简介 ········ 5

1.3.2　图像识别技术的发展 ········ 5

1.3.3　图像识别的基本过程 ········ 6

1.3.4　图像识别技术相关领域 ········ 6

1.4　定位技术 ········ 6

1.4.1　GPS 技术简介 ········ 6

1.4.2　系统组成 ········ 7

1.4.3　定位原理 ········ 8

1.4.4　系统特点 ········ 8

1.4.5　用途 ········ 9

第 2 章　熟悉实验开发环境 ········ 10

2.1　IAR 集成开发环境 ········ 10

2.2　基本接口实验 ········ 11

2.2.1　器件连接方式 ········ 11

2.2.2　LED 基本接口实验 ········ 13

第 3 章　传感器接口实验 ········ 17

3.1　光敏传感器实验 ········ 17

3.2　温湿度传感器实验 ········ 19

3.3　人体红外传感器实验 ········ 23

3.4　可燃气体/烟雾传感器实验 ········ 25

本章附录　基本器件、原理图及寄存器 ········ 27

第 4 章　感知基础实验 ········ 34

4.1　一维码实验 ········ 34

4.2　二维码实验 ········ 37

4.3　编码识别实验 ········ 41

4.4　GPS 定位实验 ········ 44

4.5　人脸识别实验 1 ········ 50

4.6　人脸识别实验 2 ········ 56

第 5 章　无线通信技术简介 ········ 63

5.1　ZigBee 技术 ········ 63

5.1.1　一些定义 ········ 63

5.1.2　IEEE 802.15.4 标准概述 ········ 63

5.1.3　ZigBee 协议的体系结构 ········ 64

5.1.4　ZigBee 技术的应用 ········ 64

5.1.5　CC2530 概述 ········ 65

5.2　蓝牙技术 ········ 67

5.2.1　蓝牙简介 ········ 67

5.2.2　蓝牙系统的组成 ········ 68

5.2.3　蓝牙协议的体系结构 ········ 68

5.2.4　蓝牙的应用 ········ 69

5.2.5　CC2540 简介 ········ 70

5.3　蜂窝式无线网络 ········ 70

5.3.1　蜂窝式无线网络的定义 ········ 70

5.3.2　蜂窝系统的组成和功能 ········ 70

5.4　Wi-Fi 技术 ········ 71

5.4.1　Wi-Fi 概述 ········ 71

5.4.2　Wi-Fi 的原理 ········ 72

第 6 章　CC2530 模块实验 ········ 73

6.1　CC2530 模块 I/O 控制实验 ········ 73

6.2　CC2530 模块外部按键实验 ········ 78

6.3　CC2530 模块外部中断实验 ········ 80

6.4　CC2530 模块定时器实验 ········ 84

6.5　CC2530 模块串口通信实验 ········ 87

6.6　CC2530 模块看门狗实验 ········ 90

6.7　CC2530 模块液晶驱动实验 ········ 93

第 7 章　ZigBee 网络通信实验 ········ 100

7.1　ZigBee 网络通信实验之点播 ········ 100

7.2　ZigBee 网络通信实验之组播 ········ 110

7.3　ZigBee 网络通信实验之广播 ········ 115

7.4　ZigBee 网络通信之传感器应用实验 ··· 118

第 8 章　CC2540 模块实验……………………128
8.1　CC2540 模块 I/O 控制实验……………128
8.2　CC2540 模块外部中断实验……………131
8.3　CC2540 模块串口通信实验 1…………133
8.4　CC2540 模块串口通信实验 2…………137
8.5　CC2540 模块定时器实验………………139
8.6　BLE 协议栈的串口通信实验……………141
8.7　蓝牙无线数据传输实验…………………145
第 9 章　蜂窝式无线网络实验………………155
9.1　4G 模块驱动实验 1………………………155
9.2　4G 模块驱动实验 2………………………165
9.3　4G 模块驱动实验 3………………………175
第 10 章　STC12C5A60S2 基础实验……185
10.1　I/O 控制实验……………………………185
10.2　按键实验…………………………………189
10.3　定时器实验………………………………190
10.4　串口通信实验……………………………193
10.5　ESP8266 Wi-Fi 模块的驱动实验……196

第 1 章　感知技术介绍

1.1　传感器原理

1.1.1　传感器的定义

传感器（英文名称：Transducer/Sensor）是一种检测装置，通常由敏感元（器）件和转换元（器）件组成，能感受到被测量的信息，并能将感受到的信息按一定规律变换成为电信号或其他所需形式的信息输出，以满足信息的传输、处理、存储、显示、记录和控制等要求。国际电工委员会（IEC）对于传感器的定义为："传感器是测量系统中的一种前置部件，它将输入变量转换成可供测量的信号"。传感器是传感系统的一个组成部分，它是被测量信号输入的第一道关口。传感器可分为两类：有源和无源。

传感器的特点：微型化、数字化、智能化、多功能化、系统化、网络化。它是实现自动检测和自动控制的首要环节。传感器的存在和发展，让物体有了触觉、味觉和嗅觉等"感官"，让物体慢慢变得"活"了起来。通常，根据其基本感知功能分为热敏器件、光敏器件、气敏器件、力敏器件、磁敏器件、湿敏器件、声敏器件、放射线敏感器件、色敏器件和味敏器件十大类。

1.1.2　传感器的发展历史及趋势

传感器的种类很多，按照不同的功能、不同的适用领域可以划分为多种类型。其中，温度传感器是最早开发且应用最广的一类传感器。17 世纪初，人们开始利用温度计进行测量，而真正把温度变成电信号的传感器是 1821 年由德国物理学家赛贝发明的，这就是后来的热电偶传感器。在半导体得到充分发展以后，相继开发了半导体热电偶传感器、PN 结温度传感器和集成温度传感器。与之相对应，根据波与物质的相互作用规律，还相继开发了声学温度传感器、红外传感器和微波传感器。

20 世纪 80 年代，我国的改革开放给传感器行业带来了生机与活力。20 世纪 90 年代，在党和国家关于"大力加强传感器的开发和在国民经济中普遍应用"的决策指引下，传感器行业进入了新的发展时期。目前，传感器的应用已经遍及工业生产、海洋探测、环境保护、医学诊断、生物工程等领域，几乎所有的现代化项目都离不开传感器的应用。在我国的传感器市场中，国外的厂商占据了较大的份额，虽然国内厂商也有了较快的发展，但仍然无法跟上国际传感器技术发展的步伐。近年来，由于国家的大力支持，我国建立了传感器技术国家重点实验室、微米/纳米国家重点实验室、机器人国家重点实验室等研发基地，初步形成了敏感器件和传感器产业。在经济全球化趋势下，随着我国投资环境的改善以及对传感器技术的大力支持，各国传感器厂商纷纷涌进我国的传感器市场，使得国内的传感器领域的竞争日趋激烈。同时，激烈的市场竞争必然会导致技术的飞速发展，促进我国传感器技术的快速进步。

未来的传感器会向着小型化、多功能化、智能化、集成化、系统化的方向发展，由微传感器、微执行器及信号和数据处理器总装集成的系统越来越引起人们的关注。

传感器开始时只对单一量进行测量，但是，在众多领域中单一的量不能准确、客观地反映事物和环境，这就要求传感器对多种量进行测量。由若干种敏感器件组成的多功能传感器兼具新一代的探测功能，它可以同时测量多种数值，从而对被测量体变化的测量更加精准，这种多功能的传感器应用范围更广泛。

智能化传感器是一种带微处理器的传感器，是微型计算机和传感器相结合的成果，它兼有检测、判断和信息处理功能，与传统传感器相比有很多优点：具有判断和信息处理功能，能对测量值进行修正、误差补偿，因而提高测量精度；可实现多传感器多参数测量；有自诊断和自校准功能，能提高可靠性；测量数据可存取，使用方便；有数据通信接口，能与微型计算机直接通信。把传感器、信号调节电路、单片机集成在一个芯片上可以构成超大规模集成化的高级智能传感器。

随着计算机技术的发展，辅助设计（CAD）技术和集成电路技术也得到迅速发展，将微机电系统（MEMS）技术应用于传感器技术，从而引发了传感器微型化。目前，几乎所有的传感器都在脱离传统的结构化生产设计，向基于计算机辅助设计的模拟式工程化设计转变，其体积越来越小，功能越来越强大。这种设计手段的巨大转变在很大程度上推动着传感器系统以更快的速度向着能够满足科技发展需求的微型化方向发展。

现代传感器的应用依赖于智能系统的控制，并伴随着系统的发展不断进步。因此，面对日益集成化、系统化的网络环境和硬件结构，传感器必定会更加的集成化、系统化，才能更好地服务于技术日渐成熟的物联网领域。

随着物联网的发展，传感器的应用会遍及生活中的各个层面。微型化的传感器能够使当前的设备在不需要做过多改进的情况下进入物联网的大家庭。随着科技的进步，对传感器的要求也越来越高，单一功能的传感器已经无法满足当前人们在工业生产、医学诊断、生物工程等领域的需求，多功能化的传感器必定会随着传感器技术的高速发展而更快地进入人们的生活。我们现在追求的是智能化的世界，不管是研究机器人，还是对计算机的发展要求，我们都希望智能的出现能够更好地帮助我们去工作，提高效率。这就需要更为智能的传感器来代替人工的判断，因此，智能化的产业会随着人们技术水平的提升而遍及全球。集成化、系统化的传感器会更多地提高传感器的敏感度，减小传感器的误差，使得传感器得到的数据更加准确，也会为人类科技的智能化做出更多、更大的贡献。

由于传感器具有频率响应、阶跃响应等动态特性，以及诸如漂移、重复性、精确度、灵敏度、分辨率、线性度等静态特性，所以外界因素的改变与动荡必然会造成传感器自身特性的不稳定，从而给实际应用造成较大影响。这就要求我们针对传感器的工作原理和结构，在不同场合对传感器规定相应的基本要求，以最大程度优化其性能参数与指标，如高灵敏度、抗干扰的稳定性高、线性好、容易调节、高精度、无迟滞性、工作寿命长、抗老化、高响应速率、抗环境影响、互换性、低成本、宽测量范围、小尺寸、重量轻和高强度等。

同时，根据对国内外传感器技术研究现状的分析以及对传感器各性能参数的理想化要求，现代传感器技术的发展趋势可以从 4 个方面进行分析与概括：第一，开发使用新材料、新工艺的新型传感器；第二，实现传感器的多功能、高精度、集成化和智能化；第三，实现传感技术硬件系统的微小型化；第四，通过传感器与其他学科的交叉整合实现无线网络化。

1.2 条形码技术

1.2.1 一维码的定义

条形码(Barcode)或称条码是将宽度不等的多个黑条和空白按照一定的编码规则进行排列，用以表达一组信息的图形标识符。常见的条形码是由反射率相差很大的黑条（简称条）和白条(简称空)排成的平行线图案。条形码起源于 20 世纪 40 年代，应用于 70 年代，普及于 80 年代。条形码可以标示出物品的生产国、制造厂家、商品名称、生产日期、图书分类号、邮件起止地点、类别、日期等信息，因而在商品流通、图书管理、邮政管理、银行系统等许多领域都得到了广泛的应用。常用一维条形码（简称一维码）的码制包括 EAN 条形码、39 条形码、交叉 25 条形码（ITF 条形码）、UPC 条形码、128 条形码、93 条形码、ISBN 条形码及库德巴（Codabar）条形码等。

条形码技术是在计算机应用和实践中产生并发展起来的，它是被广泛应用于商业、邮政、图书管理、仓储、工业生产过程控制、交通等领域的一种自动识别技术，具有输入速度快、准确度高、成本低、可靠性强等优点，在当今的自动识别技术中占有重要的地位。

条形码中的“条”指对光线反射率较低的部分，“空”指对光线反射率较高的部分，这些条和空组成的数据能够表达一定的信息，并能够用特定的设备识读，转换成与计算机兼容的二进制数和十进制数信息。通常对于每一种物品，它的编码是唯一的。对于普通的一维码来说，还要通过数据库建立条形码与商品信息的对应关系。当条形码的数据传到计算机中时，由计算机中的应用程序对数据进行操作和处理。因此，普通的一维码在使用过程中仅作为识别信息，它的意义是通过在计算机系统的数据库中提取相应的信息而实现的。

一维码的缺点：① 制作简单，其编码码制较容易被不法分子获得并伪造；② 一维码几乎不可能表示汉字和图像信息。

1.2.2 一维码的组成

一个完整的条形码的组成次序为：静区（前）、起始符、数据符（中间分割符，主要用于 EAN 码）、（校验符）、终止符、静区（后）。

静区指条形码左右两端外侧与空的反射率相同的限定区域，它能使阅读器进入准备阅读的状态。当两个条形码相距距离较近时，静区有助于对它们加以区分。静区的宽度通常应不小于 6mm（或 10 倍模块宽度）。

起始/终止符指位于条形码开始和结束的若干条与空，标志条形码的开始和结束，同时提供码制识别信息和阅读方向信息。

数据符指位于条形码中间的条、空结构，它包含条形码所表达的特定信息。

构成条形码的基本单位是模块，模块是指条形码中最窄的条或空。模块的宽度通常以 mm 或 mil（千分之一英寸）为单位。构成条形码的一个条或空称为一个单元，一个单元包含的模块数是由编码方式决定的。有些码制中，例如 EAN 码，一个单元由一个或多个模块组成。而另一些码制中，例如 39 码，所有单元只有两种宽度，即宽单元和窄单元，其中的窄单元即为一个模块。

1.2.3 二维码的定义

二维条形码（2-Dimensional Bar Code，简称二维码）是指在一维码基础上扩展出的另一维具有可读性的条形码，其使用黑白矩形图案表示二进制数据，被设备扫描后可获取其中所包含的信息。一维码的宽度记载着数据，而其长度没有记载数据。二维码的长度、宽度均记载着数据。二维码有一维码所没有的“定位点”和“容错机制”。使用容错机制，在即使没有辨识到全部的条形码或条形码有污损时，也可以正确地还原条形码上的信息。

二维码的种类很多，不同的机构开发出的二维码具有不同的结构以及不同的编写、读取方法。常见的二维码有 PDF417 码、QR 码、汉信码、颜色条形码。

二维码在代码编制上巧妙地利用构成计算机内部逻辑基础的 0 和 1 比特流的概念，使用若干与二进制数相对应的几何形体来表示文字数值信息，通过图像输入设备或光电扫描设备自动识读以实现信息自动处理。它具有条形码技术的一些共性：每种码制有其特定的字符集；每个字符占有一定的宽度；具有一定的校验功能等。

1.2.4 二维码的应用

（1）二维码在工业生产中的应用

欧、美、日等国家和地区在电子产品组装过程中也采用二维码标签，对不同的工序进行标识。在汽车总装线和电子产品总装线都可采用二维码并通过二维码实现数据的自动切换。在汽车或电子产品的装配过程中，可将装置的流程和所用配件的信息生成二维码，自动条形码识读系统只需识读条形码标签就可以进行下一流程的装配了。这样既节省了人力物力，又保证了操作的正确性，提高了生产率。在工业自动化中，还可用二维码来实现产品的自动分拣，如日本的一个药品生产厂家用 CP 码来实现药品的自动分拣工作。

（2）二维码在物流管理中的应用

物流是生产和消费之间联系的纽带，如何实现以最小的投入获得最大的经济效益是商家普遍关心的问题。物流条形码的出现实现了商品在从生产厂家到运输交换过程中数据的共享，使得信息的传递变得更加方便快捷，实现了货物与信息的同步传输。条形码的防伪性也使得整个物流系统变得安全，提高了经济效益。随着电子信息技术的迅速发展，网络逐渐渗透到人们生活的方方面面，人们可以轻而易举地在互联网上发布产品信息，通过网络传递报价，甚至在网络上实现电子支付。这就给电子商务的出现奠定了可靠的物质条件。电子商务的兴起改变了传统概念上的商品交换形式。在电子商务的购物过程中，除了供应链管理中条形码的应用，二维码还可以作为网上交易的付款收据，以备送货方交货时查验身份之用。

（3）二维码在个人名片和凭证中的应用

在日本、韩国，二维码应用最多的地方便是个人名片。传统纸质名片携带和存储信息都非常不方便，而名片上加印二维码，方便了名片的存储，用手机扫码名片上的二维码即可将名片上的姓名、联系方式、电子邮件、公司地址等按列存入手机系统中，并且还可以直接调用手机功能拨打电话、发送电子邮件等。

二维码凭证应该是目前中国二维码应用最火的一种，例如，二维码优惠券、世博会二维码门票、中国互联网大会的签到二维码等，都是二维码凭证的一种形式。手机作为二维码被读终端，减少了传统纸质凭证的浪费和对环境的污染，另外，手机二维码凭证携带的方便性和便利性，都是传统纸质凭证无法相比的。二维码凭证降低了产品销售的成本，节省了企业资源，促进了企业的信息化。

（4）二维码在质量溯源中的应用

给猪/牛/羊佩戴二维码耳标，其饲养、运输、屠宰及加工、储藏、运输、销售各环节的信息都将实现有源可溯。二维码耳标与传统物理耳标相比，增加了全面的信息存储功能。在可追溯体系中，猪/牛/羊的养殖免疫、产地检疫和屠宰检疫等环节中都可以通过二维码识读器将各种信息输入新型耳标中。例如，通过编码就能很轻松地追溯到每头猪是哪个养殖场、哪个管理员饲养的，市民餐桌上的猪肉质量安全就有保障了。在中国的二维码应用市场中，二维码溯源是最受生产型企业欢迎的一种应用。对企业来说，方便了产品跟踪、防止了产品假冒；对消费者来说，食品更加安全，是一种购买保障。

（5）二维码在数据防伪中的应用

二维码的数据防伪也被渐渐用于人们的生活当中。目前的二维码演唱会门票、新版火车票和航空公司登机牌上，都用了二维码的加密功能。经过手机识别后，得到的是一串加密的字符串，该字符串需要对应机构的专门解码软件才可解析出信息，而普通手机的二维码解码软件是无法解析出具体信息的。将一些不便公开的信息经过二维码加密后，便于明文传播，也做到了防伪。可以预测，该应用对于车票类、证件类的应用最为有益。特别是身份证的盗用近年来比较多，将身份证里的一些信息进行加密，可以防止身份证的盗用以及证件的伪造。

1.3 图像识别技术

图像识别是指图形刺激作用于感觉器官，人们根据记忆辨认出它是见过的某一图形的过程，也叫图像再认。在图像识别中，既要有当时进入感官的信息，也要有记忆中存储的信息。只有通过存储的信息与当前的信息进行比较的加工过程，才能实现对图像的再认。

1.3.1 图像识别技术简介

人的图像识别能力是很强的。图像距离的改变或图像在感觉器官上作用位置的改变，都会造成图像在视网膜上的大小和形状的改变。即使在这种情况下，人们仍然可以认出他们过去见过的图像。甚至，图像识别可以不受感觉通道的限制，例如，人可以用眼看字，当别人在他背上写字时，他也可能认出这个字来。

图像识别技术可能是以图像的主要特征为基础的。每个图像都有它的特征，例如，分析英文字母可以发现，A 有个尖，P 有个圈，而 Y 的中心有个锐角等。对图像识别时眼动的研究表明，视线总是集中在图像的主要特征上，也就是集中在图像轮廓曲度最大或轮廓方向突然改变的地方，这些地方的信息量最大。而且眼睛的扫描路线也总会依次从一个特征转到另一个特征上。由此可见，在图像识别过程中，知觉机制必须排除输入的多余信息，并抽出关键的信息。同时，在大脑里必定有一个负责整合信息的机制，它能把分阶段获得的信息整理成一个完整的知觉映像。

在人的图像识别系统中，对复杂图像的识别往往要通过不同层次的信息加工才能实现。对于熟悉的图形，由于掌握了它的主要特征，就会把它当作一个单元来识别，而不再注意它的细节了。这种由孤立的单元材料组成的整体单位称为组块，每一个组块是同时被感知的。在文字材料的识别中，人们不仅可以把一个汉字的笔画或偏旁部首等单元组成一个组块，而且能把经常在一起出现的字或词组成组块单位来加以识别。

1.3.2 图像识别技术的发展

图像识别的发展经历了三个阶段：文字识别、数字图像处理与识别、物体识别。文字识别的研究是从 1950 年开始的，一般是识别字母、数字和符号，从印刷文字识别到手写文字识别，其应用非常广泛。数字图像处理与识别的研究开始于 1965 年。数字图像与模拟图像相比具有存储、传输方便，可压缩，传输过程中不易失真，处理方便等巨大优势，这些都为图像识别技术的发展提供了强大的动力。物体的识别主要指的是对三维世界的客体及环境的感知和认识，属于高级的计算机视觉范畴。它是以数字图像处理与识别为基础的结合人工智能、系统学等学科的研究方向，其研究成果被广泛应用在各种工业及探测机器人上。现代图像识别技术的一个不足就是自适应性能差，一旦目标图像被较强的噪声污染或者目标图像有较大的残缺，往往就得不出理想的结果。

图像识别问题的数学本质属于模式空间到类别空间的映射问题。目前，在图像识别技术的发展中，主要有三种识别方法：统计模式识别、结构模式识别和模糊模式识别。

图像分割是图像处理中的一项关键技术，自 20 世纪 70 年代，其研究已经有几十年的历史，一直都受到人们的高度重视，至今借助于各种理论提出了数以千计的分割方法，而且这方面的研究仍然在积极地进行着。现有的图像分割的方法有许多种，有阈值分割方法、边缘检测方法、区域提取方法、结合特定理论工具的分割方法等。早在1965年就有人提出了检测边缘算子，使得边缘检测产生了不少经典算法。但在近20年间，随着基于直方图和小波变换的图像分割方法的研究，以及计算技术、VLSI（超大规模集成电路）技术的迅速发展，有关图像处理方面的研究取得了很大的进展。

1.3.3　图像识别的基本过程

1）信息的获取：通过传感器，将光或声音等信息转换为电信息。信息可以是二维的图像，如文字、图像等；可以是一维的波形，如声波、心电图、脑电图等；也可以是物理量与逻辑值。

2）预处理：包括A/D转换、二值化，以及图像的平滑、变换、增强、恢复、滤波等，主要指图像处理。

3）特征抽取和选择：在模式识别中，需要进行特征的抽取和选择，例如，一个64×64px的图像可以得到4096个数据，这种在测量空间获得的原始数据经过变换后，在特征空间能反映其本质的特征。这就是特征提取和选择的过程。

4）分类器设计：分类器设计的主要功能是通过训练确定判决规则，使按此类判决规则分类时，错误率最低。

5）分类决策：在特征空间中对被识别对象进行分类。

1.3.4　图像识别技术相关领域

图像识别是人工智能的一个重要领域。为了编制模拟人类图像识别活动的计算机程序，人们提出了不同的图像识别模型。例如，模板匹配模型认为，要识别某个图像，必须在过去的经验中有这个图像的记忆模式，又叫模板。当前的刺激如果能与大脑中的模板相匹配，这个图像也就被识别了。例如，要识别英文字母A，如果在大脑中有一个模板A，而要识别的A的大小、方位、形状都与这个模板A完全一致，A就被识别了。这种模型简单明了，也容易得到实际应用。但这种模型强调图像必须与大脑中的模板完全符合才能加以识别，而事实上人不仅能识别与模板完全一致的图像，也能识别与模板不完全一致的图像。例如，人们不仅能识别某一个具体的英文字母A，也能识别印刷体、手写体、方向不正、大小不同的各种A。同时，人能识别的图像是大量的，不可能所识别的每个图像在大脑中都有一个相应的模板。

1.4　定位技术

1.4.1　GPS技术简介

GPS（Global Positioning System，全球定位系统）是美国从20世纪70年代开始研制的，于1994年全面建成，其具有海、陆、空全方位实时三维导航与定位能力的新一代卫星导航与定位系统。GPS是由空间星座、地面控制和用户设备三部分构成的。GPS测量技术能够快速、高效、准确地提供点、线、面要素的精确三维坐标以及其他相关信息，具有全天候、高精度、自动化、高效益等显著特点，广泛应用于军事、民用交通（船舶、飞机、汽车等）导航、大地测量、摄影测量、野外考察探险、土地利用调查、精确农业以及日常生活（人员跟踪、休闲娱乐）等不同领域。现在GPS与现代通信技术相结合，使得测定地球表面三维坐标的方法从静态发展到动态，从数据后处理发展到实时的定位与导航，极大地扩展了它的应用广度和深度。载波相位差分法 GPS 技术可以极大提高相对定位精度，在小范围内可以达到厘米级精度。此外，由于 GPS 测量技术对测站间通视和几何图形等方面的要求比常规测量方法更加灵活、方便，已完全可以用来施测各种等级的控制网。另外，GPS 全站仪的发展在地形和土地测量以及各种工程、变形、地表沉陷监测中已经得到广泛应用，在精度、效率、成本等方面显示出巨大的优越性。

1.4.2 系统组成

GPS 系统包括三大部分：空间星座部分——GPS 卫星星座；地面控制部分——地面监控系统；用户设备部分——GPS 信号接收机。

1. GPS 卫星星座

由 21 颗工作卫星和 3 颗在轨备用卫星组成的 GPS 卫星星座记作（21+3）GPS 星座。24 颗卫星均匀分布在 6 个轨道平面内，轨道倾角为 55°，各个轨道平面之间相距 60°，即轨道的升交点赤经各相差 60°。每个轨道平面内，各颗卫星之间的升交角距相差 90°，一个轨道平面内的卫星比西边相邻轨道平面内的相应卫星超前 30°。

在两万千米高空的 GPS 卫星，当地球对恒星来说自转一周时，它们绕地球运行两周，即绕地球一周的时间为 12 恒星时。这样对于地面观测者来说，每天将提前 4 分钟见到同一颗 GPS 卫星。位于地平线以上的卫星颗数随着时间和地点的不同而不同，最少可见到 4 颗，最多可见到 11 颗。在用 GPS 信号导航定位时，为了计算测站的三维坐标，必须观测 4 颗 GPS 卫星，称为定位星座。这 4 颗卫星在观测过程中的几何位置分布对定位精度有一定的影响。如果某地某时不能测得精确的点位坐标，则称这种时间段为“间隙段”。但这种时间间隙段是很短暂的，并不影响全球绝大多数地方的全天候、高精度、连续实时的导航定位测量。GPS 工作卫星的编号和试验卫星的基本相同。

2. 地面监控系统

对于导航定位来说，GPS 卫星是一个动态已知点。卫星的位置是依据卫星发射的星历（描述卫星运动及其轨道的参数）算得的。每颗 GPS 卫星所播发的星历是由地面监控系统提供的。卫星上的各种设备是否正常工作，以及卫星是否一直沿着预定轨道运行都要由地面设备进行监测和控制。地面监控系统还有一个重要作用：保持各颗卫星处于同一时间标准——GPS 时间系统。这就需要地面站监测各颗卫星的时间以求出钟差。然后由地面注入站发给卫星，卫星再由导航电文发给用户设备。GPS 工作卫星的地面监控系统包括一个主控站、三个注入站和 5 个测站。

3. GPS 信号接收机

GPS 信号接收机的任务：捕获按一定卫星高度截止角所选择的待测卫星的信号，并跟踪这些卫星的运行，对所接收到的 GPS 信号进行变换、放大和处理，以便测量出 GPS 信号从卫星到接收机天线的传播时间，解译出 GPS 卫星所发送的导航电文，并实时进行计算。

GPS 卫星发送的导航定位信号是一种可供无数用户共享的信息资源。陆地、海洋和空间的广大用户，只要他们拥有能够接收、跟踪、变换和测量 GPS 信号的接收设备，即 GPS 信号接收机，就可以在任何时候用 GPS 信号进行导航定位测量。根据使用目的的不同，GPS 信号接收机也各有差异。目前，世界上有几十家工厂可以生产 GPS 信号接收机，产品也有几百种，这些产品可以按照原理、用途、功能等来分类。

静态定位中，GPS 信号接收机在捕获和跟踪 GPS 卫星的过程中其位置是固定不变的，可以高精度地测量 GPS 信号的传播时间，利用 GPS 卫星在轨的已知位置解算出接收机天线所在位置的三维坐标。而动态定位则是指用 GPS 信号接收机测定一个运动物体的运行轨迹。GPS 信号接收机所位于的运动物体称为载体（如航行中的船舰、空中的飞机、行走的车辆等）。载体上的 GPS 信号接收机天线在跟踪 GPS 卫星的过程中相对地球而运动，接收机用 GPS 信号实时地测得运动载体的状态参数（瞬间三维位置和三维速度）。

GPS 信号接收机硬件和机内软件以及 GPS 数据的后处理软件包构成了完整的 GPS 用户设备。GPS 信号接收机的结构分为天线单元和接收单元。对于测地型接收机来说，这两个单元一般分成两个独立的部件，观测时将天线单元安置在测站上，接收单元置于测站附近的适当地方，用电缆线将两者连接成一个整机，也有的将天线单元和接收单元制作成一个整体观测时将其安置在测站上。

GPS 信号接收机一般用蓄电池做电源。其同时采用机内、机外两种直流电源。设置机内电池的目的在于更换外电池时不会中断连续观测。在用机外电池的过程中，机内电池自动充电。关机后，机内电池为 RAM 供电以防止丢失数据。

目前，各种类型的 GPS 信号接收机体积越来越小，重量越来越轻，便于野外观测。GPS 和 GLONASS 兼容的全球导航定位系统接收机也已经问世。

1.4.3 定位原理

GPS 的基本定位原理：卫星不间断地发送自身的星历参数和时间信息，用户接收到这些信息后，经过计算求出接收机的三维位置、三维方向以及运动速度和时间信息。这实际上是将卫星作为动态空间已知点，利用距离交会的原理确定接收机的三维位置。

GPS 定位的各种常用的观测量：

① L1 载波相位观测量；

② L2 载波相位观测量；

③ 调制在 L1 上的 C/A-code 伪距；

④ 调制在 L2 上的 P-code 伪距；

⑤ 多普勒观测量。

GPS 定位的分类如下。

① 按定位方式，GPS 定位分为单点定位和相对定位（查分定位）。

单点定位就是根据一台接收机的观测数据来确定接收机的位置，它只能采用伪距观测量，可用于车船等的概略导航定位。

相对定位（差分定位）是根据两台以上接收机的观测数据来确定观测点之间的相对位置的方法，它既可采用伪距观测量也可采用相位观测量，大地测量或工程测量均应采用相位观测量进行相对定位。

② 按接收机的运动状态，可分为动态定位和静态定位。

在定位观测时，若接收机相对于地球表面运动，则称为动态定位。

在定位观测时，若接收机相对于地球表面静止，则称为静态定位。

1.4.4 系统特点

GPS 具有以下主要特点。

① 定位精度高。应用实践已经证明，GPS 的相对定位精度在 50km 以内时可达 10^{-6}，而 100～500km 可达 10^{-7}，1000km 可达 10^{-9}。

② 观测时间短。随着 GPS 的不断完善、软件的不断更新，目前 20km 以内静态相对定位仅需 15～20 分钟；快速静态相对定位测量时，当每个流动站与基准站相距在 15km 以内时，流

动站观测时间只需 1～2 分钟。

③ 测站间无须互相通视。GPS 测量不要求测站之间互相通视，只需测站上空开阔即可，因此可节省大量的造标费用。由于测站间无须相互通视，因此测站的位置根据需要可稀、可密，这也使选站工作更为灵活。

④ 可提供三维坐标。GPS 可同时精确测定测站的三维坐标。

⑤ 操作简便。随着 GPS 信号接收机的不断改进，自动化程度越来越高，有的已达“傻瓜化”的程度；接收机的体积越来越小，重量越来越轻，极大地减轻了测量工作者的紧张程度和劳动强度，使野外工作变得轻松愉快。

⑥ 全天候作业。目前，GPS 观测可在一天 24 小时内的任何时间进行，不受阴天黑夜、起雾刮风、下雨下雪等气候的影响。

从这些特点可以看出，GPS 系统不仅可用于测量、导航还可用于测速、测时。其应用领域还在不断扩大。当初设计 GPS 系统的主要目的是导航、收集情报等。但是后来的应用开发表明，GPS 系统不仅能够达到上述目的，而且用 GPS 卫星发来的导航定位信号能够进行厘米级甚至毫米级精度的静态相对定位，米级至亚米级精度的动态定位，亚米级至厘米级精度的速度测量和毫微秒级精度的时间测量。因此 GPS 系统展现了极其广阔的应用前景。

1.4.5 用途

GPS 最初就是为军方提供精确定位而建立的，至今它仍然由美国军方控制。军用 GPS 产品主要用来确定并跟踪在野外行进中的士兵和装备的坐标，给海中的军舰导航，为军用飞机提供位置和导航信息等。

目前 GPS 系统的应用已经十分广泛，我们应用 GPS 信号可以进行海、空和陆的导航、导弹的制导，以及大地测量和工程测量的精密定位、时间的传递和速度的测量等。对于测绘领域，GPS 技术已经被用于建立高精度的、全国性的大地测量控制网以测定全球性的地球动态参数；用于建立陆地海洋大地测量基准，进行高精度的海岛陆地联测以及海洋测绘；用于监测地球板块运动状态和地壳形变；用于工程测量，这成为建立城市与工程控制网的主要手段；用于测定航空航天摄影瞬间的相机位置，实现仅有少量地面控制或无地面控制的航测快速成图，由此引发了地理信息系统、全球环境遥感监测的技术革命。

许多商业和政府机构也使用 GPS 设备来跟踪它们的车辆位置。这一般需要借助无线通信技术。一些 GPS 信号接收机集成了收音机、无线电话和移动数据终端来适应车队管理的需要。

多元化空间资源环境的出现使得 GPS/GLONASS/INMARSAT 等系统都具备了导航定位功能，形成了多元化的空间资源环境。这一多元化的空间资源环境促使国际民间形成了一个共同的策略，即一方面对现有系统的充分利用，另一方面积极筹建民间 GNSS 系统。总之，多元化空间资源环境的确立给 GPS 的发展应用创造了一个前所未有的良好的国际环境。

车载 GPS 技术层面的发展趋势如下。第一个大趋势就是频率分集（Frequency Diversity）技术，欧洲联盟在 2002 年 3 月启动的“伽利略”计划采取了此种技术。第二个大趋势就是克服射频干扰（RFI）。GPS 广播的功率特别低，一般为 10～16W，很容易被周围的射频信号所干扰，而不能正常工作。GPS 信号接收机将通过把接收到的测距码与存储在本地的复制码的相位进行匹配来穿透噪声。当相位一致时，接收器就能够以定时信号作为精确的参考，因此就可以准确定位。第三个大趋势就是安装保证定位误差小于某一个特定值的综合机械系统。采用微分 GPS 技术，系统将获得来自地球同步轨道通信卫星的最新误差校正信息，修正数据来自地面参考接收器。过去 GPS 的误差为 2m，现在将更小。

第 2 章　熟悉实验开发环境

2.1　IAR 集成开发环境

1. IAR

IAR Embedded Workbench 是一款嵌入式软件开发 IDE（集成开发环境）。无线节点接口实验及协议栈工程都可以基于 IAR 进行开发。如图 2.1 所示为 IAR 安装界面。

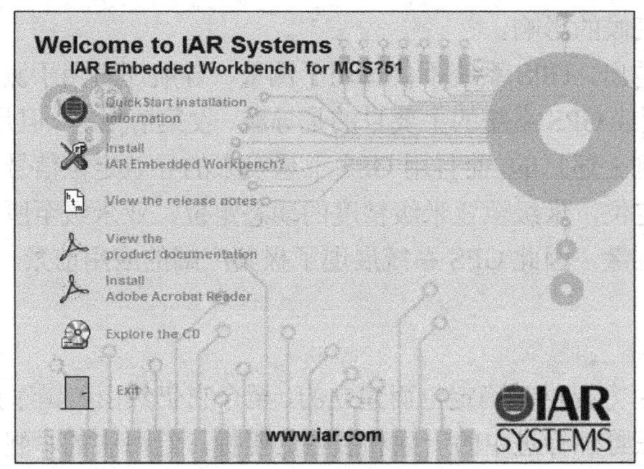

图 2.1　IAR 安装界面

2. SmartRF Flash Programmer

SmartRF Flash Programmer（64 位系统需安装来提供驱动）是 TI 公司提供的一款 Flash 烧写工具。本书实验中将要用到的 CC2530 模块等可通过该工具烧写固件。该工具按照默认方式安装即可，安装后打开它，界面如图 2.2 所示。

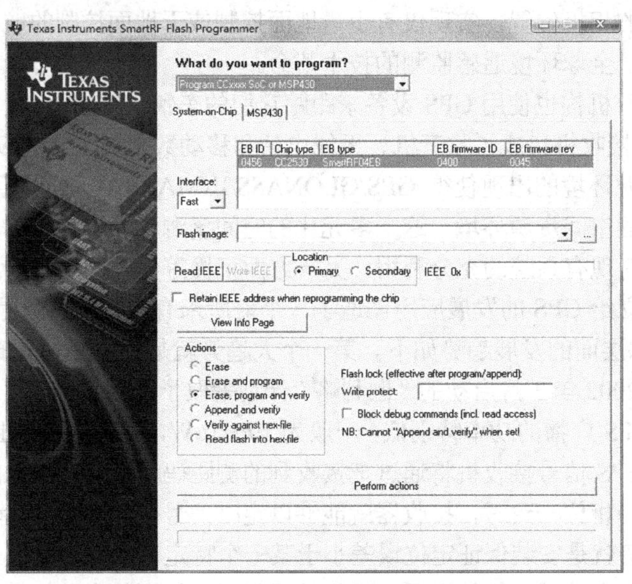

图 2.2　SmartRF Flash Programmer 界面

2.2 基本接口实验

2.2.1 器件连接方式

实验前，需要对硬件节点板有一个深刻的了解，这样才能选择正确的硬件连接方式完成实验。器件的连接说明如下。

1．无线协调器板跳线说明

将无线协调器板直接安装到模块对应的插槽中，跳线的使用如图 2.3 所示。

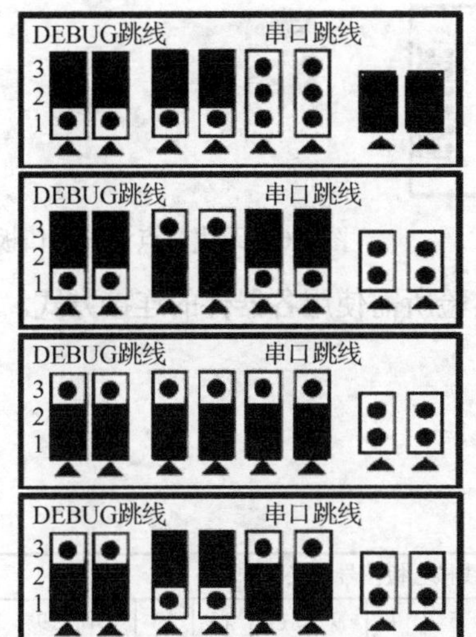

图 2.3 无线协调器板跳线图

2．无线节点板跳线说明

无线节点板上提供了两组跳线用于选择调试不同的处理器，跳线的使用如图 2.4 所示。

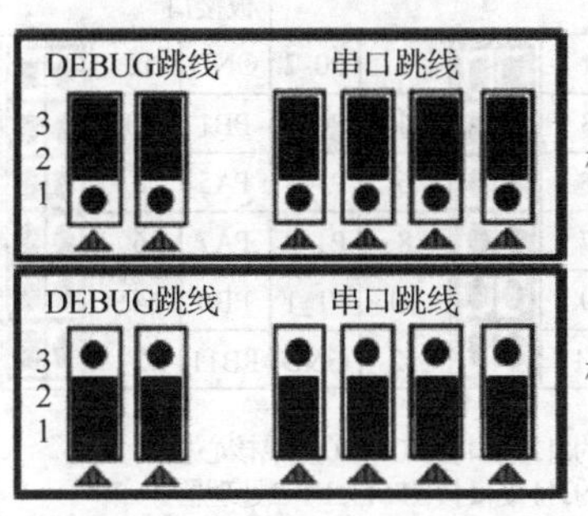

图 2.4 无线节点板跳线图

3．传感器板的使用

传感器板可以有两种接法，分别通过 CC2530 无线核心板和 STM32F103 处理器驱动，传感器板接口如图 2.5 所示。

4．无线节点调试接口板的使用

通过无线节点调试接口板的转接，无线节点可以使用仿真器进行调试，也可以使用 RS-232

串口，连接方法如图 2.6 所示。

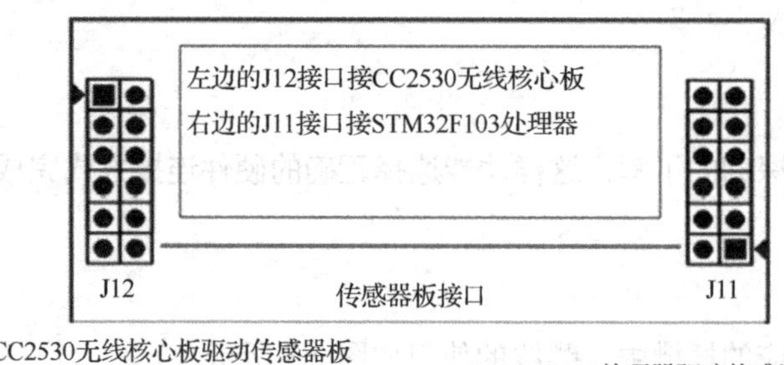

左边的J12接口接CC2530无线核心板
右边的J11接口接STM32F103处理器
J12
传感器板接口
J11
CC2530无线核心板驱动传感器板
（出厂设置）
STM32F103处理器驱动传感器板
传感器板
传感器板

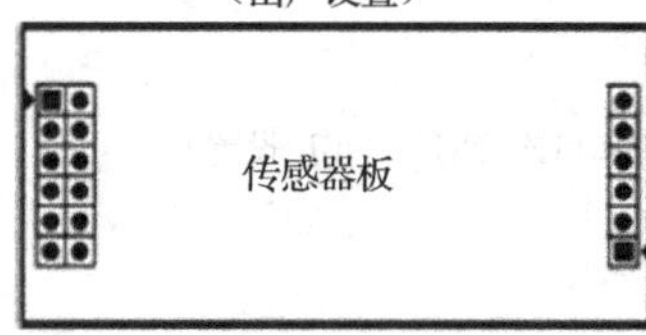

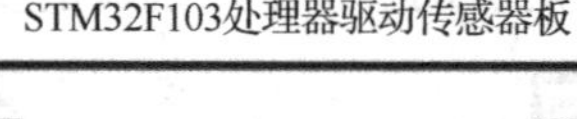

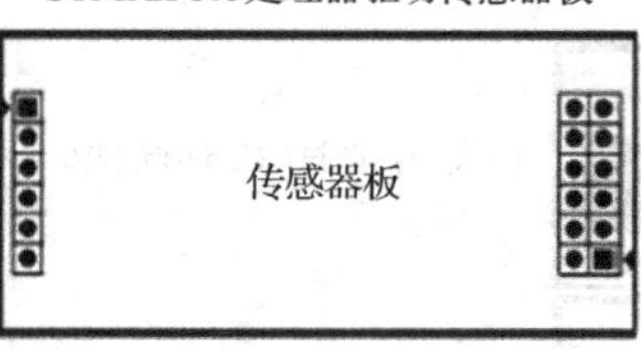

图 2.5　传感器板接口

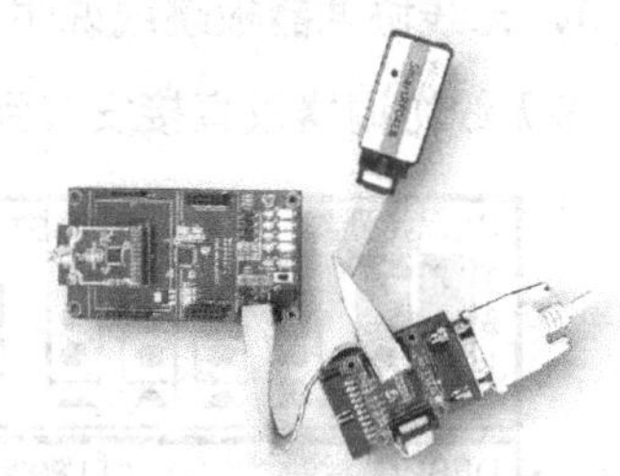

图 2.6　无线节点调试接口板的连接

图 2.7 是无线节点板的硬件框图，该框图显示了实验所需使用各器件的连接方式。

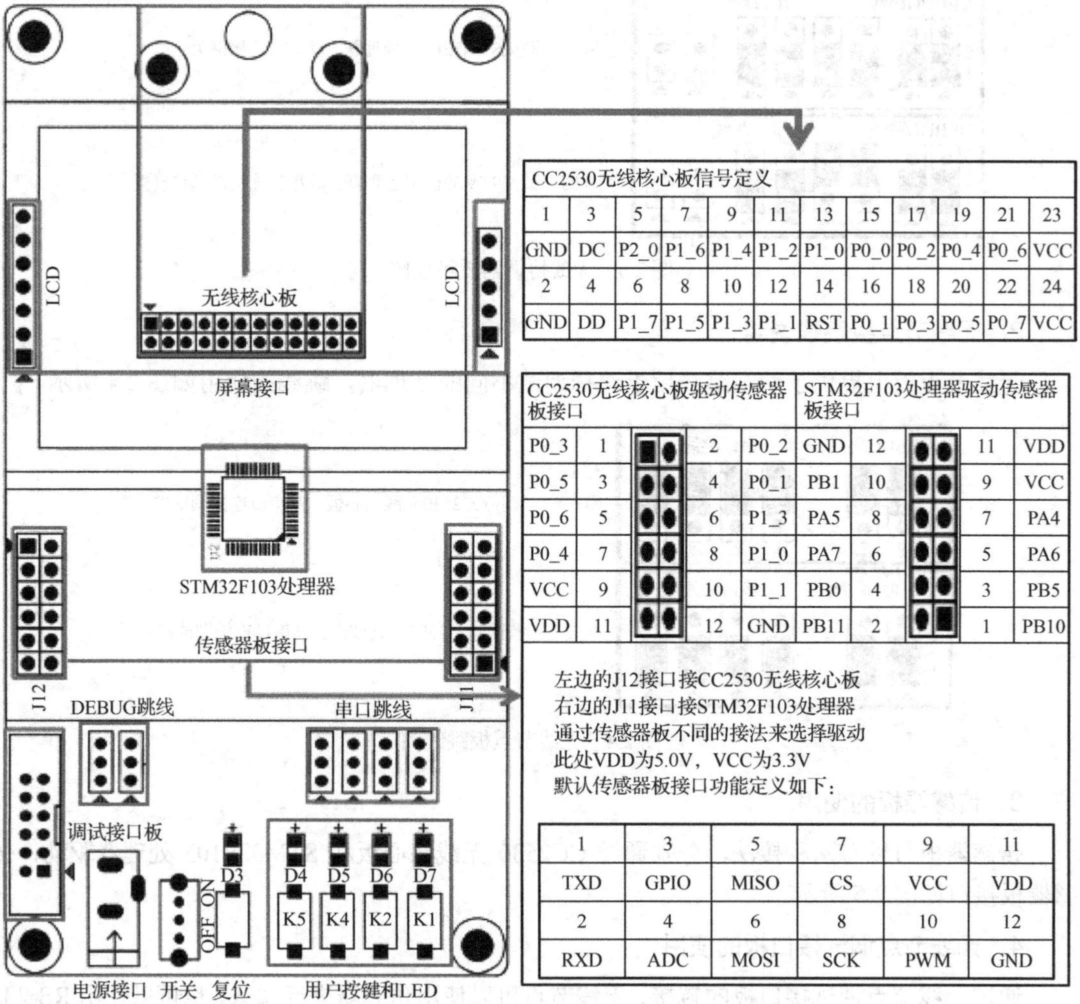

LCD
无线核心板
LCD
屏幕接口
STM32F103处理器
传感器板接口
J12
DEBUG跳线
串口跳线
J11
调试接口板
D3 D4 D5 D6 D7
OFF ON
K5 K4 K2 K1
电源接口 开关 复位
用户按键和LED
CC2530无线核心板信号定义
1 3 5 7 9 11 13 15 17 19 21 23
GND DC P2_0 P1_6 P1_4 P1_2 P1_0 P0_0 P0_2 P0_4 P0_6 VCC
2 4 6 8 10 12 14 16 18 20 22 24
GND DD P1_7 P1_5 P1_3 P1_1 RST P0_1 P0_3 P0_5 P0_7 VCC
CC2530无线核心板驱动传感器板接口
STM32F103处理器驱动传感器板接口
P0_3 1 2 P0_2 GND 12 11 VDD
P0_5 3 4 P0_1 PB1 10 9 VCC
P0_6 5 6 P1_3 PA5 8 7 PA4
P0_4 7 8 P1_0 PA7 6 5 PA6
VCC 9 10 P1_1 PB0 4 3 PB5
VDD 11 12 GND PB11 2 1 PB10
左边的J12接口接CC2530无线核心板
右边的J11接口接STM32F103处理器
通过传感器板不同的接法来选择驱动
此处VDD为5.0V，VCC为3.3V
默认传感器板接口功能定义如下：
1 3 5 7 9 11
TXD GPIO MISO CS VCC VDD
2 4 6 8 10 12
RXD ADC MOSI SCK PWM GND

图 2.7　无线节点板的硬件框图

2.2.2 LED 基本接口实验

实验目的

通过 LED 基本实验熟悉软件的使用。

实验环境

硬件：CC2530 模块，USB 接口的 CC2530 仿真器，PC 机。

软件：Windows 7，IAR 集成开发环境。

实验原理

由 LED 驱动电路（见第 3 章）可知，LED1 所对应的 I/O 口为 P1_0 口（引脚），LED2 所对应的 I/O 口为 P1_1 口。（本实验所用到的控制寄存器中每位的取值所对应的意义见第 3 章。）

实验步骤

1）安装 IAR 集成开发环境。运行 IAR 安装文件 EW8051-EVWeb-8101.exe，进入安装向导，并接受条款，如图 2.8 和图 2.9 所示。按照安装向导提示完成安装。

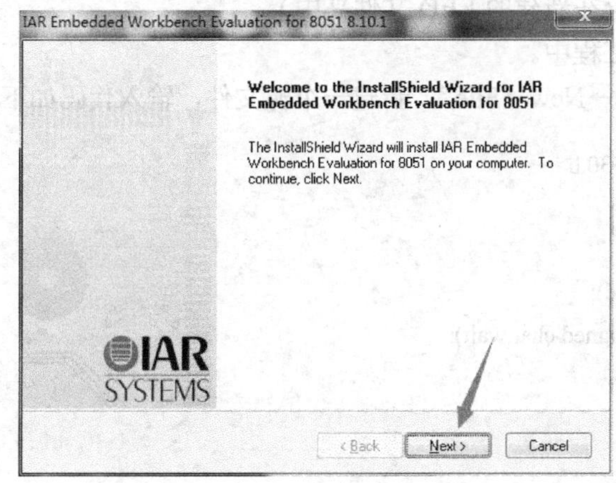

图 2.8　进入安装向导

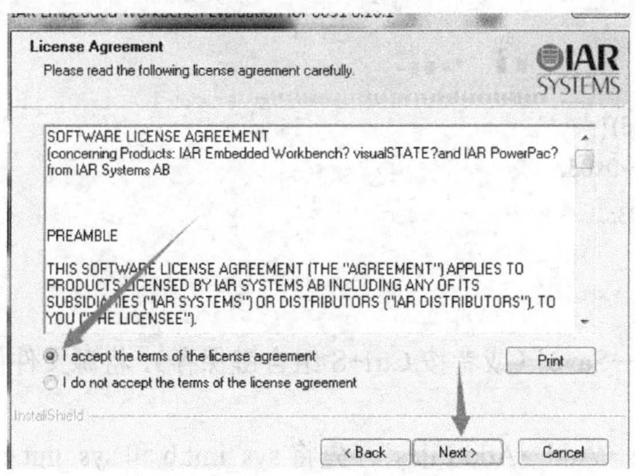

图 2.9　接受条款

2）新建工程。

① 打开 IAR 软件，选择菜单“File→New→Workspace”，新建一个工作空间（Workspace）。

② 选择菜单“Project→Create New Project”，对话框设置如图 2.10 所示，然后单击 OK 按钮，新建一个工程。

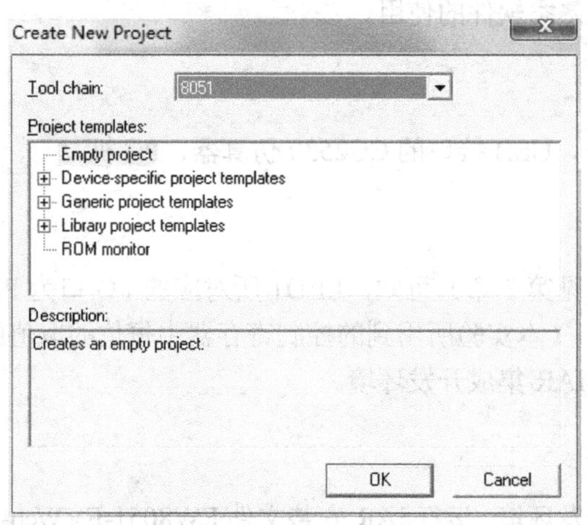

图 2.10　新建一个工程

③ 保存工程（保存在新建的 LED 文件夹中）。

3）添加源文件到工程中。

① 选择菜单“File→New→File”，新建一个源文件，输入代码如下：

```
#include<ioCC2530.h>
#include<stdio.h>
#define D6 P1_1
void initLED(void);
void halWait(unsigned char wait);
void main(){
  initLED();
  while(1){
     D6 = !D6;
  }
}
/*初始化 LED*/
void initLED(void){
   P0SEL &=  ~0x03;
   P1DIR |= 0x03;
   D6=1;
}
```

② 选择菜单“File→Save”（或者按 Ctrl+S 组合键保存），将源文件保存到 source 文件夹中，如图 2.11 所示。

③ 选择菜单“File→Add→Add Files”（先将 sys_init.h 和 sys_init.c 文件复制到 source 文件夹中），将源文件添加到工程中。

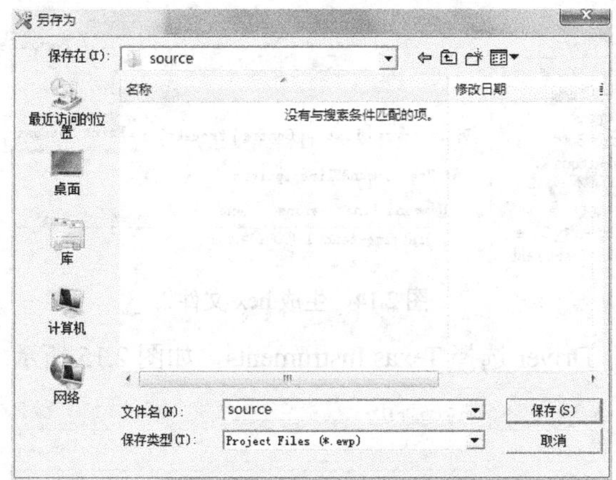

图 2.11　保存源文件

4）配置工程。

① 右击 LED 工程，选择菜单“Options”，打开相应的选项对话框。

② General Options 配置：Device 选择 CC2530F256（方法是，单击“浏览”按钮，在打开的对话框中找到 Texas Instruments 文件夹并选择 CC2530F256.i51 文件，如图 2.12 所示）。

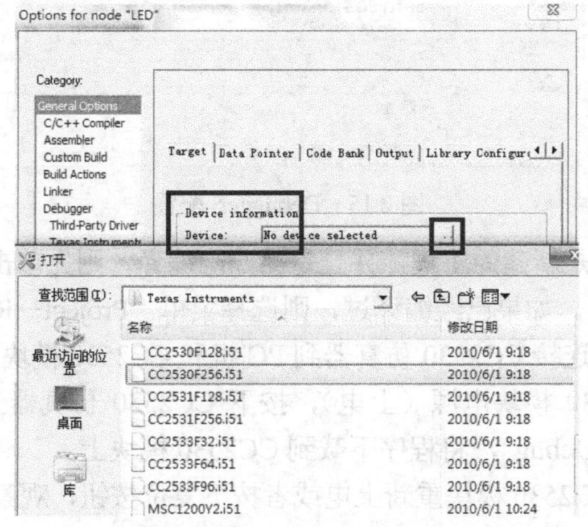

图 2.12　General Options 配置

③ Linker 配置：选择 Output 选项卡，在 Output file 栏中勾选 Override default 复选框，并输入“LED.d51”，如图 2.13 所示。

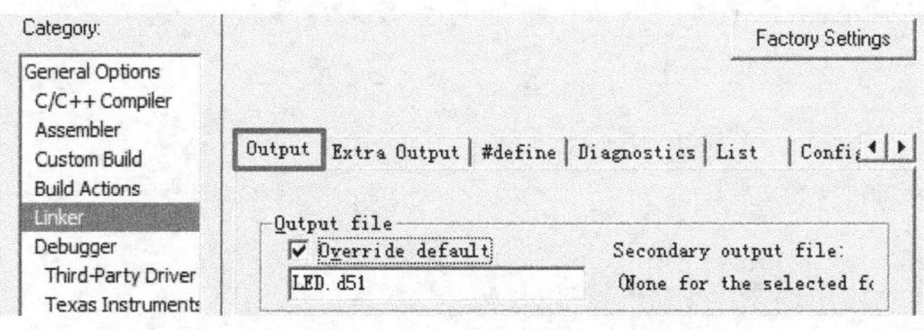

图 2.13　Linker 配置

④ 选择 Extra Options 选项卡（如果未显示出来，可单击右箭头按钮），勾选 Use command line options 复选框，然后输入“-Ointel-extended, (CODE)=.hex”，这样 Make 后可生成.hex 文件，如图 2.14 所示。

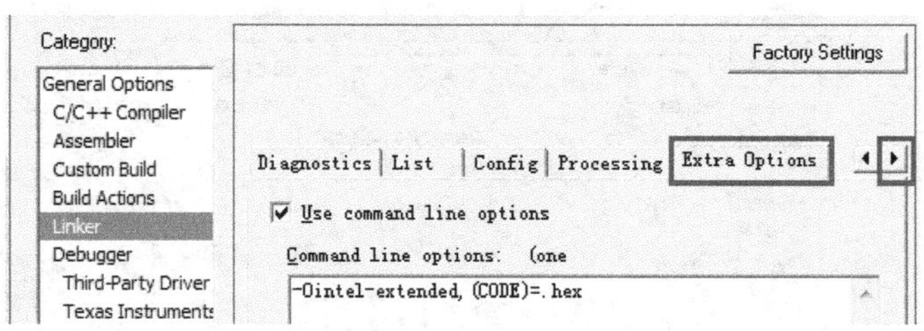

图 2.14　生成.hex 文件

⑤ Debugger 配置：Driver 选择 Texas Instruments，如图 2.15 所示。

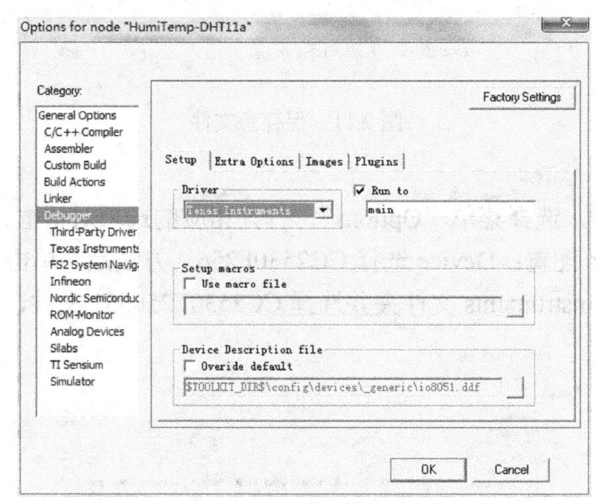

图 2.15　Debugger 配置

5）编译工程。如果是新建的工程，并且是第一次编译，则先单击工具栏中的 Compile 按钮，然后单击 Make 按钮。如果已经编译过，则选择菜单“Project→Rebuild All”。

6）调试下载。正确连接 CC2530 仿真器到 PC 机和 CC2530 模块上，设置无线节点板跳线为模式一， 打开 CC2530 模块电源（上电），按下 CC2530 仿真器上的复位按键，选择菜单“Project→Download and Debug”，将程序下载到 CC2530 模块上。

7）下载完后，将 CC2530 模块重新上电或者按下复位按钮，观察两个 LED 的闪烁情况。

8）修改延时函数，可以改变 LED 的闪烁间隔时间。

第 3 章　传感器接口实验

3.1　光敏传感器实验

实验目的

了解光敏传感器的原理。

使用 CC2530 模块和光敏传感器实现光照检测。

实验环境

硬件：CC2530 模块，光敏传感器，USB 接口的 CC2530 仿真器，PC 机。

软件：Windows 7，IAR 集成开发环境，串口调试助手。

实验内容

通过 CC2530 模块的 I/O 口模拟光敏传感器的工作原理，观察光敏传感器 ADC 引脚数据的变化。

实验原理

光敏传感器是利用光敏器件将光信号转换为电信号的传感器，它的敏感波长在可见光波长附近，包括红外线波长和紫外线波长。光敏传感器不只局限于对光的探测，它还可以作为探测器件组成其他传感器，对许多非电量进行检测，只要将这些非电量转换为光信号的变化即可。

本实验代码读取光敏传感器的控制信号，经 A/D 转换后在串口显示。光照越强，显示的值越小。

根据本章附录中光敏传感器与 CC2530 模块的接口电路进行连接，将采集到的数据通过 ADC 引脚（与 CC2530 模块的 P0_1 口相连接）传送给 CC2530 模块。CC2530 模块通过 P0_1 口启动 A/D 转换来得到当前传感器 ADC 引脚的数据，然后通过 while 循环不断将数据通过串口发送给 PC 机。

实验步骤

1）新建工程，参考 2.2.2 节的实验步骤添加源文件到工程中，并配置工程。

① 首先需要对 CC2530 模块进行设置，系统时钟初始化代码如下：

```
void xtal_init(void)
{
  SLEEPCMD &= ～0x04;                          //都上电
  while(!(CLKCONSTA & 0x40));                  //晶振开启且稳定
  CLKCONCMD &= ～0x47;                         //选择 32MHz 晶振
  SLEEPCMD |= 0x04;
}
```

② CC2530 模块通过串口实现与 PC 机的数据传输，串口 UART0 初始化代码如下：

```
void uart0_init(unsigned char StopBits,unsigned char Parity)
```

```
{
  P0SEL |=   0x0c;                      //初始化 UART0
  PERCFG&=  ~0x01;                      //选择 UART0 为可选位置 1
  P2DIR &=  ~0xc0;                      //P0 口优先作为串口 0
  U0CSR = 0xc0;                         //设置为 UART 模式，而且使能接收器
  U0GCR = 0x09;
  U0BAUD = 0x3b;                        //设置 UART0 的波特率为 19200bps
  U0UCR |= StopBits|Parity;             //设置停止位与奇偶校验位
}
```

③ 通过 while 循环不断获取传感器 ADC 引脚的数据，代码如下：

```
int getADC(void)
{
  unsigned int   value;
  P0SEL |= 0x02;                        //将 P0 口设为外设接口
  ADCCON3   = (0xb1);                   //选择 AVDD5 为参考电压，P0_1 口进行 A/D 转换
  ADCCON1 |= 0x30;                      //选择 A/D 转换的启动模式为手动
  ADCCON1 |= 0x40;                      //启动 A/D 转换
  while(!(ADCCON1 & 0x80));             //等待 A/D 转换结束
  value =   ADCL >> 2;
  //ADC 寄存器低 4 位是无效的，最高只能达到 12 位，官方设计为 14 位，需要右移 4 位
  value |= (ADCH << 6);                 //取得最终转换结果，存入 value 中
  return ((value) >> 2);
}
```

④ 同时，数据会通过串口传输到超级终端上，代码如下：

```
void Uart_Send_String(char *Data)
{
  while (*Data != '\0')
  {
    Uart_Send_char(*Data++);
  }
}
```

⑤ 串口发送字节函数如下：

```
void Uart_Send_char(char ch)
{
  U0DBUF = ch;
  while(UTX0IF == 0);
  UTX0IF = 0;
}
```

2）根据光敏传感器的工作原理编写相关代码，完成工程配置。

3）在 PC 机上打开超级终端或串口调试助手，设置波特率为 19200bps，8 位数据位，1 位停止位，无硬件流控。

4）编译工程，编译成功后进行调试下载。

5）下载完后将 CC2530 模块重新上电或者按下复位按钮，用串口调试助手查看当前输出的

ADC 引脚数据。例如，用手电筒照射光敏传感器或用手罩住光敏传感器，观察 ADC 引脚数据的变化。

思考题

1．光敏传感器与 CC2530 模块之间是如何进行数据传输的？

2．试使用光敏传感器控制 LED 的开关。

3.2　温湿度传感器实验

实验目的

了解温湿度传感器 DHT11，掌握其使用方法。

掌握 DHT11 的工作原理。

实验环境

硬件：CC2530 模块，温湿度传感器 DHT11，USB 接口的 CC2530 仿真器，PC 机。

软件：Windows 7，IAR 集成开发环境，串口调试助手。

实验内容

通过 CC2530 模块的 I/O 口模拟 DHT11 的读取时序，读取 DHT11 的温/湿度数据。

实验原理

温湿度传感器 DHT11 包括一个电阻式感湿器件和一个 NTC 测温器件，并与一个高性能 8 位单片机相连接。通过单片机等微处理器简单的电路连接就能够实时地采集本地湿度和温度。

DHT11 采用单总线数据格式，即单个数据引脚口完成输入/输出双向传输。其数据包由 5B（40bit）组成。数据分为小数部分和整数部分，一次完整的数据传输为 40bit，高位先出。

DHT11 的数据格式为：8bit 湿度整数数据+8bit 湿度小数数据+8bit 温度整数数据+8bit 温度小数数据+8bit 校验和。其中校验和为前 4 个字节单元（byte4～byte1）相加。

DHT11 输出的是未编码的二进制数据，因此数据（湿度、温度、整数、小数）之间应该分开处理。例如，某次从 DHT11 读取的数据如图 3.1 所示。

byte4	byte3	byte2	byte1	byte0
00101101	00000000	00011100	00000000	01001001
整数	小数	整数	小数	校验和
湿度		温度		校验和

图 3.1　DHT11 读取的数据示例

由以上数据就可得到湿度和温度的值，计算方法如下：

湿度=byte4.byte3=45.0(%RH)

温度=byte2.byte1=28.0(℃)

校验和=byte4+byte3+byte2+byte1=73（=湿度+温度）（校验和正确）

可以看出，DHT11 的数据格式是十分简单的。DHT11 和主机的一次通信时间最长为 3ms 左右，建议主机连续读取时间间隔不要小于 100ms。

下面，我们介绍一下 DHT11 的传输时序。DHT11 的数据发送时序如图 3.2 所示。

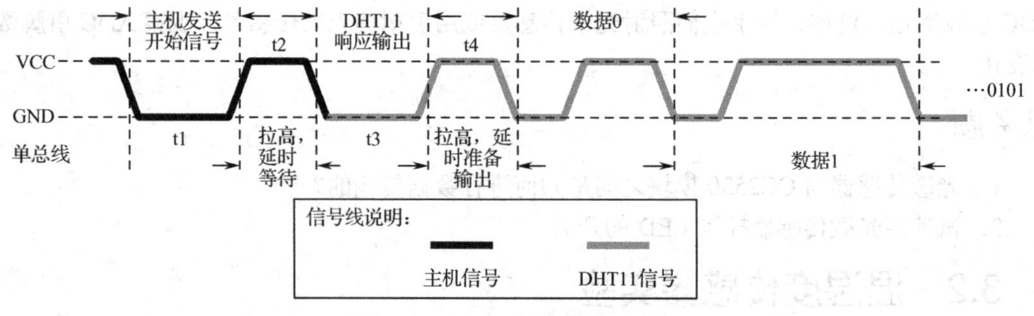

图 3.2　DHT11 的数据发送时序

首先主机发送开始信号，即：拉低数据线，保持 t1（至少 18ms）时间，然后拉高数据线，保持 t2（20～40μs）时间，然后读取 DHT11 的相位。正常的话，DHT11 会拉低数据线，保持 t3（40～50μs）时间，作为响应信号，然后 DHT11 拉高数据线，保持 t4（40～50μs）时间后，开始输出数据。

DHT11 输出数据 0 的时序如图 3.3 所示。DHT11 输出数据 1 的时序如图 3.4 所示。

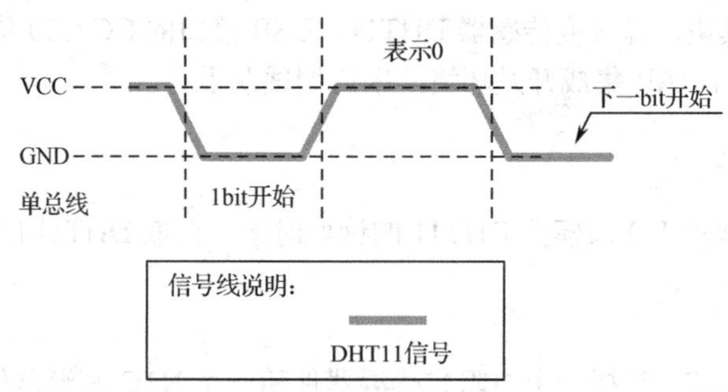

图 3.3　DHT11 输出数据 0 的时序

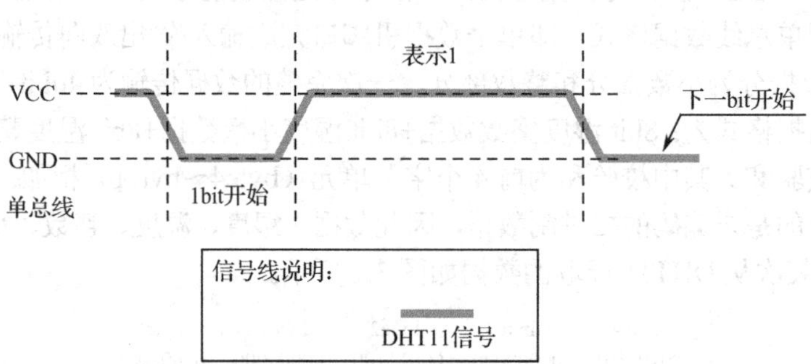

图 3.4　DHT11 输出数据 1 的时序

下面，通过 CC2530 模块来实现对 DHT11 的读取。关于 DHT11 更详细的介绍，可以参考其数据手册。

由温湿度传感器与 CC2530 模块接口电路（见本章附录）可知，DHT11 采集到的数据通过引脚 2，即 DATA 引脚（与 CC2530 模块的 P0_5 口相连），将采集到的数据传送给 CC2530 模块，CC2530 模块通过串口将数据发送至 PC 机，具体定义方法见实验步骤。

实验步骤

1）新建工程，参考 2.2.2 节的实验步骤添加源文件到工程中，并配置工程。

① 定义引脚和串口，代码如下：

```
#define     PIN_OUT      (P0DIR |= 0x20)       //定义 P0_5 口方向为输出
#define     PIN_IN       (P0DIR &= ~0x20)      //定义 P0_5 口方向为输入
#define     PIN_CLR      (P0_5 = 0)            //定义清除引脚
#define     PIN_SET      (P0_5 = 1)            //定义设置引脚
#define     PIN_R        (P0_5)                //定义重设引脚
#define     COM_IN       PIN_IN                //端口输入
#define     COM_OUT      PIN_OUT               //端口输出
#define     COM_CLR      PIN_CLR               //端口清除
#define     COM_SET      PIN_SET               //端口设置
#define     COM_R        PIN_R                 //端口重置
```

② 本实验系统时钟初始化需要改变，代码如下：

```
void dht11_io_init(void)
{
  P0SEL   &= ~0x20;
  COM_OUT;
  COM_SET;
}
```

③ 通过 while 循环不断获取温湿度传感器发送出来的数据，参照实验原理编写函数来获取温/湿度数据，代码如下：

```
void dht11_update(void)
{
  int flag = 1;
  unsigned char dat1, dat2, dat3, dat4, dat5, ck;

  //主机拉低 18 毫秒
  COM_CLR;
  halWait(18);
  COM_SET;
  flag = 0;
  while (COM_R && ++flag);
  if (flag == 0) return;
  //总线由上拉电阻拉高电平，主机延时 20 微秒
  //主机设为输入，判断从机响应信号
  //判断从机是否有低电平响应信号，不响应则跳出，响应则向下运行
  flag = 0;
  while (!COM_R && ++flag);
  if (flag == 0) return;
  flag = 0;
  while (COM_R && ++flag);
  if (flag == 0) return;
  dat1 = dht11_read_byte();   //第 1 组 8bit 湿度整数数据
  dat2 = dht11_read_byte();   //第 2 组 8bit 湿度小数数据
  dat3 = dht11_read_byte();   //第 3 组 8bit 温度整数数据
  dat4 = dht11_read_byte();   //第 4 组 8bit 温度小数数据
  dat5 = dht11_read_byte();   //数据传送正确时，第 5 组校验和等于前面 4 组的和
```

```
        ck = dat1 + dat2 + dat3 + dat4;
        if (ck == dat5) {
            sTemp = dat3;
            sHumidity = dat1;
        }
        printf("湿度: %u%%  温度: %u℃  \r\n", dat1, dat3);
    }
```

④ 参照传感器的工作协议，编写每次读取数据的函数，代码如下：

```
#pragma optimize=none
static char dht11_read_bit(void)
{
    int i = 0;

    while (!COM_R);
    for (i=0; i<200; i++) {
        if (COM_R == 0) break;
    }
    if (i<30) return 0;    //30 微秒
    return 1;
}
```

⑤ 编写每 8bit 作为 1 个字节单元的读取函数，代码如下：

```
#pragma optimize=none
static unsigned char dht11_read_byte(void)
{
    unsigned char v = 0, b;
    int i;
    for (i=7; i>=0; i--) {
        b = dht11_read_bit();
        v |= b<<i;
    }
    return v;
}
```

2）做好代码调试，并完成工程配置。

3）在 PC 机上打开超级终端或串口调试助手，设置波特率为 19200bps，8 位数据位，1 位停止位，无硬件流控。

4）编译工程，编译成功后进行调试下载。

5）下载完后，将 CC2530 模块重新上电或者按下复位按钮，用串口调试助手查看当前输出的温/湿度数据。

思考题

1．实验测出来的温/湿度数据是否有误差？误差来自哪里？

2．使用 DS18B20 温度传感器如何完成本实验？

3.3 人体红外传感器实验

实验目的

了解人体红外传感器的原理。

通过 CC2530 模块和人体红外传感器实现人体检测。

实验环境

硬件：CC2530 模块，人体红外传感器，USB 接口的 CC2530 仿真器，PC 机。

软件：Windows 7，IAR 集成开发环境，串口调试助手。

实验内容

本实验通过检测 I/O 值的变化来读取人体红外传感器的控制信号。当检测到有人体活动时，会返回一个 I/O 口的控制信号，读取 I/O 口的状态可判断是否有人体活动。

实验原理

普通人体会发射 10μm 左右的特定波长红外线，用专门设计的传感器就可以针对性地检测这种红外线的存在与否。当人体红外线照射到传感器上后，由于热释电效应将向外释放电荷，经电路检测处理后就能产生控制信号。

全自动感应：人体进入其感应范围输出高电平，人体离开感应范围自动延时后关闭高电平。

通过人体红外传感器与 CC2530 模块接口电路（见本章附录）可以看出，传感器采集到的数据通过引脚 2（与 CC2530 模块的 P0_5 口相连接）将采集到的数据传送给 CC2530 模块，CC2530 模块通过串口将数据发送至 PC 机。

实验步骤

1）新建工程，参考 2.2.2 节的实验步骤添加源文件到工程中，并配置工程。

① 对连接了人体红外感应传感器的 CC2530 模块进行设置，系统时钟初始化代码如下：

```
void xtal_init(void)
{
    SLEEPCMD &=  ~0x04;                          //都上电
    while(!(CLKCONSTA & 0x40));                  //晶振开启且稳定
    CLKCONCMD &=  ~0x47;                         //选择 32MHz 晶振
    SLEEPCMD |= 0x04;
}
```

② CC2530 模块通过串口实现与 PC 机的数据传输，初始化串口 UART0 代码如下：

```
void uart0_init(unsigned char StopBits,unsigned char Parity)
{
    P0SEL |=    0x0c;                            //初始化 UART0
    PERCFG&=  ~0x01;                             //选择 UART0 为可选位置 1
    P2DIR &=  ~0xc0;                             //P0 口优先作为串口 0
    U0CSR = 0xc0;                                //设置为 UART 模式，而且使能接收器
    U0GCR = 0x09;
```

```
    U0BAUD = 0x3b;                             //设置 UART0 的波特率为 19200bps
    U0UCR |= StopBits|Parity;                  //设置停止位与奇偶校验位
  }
```

③ 设置 CC2530 模块的 P0_5 口为通用 I/O 口，并设为输入，代码如下：

```
  P0SEL &= ~0x20;                              //P0_5 口为通用 I/O 口
  //端口 0 方向寄存器
  P0DIR &= ~0x20;                              //P0_5 口输入
```

④ 通过 while 循环不断获取 P0_5 口的数据，代码如下：

```
  void Infrared_Test(void)
  {
    char Str[10];
    int Value;
    Value = P0_5;
    sprintf(Str,"%d\r\n",Value);
    Uart_Send_String(Str);                     //串口发送数据
    halWait(250);                              //延时
    D7=!D7;                                    //标志发送状态
    halWait(250);
    halWait(250);
  }
```

⑤ 同时，数据会通过串口传输到超级终端上，代码如下：

```
  void Uart_Send_String(char *Data)
  {
    while (*Data != '\0')
    {
      Uart_Send_char(*Data++);
    }
  }
```

⑥ 串口发送字节函数的代码如下：

```
  void Uart_Send_char(char ch)
  {
    U0DBUF = ch;
    while(UTX0IF == 0);
    UTX0IF = 0;
  }
```

2）根据人体红外传感器工作原理编写相关代码，并完成工程配置。

3）在 PC 机上打开超级终端或串口调试助手，设置波特率为 19200bps，8 位数据位，1 位停止位，无硬件流控。

4）编译工程，编译成功后进行调试下载。

5）将 CC2530 模块上电并复位，运行刚才下载的程序。

6）人体靠近节点或者用手在节点面前晃动，观察 I/O 值的变化。几秒后，人体离开节点 1m 左右，观察 I/O 值的变化。

思考题

1．人体红外传感器是如何工作的？

3.4　可燃气体/烟雾传感器实验

实验目的

了解可燃气体/烟雾传感器的原理。

通过 CC2530 模块和可燃气体/烟雾传感器实现对可燃气体的检测。

实验环境

硬件：CC2530 模块，可燃气体/烟雾传感器，USB 接口的 CC2530 仿真器，PC 机。

软件：Windows 7，IAR 集成开发环境，串口调试助手。

实验内容

本实验通过读取可燃气体/烟雾传感器的输出信号，经 A/D 转换后在串口显示。当检测到附近有可燃气体时，A/D 转换的值会发生变化。

实验原理

MQ-2 型可燃气体/烟雾传感器使用二氧化锡半导体气敏材料，属于表面离子式 N 型半导体。其将由微型氧化铝陶瓷管、二氧化锡敏感层、测量电极和加热器构成的敏感器件固定在塑料或不锈钢制成的腔体内，加热器为气敏器件提供必要的工作条件。封装好的气敏器件有 6 个针状引脚，其中 4 个用于信号取出，2 个用于提供加热电流。当温度处于 200～300℃时，二氧化锡吸附空气中的氧，形成氧的负离子吸附，使半导体中的电子密度减少，从而使其电阻值增大。当与烟雾接触时，如果晶粒间界处的势垒受到该烟雾的调制而发生变化，就会引起表面电导率的变化。利用这一点就可以获得这种烟雾存在的信息，烟雾浓度越大，电导率越大，输出电阻越低。使用简单的电路即可将电导率的变化转换为与该气体浓度相对应的输出信号。

可燃气体/烟雾传感器的引脚 1、3 在内部连接 VDD，引脚 4、6 在内部连接后作为 ADC 引脚输出（见本章附录），ADC 引脚连接 CC2530 模块的 P0_1 口。CC2530 模块通过此 I/O 口输出的控制信号，可控制 A/D 转换得到相应的数值，最后通过串口将数据发送给 PC 机。

实验步骤

1）新建工程，参考 2.2.2 节的实验步骤添加源文件到工程中，并配置工程。

① 对连接了可燃气体/烟雾传感器的 CC2530 模块进行设置，系统时钟初始化代码如下：

```
void xtal_init(void)
{
    SLEEPCMD &= ～0x04;                          //都上电
    while(!(CLKCONSTA & 0x40));                 //晶振开启且稳定
    CLKCONCMD &= ～0x47;                         //选择 32MHz 晶振
    SLEEPCMD |= 0x04;
}
```

② CC2530 模块通过串口实现与 PC 机的数据传输，串口 UART0 初始化代码如下：

```
void uart0_init(unsigned char StopBits,unsigned char Parity)
{
  P0SEL |=   0x0c;                    //初始化 UART0
  PERCFG&=  ~0x01;                    //选择 UART0 为可选位置 1
  P2DIR &=  ~0xc0;                    //P0 口优先作为串口 0
  U0CSR = 0xc0;                       //设置为 UART 模式，而且使能接收器
  U0GCR = 0x09;
  U0BAUD = 0x3b;                      //设置 UART0 的波特率为 19200bps
  U0UCR |= StopBits|Parity;           //设置停止位与奇偶校验位
}
```

③ 通过 while 循环不断获取 ADC 引脚的数据，代码如下：

```
int getADC(void)
{
  unsigned int   value;
  P0SEL |= 0x02;                      //将 P0 口设为外设接口
  ADCCON3 = (0xb1);                   //选择 AVDD5 为参考电压，P0_1 口进行 A/D 转换
  ADCCON1 |= 0x30;                    //选择 A/D 转换的启动模式为手动
  ADCCON1 |= 0x40;                    //启动 A/D 转换
  while(!(ADCCON1 & 0x80));           //等待 A/D 转换结束
  value =   ADCL >> 2;                //右移 4 位
  value |= (ADCH << 6);               //取得最终转换结果，存入 value 中
  return ((value) >> 2);
}
```

④ 同时，数据会通过串口传输到超级终端上，代码如下：

```
void Uart_Send_String(char *Data)
{
  while (*Data != '\0')
  {
    Uart_Send_char(*Data++);
  }
}
```

⑤ 串口发送字节函数的代码如下：

```
void Uart_Send_char(char ch)
{
  U0DBUF = ch;
  while(UTX0IF == 0);
  UTX0IF = 0;
}
```

2）根据可燃气体/烟雾传感器的工作原理编写相关代码，完成工程配置。

3）在 PC 机上打开超级终端或串口调试助手，设置波特率为 19200bps，8 位数据位，1 位停止位，无硬件流控。

4）编译工程，编译成功后进行调试下载。

5）下载完后将 CC2530 模块重新上电或者按下复位按钮，运行下载的程序。

6）用打火机对着传感器喷气，观察 ADC 引脚数据的变化。

思考题

1. 请结合自己的理解，简述可燃气体/烟雾传感器的工作原理。
2. 请观察超级终端输出数值随可燃气体浓度变化的情况，并说明原因。

本章附录　基本器件、原理图及寄存器

1. 基本器件和原理图

实验中使用的每个 CC2530 模块都有 CC2530 无线节点，只有一个 CC2530 模块有无线协调器节点，如图 A.1 所示。

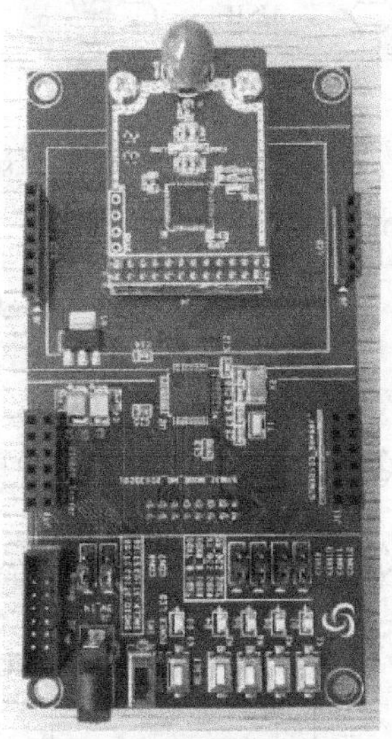

（a）CC2530 无线节点

（b）CC2530 无线协调器节点

图 A.1　基本器件

主要模块如图 A.2 所示，其中 CC2530 仿真器用于 IAR 环境的实验，ARM Cortex CC2530 仿真器用于 STM32 单片机方面的实验。

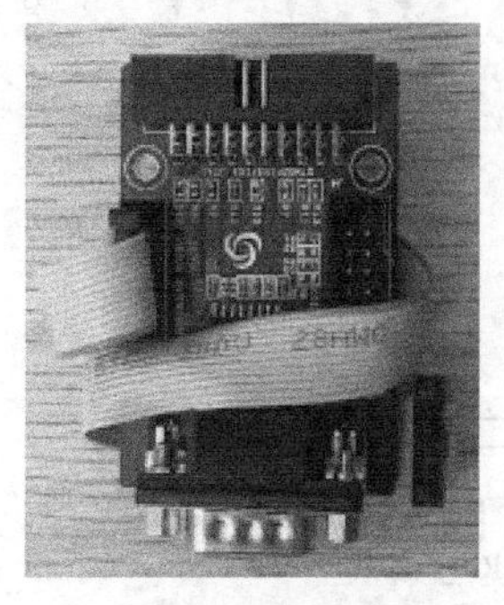

（a）无线节点调试接口板

（b）ARM Cortex CC2530 仿真器

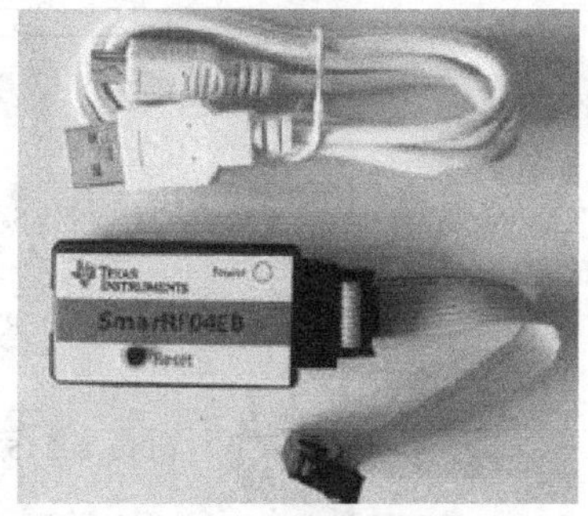

（c）CC2530 仿真器

图 A.2　主要模块

CC2530 模块中使用的 CC2530 核心板原理图如图 A.3 所示。CC2530 核心板是用于 2.4GHz IEEE 802.15.4、ZigBee 和 RF4CE 应用的一个真正的片上系统（SoC）解决方案。它能够以非常低的总材料成本建立强大的网络节点。

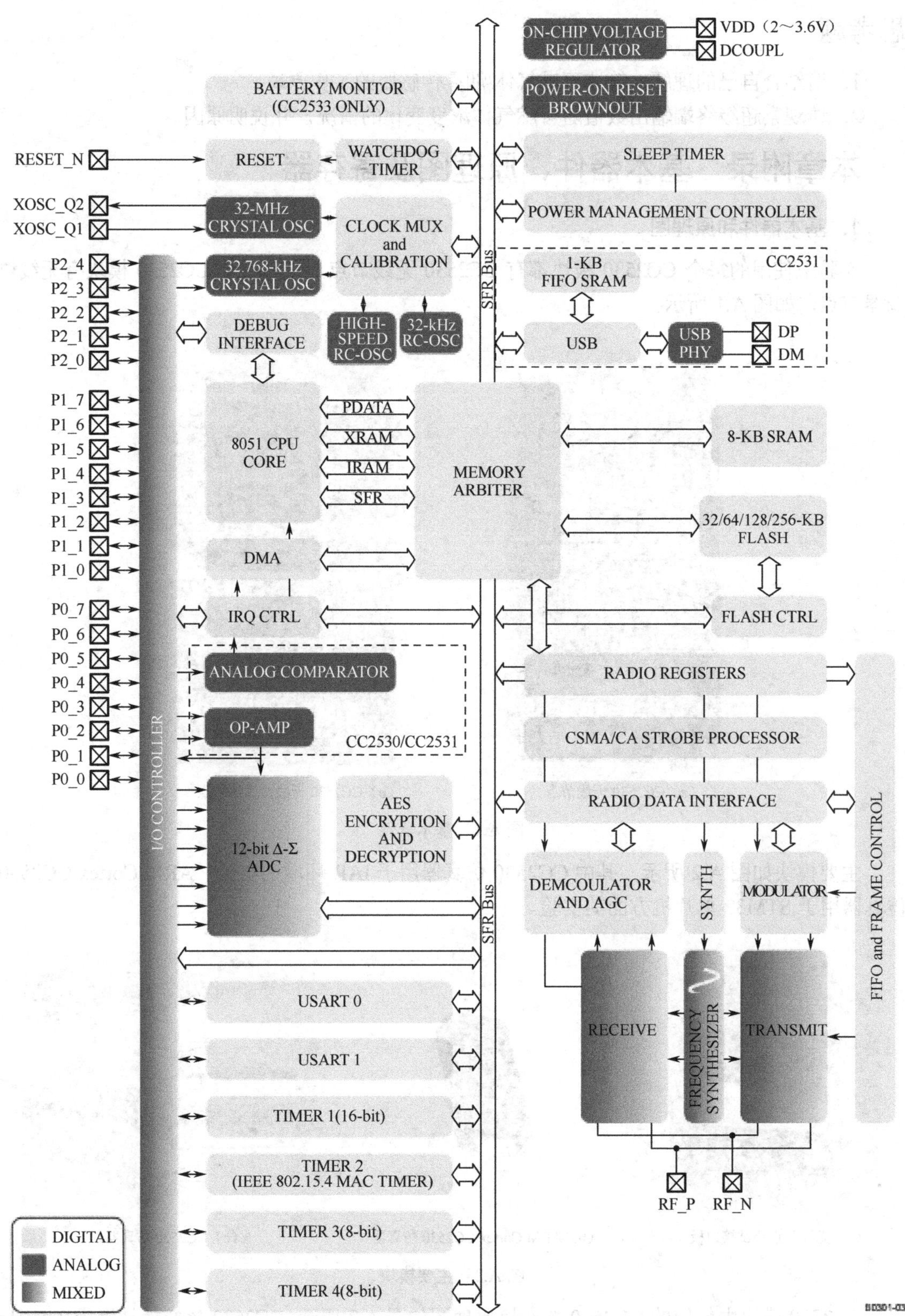

图 A.3　CC2530 核心板原理图

传感器基本连接电路仿真图如图 A.4 所示。

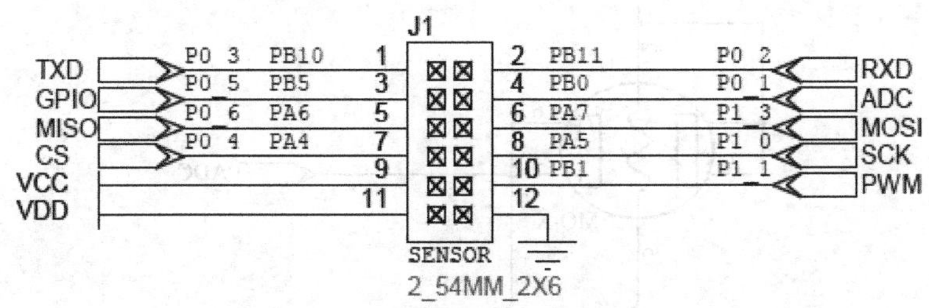

图 A.4　传感器基本连接电路仿真图

LED 驱动电路仿真图如图 A.5 所示。选择 P1_0 口和 P1_1 口的 I/O 引脚，P1_0 口与 P1_1 口分别控制 LED4 和 LED3，因此，在软件上需要配置好 P1_0 口及 P1_1 口。

光敏传感器与 CC2530 模块的接口电路仿真图如图 A.6 所示。

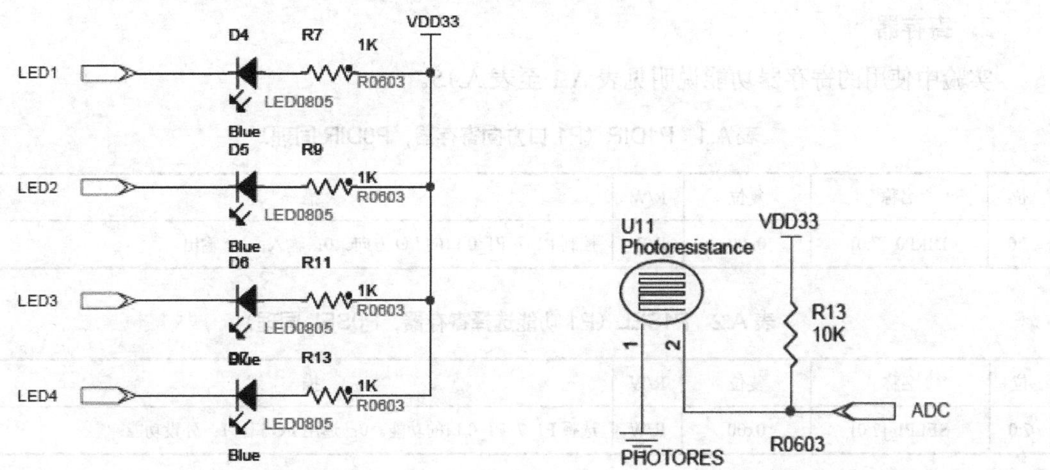

图 A.5　LED 驱动电路仿真图　　图 A.6　光敏传感器与 CC2530 模块的接口电路仿真图

温湿度传感器与 CC2530 模块的接口电路仿真图如图 A.7 所示。

人体红外传感器与 CC2530 模块的接口电路仿真图如图 A.8 所示。

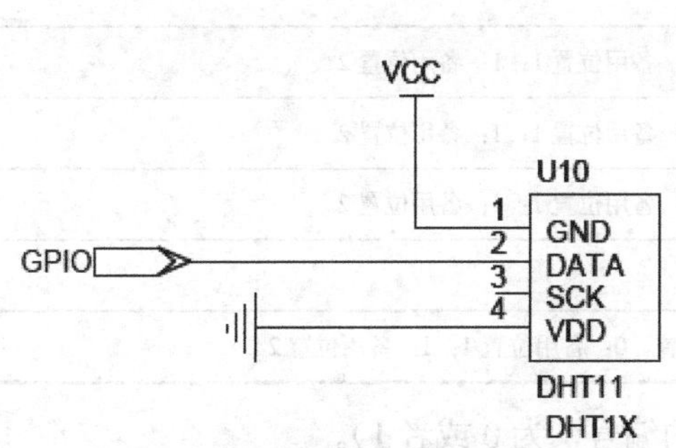

图 A.7　温湿度传感器与 CC2530 模块的接口电路仿真图

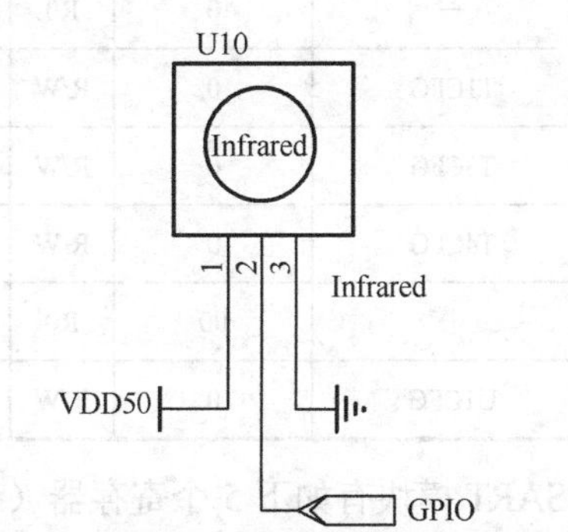

图 A.8　人体红外传感器与 CC2530 模块的接口电路仿真图

可燃气体/烟雾传感器与 CC2530 模块的接口电路仿真图如图 A.9 所示。

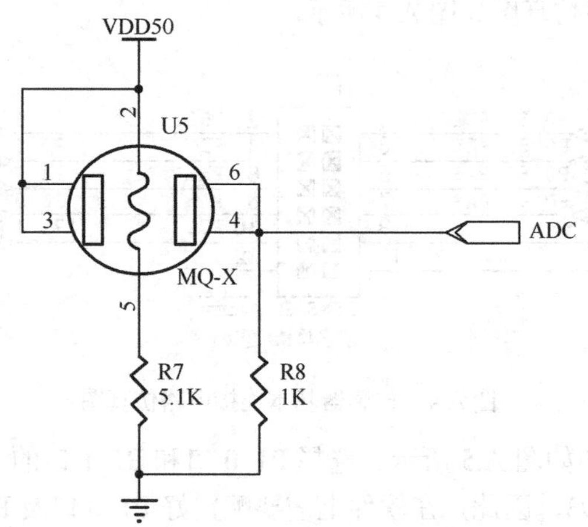

图 A.9 可燃气体/烟雾传感器与 CC2530 模块的接口电路仿真图

2. 寄存器

实验中使用的寄存器功能说明见表 A.1 至表 A.15。

表 A.1 P1DIR（P1 口方向寄存器，P0DIR 同理）

位	名称	复位	R/W	描　述
7:0	DIRP0_[7:0]	0x00	R/W	控制 P1_7~P1_0 口的 I/O 方向。0：输入；1：输出

表 A.2 P1SEL（P1 功能选择寄存器，P0SEL 同理）

位	名称	复位	R/W	描　述
7:0	SELP1_[7:0]	0x00	R/W	选择 P1_7~P1_0 口的功能。0：通用 I/O 口；1：外设功能

表 A.3 PERCFG（外设控制寄存器）

位	名称	复位	R/W	描　述
7	—	0	R0	没有使用
6	T1CFG	0	R/W	T1 的 I/O 位置。0：备用位置 1；1：备用位置 2
5	T3CFG	0	R/W	T3 的 I/O 位置。0：备用位置 1；1：备用位置 2
4	T4CFG	0	R/W	T4 的 I/O 位置。0：备用位置 1；1：备用位置 2
3:2	—	00	R0	没有使用
1	U1CFG	0	R/W	USART0 的 I/O 位置。0：备用位置 1；1：备用位置 2

USART 模块有如下 5 个寄存器（x 是 USART 的编号，为 0 或者 1）。

UxCSR：USARTx 的控制和状态寄存器。

UxUCR：USARTx 的 UART 控制寄存器。

UxGCR：USARTx 的通用控制寄存器。

UxBUF：USARTx 的收发数据缓存。

UxBAUD：USARTx 的波特率控制寄存器。

表 A.4　U0CSR（USART0 的控制和状态寄存器）

位	名称	复位	R/W	描　述
7	MODE	0	R/W	模式选择。0：SPI 模式；1：UART 模式
6	RE	0	R/W	接收器使能。0：接收器禁止；1：接收器使能
5	SLAVE	0	R/W	SPI 主/从模式选择。0：SPI 主模式；1：SPI 从模式
4	FE	0	R/W0	帧错误状态。0：没有检测出帧错误；1：收到字节，停止位电平出错
3	ERR	0	R/W0	奇偶错误状态。0：没有检测出奇偶检验出错；1：收到字节，奇偶检验出错
2	RX_BYTE	0	R/W0	接收字节状态。0：没有收到字节；1：收到字节，就绪
1	TX_BYTE	0	R/W0	传送字节状态。0：没有发送字节；1：写到数据缓冲区寄存器中的最后字节已经发送
0	ACTIVE	0	R	收发主动状态。0：USART 空闲；1：USART 忙

表 A.5　U0UCR（USART0 的 UART 控制寄存器）

位	名称	复位	R/W	描　述
7	FLUSH	0	R0/W1	清除单元
6	FLOW	0	R/W	UART 硬件流使能。0：流控制禁止；1：流控制使能
5	D9	0	R/W	UART 奇偶校验。0：奇校验；1：偶校验
4	BIT9	0	R/W	UART 的 9 位数据使能。0：8 位传送；1：9 位传送
3	PARITY	0	R/W	UART 的奇偶校验使能。0：禁用；1：使能
2	SPB	0	R/W	UART 停止位的位数。0：1 位停止位；1：2 位停止位
1	STOP	1	R/W	UART 停止位的电平，必须不同于开始位的电平。0：停止位低电平；1：停止位高电平
0	START	0	R/W	UART 起始位的电平。0：起始位低电平；1：起始位高电平

表 A.6　U0GCR（USART0 的通用控制寄存器）

位	名称	复位	R/W	描　述
7	CPOL	0	R/W	SPI 时钟极性。0：SPI 负时钟极性；1：SPI 正时钟极性
6	CPHA	0	R/W	SPI 时钟相位。0：当来自 CPOL 的 SCK 反相之后又返回 CPOL 时，数据输出到 MOSI 中；当来自 CPOL 的 SCK 返回 CPOL 反相时，输入数据采样到 MISO 中。 1：当来自 CPOL 的 SCK 返回 CPOL 反相时，数据输出到 MOSI；当来自 CPOL 的 SCK 反相之后又返回 CPOL 时，输入数据采样到 MISO 中
5	ORDER	0	R/W	传送位顺序。0：LSB 先传送；1：MSB 先传送
4:0	BAUD_E[4:0]	00000	R/W	波特率的指数值。BAUD_E 和 BAUD_M 一起决定 UART 波特率的大小

表 A.7　U0BUF（USART0 的收发数据缓存）

位	名称	复位	R/W	描　述
7:0	DATA[7:0]	0x00	R/W	USART0 接收和传送的数据

表 A.8　U0BAUD（USART0 的波特率控制寄存器）

位	名称	复位	R/W	描　述
7:0	BAUD_M[7:0]	0x00	R/W	波特率小数部分的值。BAUD_E 和 BAUD_M 决定了 UART 的波特率和 SPI 的主 SCK 时钟频率

表 A.9 SLEEPCMD（睡眠模式控制寄存器）

位	名称	复位	R/W	描　述
7	OSC32K_CALDIS	0	R/W	禁用 32kHz 的 RC 振荡器校准。0：使能；1：禁用
6:3	—	0000	R0	保留
2	—	1	R/W	保留。总是写 1
1	MODE[1:0]	00	R/W	供电模式设置。00：主动/空闲模式。01：供电模式 1。10：供电模式 2。11：供电模式 3

表 A.10 CLKCONCMD（时钟控制命令寄存器）

位	名称	复位	R/W	描　述
7	OSC32K	1	R/W	32kHz 时钟振荡器，0 为 32kHz RC 振荡器，1 为 32kHz 晶振
6	OSC	1	R/W	系统时钟。0 为 32MHz 晶振，1 为 16MHz RC 振荡。当位 7 位为 0 时，位 6 必须为 1
5:3	TICKSPD[2:0]	001	R/W	定时器输出标志。000 为 32MHz，001 为 16MHz，010 为 8MHz，011 为 4MHz，100 为 2MHz，101 为 1MHz，110 为 500kHz，111 为 250kHz。默认为 001。需要注意的是：当位 6 为 1 时，定时器最高可采用的频率为 16MHz
2:0	CLKSPD[2:0]	001	R/W	系统时钟频率。000 为 32MHz，001 为 16MHz，010 为 8MHz，011 为 4MHz，100 为 2MHz，101 为 1MHz，110 为 500kHz，111 为 250kHz。当位 6 为 1 时，系统主时钟最高可采用的频率为 16MHz

表 A.11 CLKCONSTA（时钟控制状态寄存器）

位	名称	复位	R/W	描　述
7	OSC32K	1	R	当前 32kHz 时钟振荡器。0 为 32kHz RC 振荡器，1 为 32kHz 晶振
6	OSC	1	R	当前系统时钟。0 为 32MHz 晶振，1 为 16MHz RC 振荡器
5:3	TICKSPD[2:0]	001	R	当前定时器输出标志。000 为 32MHz，001 为 16MHz，010 为 8MHz，011 为 4MHz，100 为 2MHz，101 为 1MHz，110 为 500kHz，111 为 250kHz
2:0	CLKSPD[2:0]	001	R	当前系统时钟频率。000 为 32MHz，001 为 16MHz，010 为 8MHz，011 为 4MHz，100 为 2MHz，101 为 1MHz，110 为 500kHz，111 为 250kHz

表 A.12 IRCON2（中断标志寄存器）

位	名称	复位	R/W	描　述
7:5	—	000	R/W	没有使用
4	WDTIF	0	R/W	看门狗定时器的中断标志。0：中断未挂起；1：中断挂起
3	P1IF	0	R/W	P1 口的中断标志。0：中断未挂起；1：中断挂起
2	UTX1IF	0	R/W	USART1 的 TX 中断标志。0：中断未挂起；1：中断挂起
1	UTX0IF	0	R/W	USART0 的 TX 中断标志。0：中断未挂起；1：中断挂起
0	P2IF	0	R/W	P2 口的中断标志。0：中断未挂起；1：中断挂起

表 A.13　ADCL（ADC 数据低位寄存器）

位	名称	复位	R/W	描　述
7:2	ADC[5:0]	000000	R	ADC 转换结果的低位部分
1:0	—	00	R0	没有使用。读出来总为 0

表 A.14　ADCH（ADC 数据高位寄存器）

位	名称	复位	R/W	描　述
7:0	ADC[13:6]	0x00	R	ADC 转换结果的高位部分

表 A.15　ADCCON1（ADC 控制寄存器 1）

位	名称	复位	R/W	描　述
7	EOC	0	R/H0	转换完成。0：转换没有完成；1：转换完成
6	ST	0		开始转换。0：没有正在进行转换的序列；1：如果 ADCCON1.STSEL=11，并且没有序列正在转换，就启动一个转换序列
5:4	STSEL[1:0]	11	R/W1	启动选择。00：P2_0 引脚的外部触发；01：全速，不等待触发器；10：T1（定时器/计数器 1）通道 0 的比较事件；11：ADCCON1.ST=1
3:2	RCTRL[1:0]	00	R/W	控制 16 位随机数发生器。00：正常运行；01：开启 LFSR 的时钟一次（没有展开）；10：保留；11：停止，关闭随机数发生器
1:0	—	11	R/W	保留。总设为 11

第 4 章　感知基础实验

4.1　一维码实验

实验目的

熟悉并了解一维码的生成过程。

实验环境

硬件：PC 机。

软件：Windows 7，Visual Studio 2010，zxing.dll（动态链接库）。

实验内容

使用 ZXing 库编写一维码生成程序。

实验原理

本实验采用的是常用的 ITF 编码方式。

ITF-14 条形码符号的放大系数范围为 0.625～1.200，其大小随放大系数的变化而变化。当放大系数为 1.000 时，ITF-14 条形码符号各个部分的尺寸如图 4.1 所示。ITF-14 条形码符号四周应设置保护框，保护框的线宽为 4.8mm，线宽不受放大系数的影响。

图 4.1　ITF-14 条形码符号

ZXing 库是谷歌的一个开源项目，现在 Google Code 停用后转到了 Github 上，该库本身含有大部分常用的编码方式，被各大公司用于各种平台的开发。

ZXing 库的使用方法如下。

```
//使用前要先引用
using ZXing.QrCode;using ZXing;using ZXing.Common;using ZXing.Rendering;

//在函数中调用编码的接口
EncodingOptions options = null;BarcodeWriter writer = null;
options = new EncodingOptions
{
    Width = pictureBox.Width,
    Height = pictureBox.Height
};//设置图像的长宽
```

```
writer = new BarcodeWriter();
writer.Format = BarcodeFormat.ITF;//编码方式为 ITF
writer.Options = options;
Bitmap bitmap = writer.Write(textBox.Text);//writer.Write 产生一个位图，即一维码
pictureBox.Image = bitmap;
```

实验步骤

1）打开 Visual Studio 2010，选择菜单“文件→新建→项目”，在打开的对话框中选择“Windows 窗体应用程序”，新建一个项目，将该项目命名为 writer1D，如图 4.2 所示。

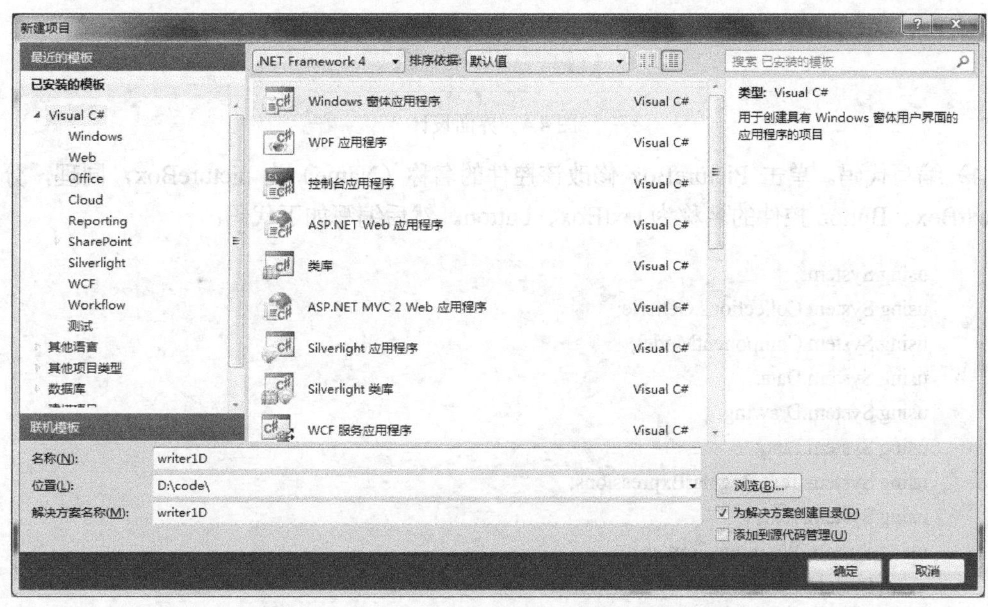

图 4.2　创建新窗体

2）添加动态链接库。在解决方案中，右击项目，选择菜单“添加引用”命令，在打开的对话框中选择已下载的 zxing.dll 和 zxing.presentation.dll 文件（应选择相应版本的.dll 文件，本实验使用 4.0 版），如图 4.3 所示。

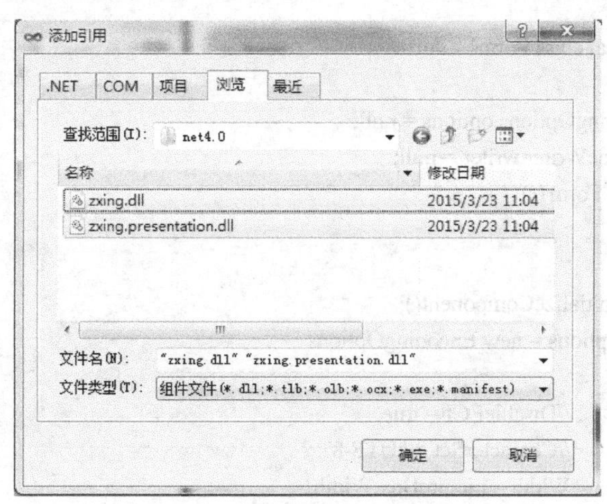

图 4.3　动态链接库添加示例

3）制作界面。本实验主要用到 PictureBox、TextBox 和 Button 三个控件，条形码生成器界面设计如图 4.4 所示。

图 4.4　界面设计

4）编写代码。单击 PictureBox 修改该控件的名称（Name）为 pictureBox，同理，分别修改 TextBox、Button 控件的名称为 textBox、button。然后编写如下代码：

```
using System;
using System.Collections.Generic;
using System.ComponentModel;
using System.Data;
using System.Drawing;
using System.Linq;
using System.Text.RegularExpressions;
using System.Text;
using System.Windows.Forms;
using System.Collections;
using ZXing.QrCode;
using ZXing;
using ZXing.Common;
using ZXing.Rendering;
namespace writer1D
{
    public partial class Form1 : Form
    {
        EncodingOptions options = null;
        BarcodeWriter writer = null;
        public Form1()

        {
            InitializeComponent();
            options = new EncodingOptions
            {
                //DisableECI = true,
                //CharacterSet = "UTF-8",
                Width = pictureBox.Width,
                Height = pictureBox.Height
            };
```

```
            writer = new BarcodeWriter();
            writer.Format = BarcodeFormat.ITF;
            writer.Options = options;
        }
        private void button_Click(object sender, EventArgs e)
        //注意该代码需要通过双击 Button 按钮添加事件才能运行
        {
            if (textBox.Text == string.Empty)
            {
                MessageBox.Show("输入内容不能为空");
                return;
            }
            Bitmap bitmap = writer.Write(textBox.Text);
            pictureBox.Image = bitmap;
        }
    }
}
```

可能出现的问题：单击“生成”按钮无法生成条形码。

原因：控件可能没有被激活。

5）运行与调试。本实验采用 ITF 条形码，所以内容必须为偶数个数字。条形码生成器运行效果如图 4.5 所示。

图 4.5　条形码生成器

思考题

1．结合自己的理解，谈谈 ITF 条形码的生成过程。

2．通过实验了解 ITF 条形码符号的结构组成及其作用。

3．本实验采用 ITF 条形码，为什么内容必须为偶数个数字？

4.2　二维码实验

实验目的

熟悉并了解二维码（QR 码）的生成过程。

实验环境

硬件：PC 机。

软件：Windows 7，Visual Studio 2010，zxing.dll（动态链接库）。

实验内容

使用 ZXing 库编写二维码（QR 码）生成程序。

实验原理

本实验采用最常用的 QR 码。

编码方法综述如下。

1）数据分析：分析所输入的数据流，确定编码字符的类型。QR 码支持扩充解释，可以对与默认的字符集不同的数据进行编码。QR 码包括几种不同的模式，以便高效地将不同的字符子集转换为符号字符。必要时可以进行模式之间的转换以便更高效地将数据转换为二进制字符串。

选择所需的错误检测和纠正等级。如果用户没有指定所采用的符号版本，则选择与数据相适应的最小的版本。表 4.1 为 QR 码各版本符号的数据容量。

表 4.1　QR 码各版本符号的数据容量

版本	每边的模块数（A）/个	功能图形模块数（B）/个	格式及版本信息模块数（C）/个	除 C 以外的数据模数（$D=A^2-B-C$）/个	数据容量（E）/位	剩余位/位
1	21	202	31	208	26	0
2	25	235	31	359	44	7
3	29	243	31	567	70	7
4	33	251	31	807	100	7
5	37	259	31	1079	134	7
6	41	267	31	1383	172	7
7	45	390	67	1568	196	0
8	49	398	67	1936	242	0
9	53	406	67	2336	292	0
10	57	414	67	2768	346	0
11	61	422	67	3232	404	0
12	65	430	67	3728	466	0
13	69	438	67	4256	532	0
14	73	611	67	4651	581	3
15	77	619	67	5243	655	3
16	81	627	67	5867	733	3
17	85	635	67	6523	815	3
18	89	643	67	7211	901	3
19	93	651	67	7931	991	3

续表

版本	每边的模块数（A）/个	功能图形模块数（B）/个	格式及版本信息模块数（C）/个	除 C 以外的数据模数（$D=A^2-B-C$）/个	数据容量（E）/位	剩余位/位
20	97	659	67	8683	1085	3
21	101	882	67	9252	1156	4
22	105	890	67	10068	1258	4
23	109	898	67	10916	1364	4
24	113	906	67	11796	1474	4
25	117	914	67	12708	1588	4
26	121	922	67	13652	1706	4
27	125	930	67	14628	1828	4
28	129	1203	67	15371	1921	3
29	133	1211	67	16411	2051	3
30	137	1219	67	17483	2185	3
31	141	1227	67	18587	2323	3
32	145	1235	67	19723	2465	3
33	149	1243	67	20891	2611	3
34	153	1251	67	22091	2761	3
35	157	1574	67	23008	2876	0
36	161	1582	67	24272	3034	0
37	165	1590	67	25568	3196	0
38	169	1598	67	26896	3362	0
39	173	1606	67	28256	3532	0
40	177	1614	67	29648	3706	0

2）数据编码：根据所选择的模式，将数据转换为位流。将产生的位流分为每 8 位一个码字，必要时应加入填充字符，形成数据码字序列。

3）纠错编码：按需要将数据码字序列分块，以便按块生成相应的纠错码字，并将其加在相应的数据码字序列的后面。

4）构造最终信息：在每一块中置入数据码字和纠错码字，必要时应加入剩余位。

5）在矩阵中布置模块：将寻像图形、分隔符、定位图形、校正图形与码字模块一起放入矩阵。

6）掩模：依次将掩模图形用于符号的编码区域，选择其中使深色浅色模块比率最优且不希望出现的图形最少的结果。

ZXing 库的使用方法如下。

```
//使用前时要先引用
using ZXing.QrCode;using ZXing;using ZXing.Common;using ZXing.Rendering;

//在函数中编写
EncodingOptions options = null;BarcodeWriter writer = null;
//在二维码编码时由于字体的编码不同可能会影响编码，所以要设置字体
```

```
//在这里使用 DisableECI = true, CharacterSet = "UTF-8"来设置字体为 UTF-8
options = new EncodingOptions
{
    DisableECI = true,
    CharacterSet = "UTF-8",
    Width = pictureBox.Width,
    Height = pictureBox.Height
};
writer = new BarcodeWriter();
writer.Format = BarcodeFormat.ITF;//编码方式为 ITF
writer.Options = options;
Bitmap bitmap = writer.Write(textBox.Text);//writer.Write 产生一个位图，即二维码
pictureBox.Image = bitmap;
```

实验步骤

1）新建一个"Windows 窗体应用程序"项目，命名为 writer2D。

2）导入 zxing.dl 文件。

3）制作界面。本实验主要用到 PictureBox、TextBox 和 Button 三个控件，二维码生成器界面设计如图 4.6 所示。

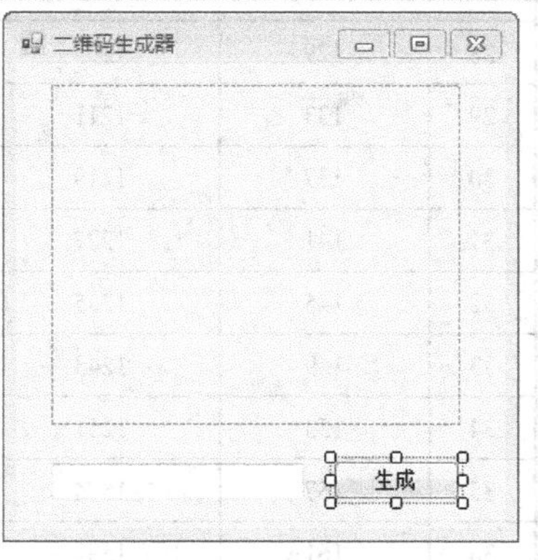

图 4.6　界面设计

4）编写代码。单击 PictureBox 修改该控件的名称为 pictureBox，同理，分别修改 TextBox、Button 控件的名称为 textBox、button。然后编写如下代码：

```
using System;
using System.Collections.Generic;
using System.ComponentModel;
using System.Data;
using System.Drawing;
using System.Text;
using System.Windows.Forms;
using ZXing.*;

namespace Writer2D
{
    public partial class Form1 : Form
    {
        EncodingOptions options = null;
        BarcodeWriter writer = null;
        public Form1()
        {
            InitializeComponent();
            options = new QrCodeEncodingOptions
            {
                DisableECI = true,
                CharacterSet = "UTF-8",
                Width = pictureBox.Width,
```

```
                Height = pictureBox.Height
            };
            writer = new BarcodeWriter();
            writer.Format = BarcodeFormat.QR_CODE;
            writer.Options = options;
        }
        private void button_Click(object sender, EventArgs e)
        {
            if (textBox.Text == string.Empty)
            {
                MessageBox.Show("输入内容不能为空！");
                return;
            }
            Bitmap bitmap = writer.Write(textBox.Text);
            pictureBox.Image = bitmap;
        }
    }
}
```

5）运行与调试。二维码生成器运行效果如图 4.7 所示。

图 4.7　二维码生成器

思考题

1. 请结合自己的理解，试分析二维码的容错机制原理。
2. 二维码为什么要有三个定位点？

4.3　编码识别实验

实验目的

熟悉并了解编码的识别过程。

实验环境

硬件：PC 机。

软件：Windows 7，Visual Studio 2010，zxing.dll（动态链接库）。

实验内容

使用 ZXing 库编写程序识别编码。

实验原理

1）条形码识读的基本工作原理：由光源发出的光线经过光学系统照射到条形码符号上面，被反射回来的光经过光学系统成像在光电转换器上，使之产生电信号。信号经过电路放大后产生一个模拟电压，它与照射到条形码符号上被反射回来的光成正比，再经过滤波和整形，形成与模拟型号对应的方波信号，经译码器解释为计算机可以直接接收的数字信号。

2）二维码识别主要通过条形码定位、分割和解码三个步骤实现。

```
//解码的实现使用 ZXing 库，引用代码略
//对读取二维码的变量进行初始化
BarcodeReader reader = null;
//读取二维码
reader = new BarcodeReader();
//把图片转换为位图再解码，把值赋给 Result 类型的 result, result.text 中是解码的内容
//Decode 函数会自动识别是一维码还是二维码
Result result = reader.Decode((Bitmap)pictureBox.Image);
```

实验步骤

1）新建一个“Windows 窗体应用程序”项目，命名为 reader。

2）导入 zxing.dll 文件。

3）制作界面。本实验主要用到 PictureBox、TextBox、Button 和 OpenFileDialog 这 4 个控件，条形码识别界面设计如图 4.8 所示。4 个控件的名称分别改为 pictureBox、textBox、button 和 openFileDialog。

图 4.8　界面设计

4）编写代码。

```
using System;
using System.Collections.Generic;
using System.ComponentModel;
using System.Data;
using System.Drawing;
```

```
using System.Text;
using System.Windows.Forms;
using ZXing.QrCode;
using ZXing;
using ZXing.Common;
using ZXing.Rendering;

namespace reader
{
    public partial class Form1 : Form
    {
        BarcodeReader reader = null;
        public Form1()
        {
            InitializeComponent();
            reader = new BarcodeReader();
        }
        string opFilePath = "";
        private void button_Click(object sender, EventArgs e)
        {
            if (openFileDialog.ShowDialog() == DialogResult.OK)
            {
                opFilePath = openFileDialog.FileName;
                pictureBox.ImageLocation = openFileDialog.FileName;
                pictureBox.Load(opFilePath);
                Result result = reader.Decode((Bitmap)pictureBox.Image);
                //通过 reader 解码
                textBox.Text = result.Text; //显示解析结果
            }
        }
    }
}
```

5）运行与调试。运行效果分别如图 4.9 和图 4.10 所示。

图 4.9　运行效果 1

图 4.10　运行效果 2

思考题

1. 简述二维码识别的主要步骤。
2. 如何识别是一维码还是二维码？

4.4 GPS 定位实验

实验目的

熟悉并了解 GPS 模块获取定位数据的过程。

实验环境

软件：Windows 7，Visual Studio 2010。

实验内容

编写代码实现对 GPS 定位数据的读取和处理。

实验原理

GPS（Global Positioning System）模块的功能是获取自身的位置。在使用时，GPS 模块连接天线并上电后，就会在其 RX、TX 口输出定位数据。定位数据的格式是 NMEA0183 标准语句，说明如下。

1）GPS Fix Data（GGA 协议），即 GPS 定位信息，格式如下：

```
$GPGGA,<1>,<2>,<3>,<4>,<5>,<6>,<7>,<8>,<9>,M,<10>,M,<11>,<12>*hh<CR>,<LF>
```

参数说明如下。

<1> UTC 时间，hhmmss（时分秒）格式。

<2> 纬度，ddmm.mmmm（度.分）格式（前面的 0 也将被传输）。

<3> 纬度半球，N（北半球）或 S（南半球）。

<4> 经度，dddmm.mmmm（度.分）格式（前面的 0 也将被传输）。

<5> 经度半球，E（东经）或 W（西经）。

<6> GPS 状态，0=未定位，1=非差分定位，2=差分定位，6=正在估算。

<7> 正在用于解算位置的卫星数量（00～12，前面的 0 也将被传输）。

<8> 水平位置精度因子 HDOP（0.5～99.9）。

<9> 海拔高度（-9999.9～99999.9）。

<10> 地球椭球面相对于大地水准面的高度。

<11> 差分时间（从最近一次接收到差分信号开始的秒数，如果不是差分定位则为空）。

<12> 差分站 ID 号（0000～1023，前面的 0 也将被传输，如果不是差分定位则为空）。

2）GPS DOP and Active Satellites（GSA 协议），即当前卫星信息，格式如下：

```
$GPGSA,<1>,<2>,<3>,<3>,<3>, <3>,<3>,<3>,<3>,<3>,<3>,<3>,<3>,<3>,<4>,<5>,<6>*hh<CR><LF>
```

参数说明如下。

<1> 模式，M=手动，A=自动。

<2> 定位类型，1=没有定位，2=2D 定位，3=3D 定位。

<3> PRN 码（伪随机噪声码），正在用于解算位置的卫星号（01～32，前面的 0 也将被传输）。

<4> 位置精度因子 PDOP（0.5～99.9）。

<5> 水平位置精度因子 HDOP（0.5～99.9）。

<6> 垂直位置精度因子 VDOP（0.5～99.9）。

3）GPS Satellites in View（GSV 协议），即可见卫星信息，格式如下：

```
$GPGSV,<1>,<2>,<3>,<4>,<5>,<6>,<7>,…<4>,<5>,<6>,<7>*hh<CR><LF>
```

参数说明如下。

<1> GSV 语句的总数。

<2> 本 GSV 语句的编号。

<3> 可见卫星的总数（00～12，前面的 0 也将被传输）。

<4> PRN 码（01～32，前面的 0 也将被传输）。

<5> 卫星仰角（00～90°，前面的 0 也将被传输）。

<6> 卫星方位角（000～359°，前面的 0 也将被传输）。

<7> 信噪比（00～99dB，没有跟踪到卫星时为空，前面的 0 也将被传输）。

注：<4>,<5>,<6>,<7>参数将按照每颗卫星进行循环显示，每条 GSV 语句最多可以显示 4 颗卫星的信息。其他卫星信息将在下一序列的 NMEA 0183 语句中输出。

4）Recommended Minimum Specific GPS/TRANSIT Data（RMC 协议），即推荐定位信息，格式如下：

```
$GPRMC,<1>,<2>,<3>,<4>,<5>,<6>,<7>,<8>,<9>,<10>,<11>,<12>*hh<CR><LF>
```

参数说明如下。

<1> UTC 时间，hhmmss（时分秒）格式。

<2> 定位状态，A=有效定位，V=无效定位。

<3> 纬度，ddmm.mmmm（度.分）格式（前面的 0 也将被传输）。

<4> 纬度半球，N（北半球）或 S（南半球）。

<5> 经度，dddmm.mmmm（度.分）格式（前面的 0 也将被传输）。

<6> 经度半球，E（东经）或 W（西经）。

<7> 地面速率（000.0～999.9 节[①]，前面的 0 也将被传输）。

<8> 地面航向（000.0～359.9°，以真北为参考基准，前面的 0 也将被传输）。

<9> UTC 日期，ddmmyy（日月年）格式。

<10> 磁偏角（000.0～180.0°，前面的 0 也将被传输）。

<11> 磁偏角方向，E（东）或 W（西）。

<12> 模式指示（仅 NMEA 0183 3.00 版本输出，A=自主定位，D=差分，E=估算，N=数据无效）。

5）Track Made Good and Ground Speed（VTG 协议），即地面速度信息，格式如下：

```
$GPVTG,<1>,T,<2>,M,<3>,N,<4>,K,<5>*hh<CR><LF>
```

参数说明如下。

<1> 以真北为参考基准的地面航向（000～359°，前面的 0 也将被传输）。

<2> 以磁北为参考基准的地面航向（000～359°，前面的 0 也将被传输）。

<3> 地面速率（000.0～999.9 节，前面的 0 也将被传输）。

<4> 地面速率（0000.0～1851.8km/hour，前面的 0 也将被传输）。

<5> 模式指示（仅 NMEA 0183 3.00 版本输出，A=自主定位，D=差分，E=估算，N=数据无效）。

---

① 1 节的含义是每小时行驶 1 海里（1 海里=1852m）。

6）Geographic Position（GLL 协议），即定位地理信息，格式如下：

```
$GPGLL,<1>,<2>,<3>,<4>,<5>,<6>,<7>*hh<CR><LF>
```

参数说明如下。

<1> 纬度，ddmm.mmmm（度.分）格式（前面的 0 也将被传输）。

<2> 纬度半球，N（北半球）或 S（南半球）。

<3> 经度，dddmm.mmmm（度.分）格式（前面的 0 也将被传输）。

<4> 经度半球，E（东经）或 W（西经）。

<5> UTC 时间，hhmmss（时分秒）格式。

<6> 定位状态，A=有效定位，V=无效定位。

<7> 模式指示（仅 NMEA 0183 3.00 版本输出，A=自主定位，D=差分，E=估算，N=数据无效）。

7）Estimated Error Information（PGRME 协议），即估计误差信息，格式如下：

```
$PGRME,<1>,M,<2>,M,<3>,M*hh<CR><LF>
```

参数说明如下。

<1> 水平位置估计误差 HPE（0.0～999.9m）。

<2> 垂直位置估计误差 VPE（0.0～999.9m）。

<3> 位置估计误差 EPE（0.0～999.9m）。

8）GPS Fix Data Sentence（PGRMF 协议），即 GPS 定位信息，格式如下：

```
$PGRMF,<1>,<2>,<3>,<4>,<5>,<6>,<7>,<8>,<9>,<10>,<11>,<12>,<13>,<14>,<15>*hh<CR><LF>
```

参数说明如下。

<1> GPS 周数（0～1023）。

<2> GPS 秒数（0～604799）。

<3> UTC 日期，ddmmyy（日月年）格式。

<4> UTC 时间，hhmmss（时分秒）格式。

<5> GPS 跳秒数。

<6> 纬度，ddmm.mmmm（度.分）格式（前面的 0 也将被传输）。

<7> 纬度半球，N（北半球）或 S（南半球）。

<8> 经度，dddmm.mmmm（度.分）格式（前面的 0 也将被传输）。

<9> 经度半球，E（东经）或 W（西经）。

<10> 模式，M=手动，A=自动。

<11> 定位类型，0=没有定位，1=2D 定位，2=3D 定位。

<12> 地面速率（0～1851km/hour）。

<13> 地面航向（000.0～359.0°，以真北为参考基准）。

<14> 位置精度因子 PDOP（0～9，四舍五入取整）。

<15> 时间精度因子 TDOP（0～9，四舍五入取整）。

9）Map Datum（PGRMM 协议），即坐标系统信息，格式如下：

```
$PGRMM,<1>*hh<CR><LF>
```

参数说明如下。

<1> 当前使用的坐标系名称（数据长度可变，如“WGS 84”）。

注：该信息在与 Map Source 进行实时连接的时候使用。

10）Sensor Status Information（PGRMT 协议），即工作状态信息，格式如下：

```
$PGRMT,<1>,<2>,<3>,<4>,<5>,<6>,<7>,<8>,<9>*hh<CR><LF>
```

参数说明如下。

<1> 产品型号和软件版本（数据长度可变，如 GPS 15L/15H VER 2.05）。

<2> ROM 校验测试，P=通过，F=失败。

<3> 信标接收机不连续故障，P=通过，F=失败。

<4> 存储的数据，R=保持，L=丢失。

<5> 时钟的信息，R=保持，L=丢失。

<6> 振荡器不连续漂移，P=通过，F=检测到过度漂移。

<7> 数据不连续采集，C=正在采集，如果没有采集则为空。

<8> GPS 信标接收机温度，单位为℃。

<9> GPS 信标接收机配置数据，R=保持，L=丢失。

注：本语句每分钟发送一次，与所选择的波特率无关。

11）3D Velocity Information（PGRMV 协议），即三维速度信息，格式如下：

```
$PGRMV,<1>,<2>,<3>*hh<CR><LF>
```

参数说明如下。

<1> 东向速度（514.4～514.4m/s）。

<2> 北向速度（514.4～514.4m/s）。

<3> 上向速度（999.9～9999.9m/s）。

12）DGPS Beacon Information（PGRMB 协议），即信标差分信息，格式如下：

```
$PGRMB,<1>,<2>,<3>,<4>,<5>,K,<6>,<7>,<8>*hh<CR><LF>
```

参数说明如下。

<1> 信标站频率（0.0，283.5～325.0kHz，间隔为 0.5kHz）。

<2> 信标比特率（0bit/s、25bit/s、50bit/s、100bit/s 或 200bit/s）。

<3> SNR（0～31）。

<4> 信标数据质量（0～100）。

<5> 与信标站的距离，单位为 km。

<6> 信标接收机的通信状态，0=检查接线，1=无信号，2=正在调谐，3=正在接收，4=正在扫描。

<7> 差分源，R=RTCM，W=WAAS，N=非差分定位。

<8> 差分状态，A=自动，W=仅为 WAAS，R=仅为 RTCM，N=不接收差分信号。

实验中要获取的是 GPS 所在的坐标，所以要用正则匹配内容，代码如下：

```
$GPRMC,083017.00,A,2516.19131,N,11019.97614,E,0.056,,080415,,,D*7D<CR><LF>
$GPVTG,,T,,M,0.056,N,0.104,K,D*20<CR><LF>
$GPGGA,083017.00,2516.19131,N,11019.97614,E,2,08,1.05,183.2,M,-17.7,M,,0000*74<CR><LF>
$GPGSA,A,3,03,23,16,09,19,40,27,31,,,,,1.91,1.05,1.60*0F<CR><LF>
$GPGSV,4,1,15,03,12,233,29,04,00,183,,07,03,304,,08,42,070,25*72<CR><LF>
$GPGSV,4,2,15,09,28,314,48,11,01,196,,16,55,360,50,19,44,186,27*78<CR><LF>
$GPGSV,4,3,15,21,04,063,22,23,56,293,45,26,09,054,18,27,72,142,25*76<CR><LF>
$GPGSV,4,4,15,31,26,096,29,32,07,193,,40,23,253,38*48<CR><LF>
$GPGLL,2516.19131,N,11019.97614,E,083017.00,A,D*6F<CR><LF>
$GPRMC,083018.00,A,2516.19131,N,11019.97616,E,0.122,,080415,,,D*72<CR><LF>
$GPVTG,,T,,M,0.122,N,0.227,K,D*20<CR><LF>
$GPGGA,083018.00,2516.19131,N,11019.97616,E,2,08,1.05,183.2,M,-17.7,M,,0000*79<CR><LF>
```

```
$GPGSA,A,3,03,23,16,09,19,40,27,31,,,,,1.91,1.05,1.60*0F<CR><LF>
$GPGSV,4,1,15,03,12,233,28,04,00,183,,07,03,304,,08,42,070,25*73<CR><LF>
$GPGSV,4,2,15,09,28,314,48,11,01,196,,16,55,360,50,19,44,186,26*79<CR><LF>
$GPGSV,4,3,15,21,04,063,22,23,56,293,45,26,09,054,19,27,72,142,26*74<CR><LF>
$GPGSV,4,4,15,31,26,096,30,32,07,193,,40,23,253,38*40<CR><LF>
$GPGLL,2516.19131,N,11019.97616,E,083018.00,A,D*62<CR><LF>
$GPRMC,083019.00,A,2516.19130,N,11019.97618,E,0.076,,080415,,,D*7C<CR><LF>
$GPVTG,,T,,M,0.076,N,0.141,K,D*23<CR><LF>
$GPGGA,083019.00,2516.19130,N,11019.97618,E,2,08,1.05,183.1,M,-17.7,M,,0000*74<CR><LF>
$GPGSA,A,3,03,23,16,09,19,40,27,31,,,,,1.91,1.05,1.60*0F<CR><LF>
$GPGSV,4,1,15,03,12,233,28,04,00,183,,07,03,304,,08,42,070,25*73<CR><LF>
$GPGSV,4,2,15,09,28,314,48,11,01,196,,16,55,360,50,19,44,186,26*79<CR><LF>
$GPGSV,4,3,15,21,04,063,22,23,56,293,45,26,08,055,19,27,72,142,26*74<CR><LF>
$GPGSV,4,4,15,31,26,096,30,32,07,193,,40,23,253,38*40<CR><LF>
```

上面代码利用@"\$GPGGA,([^\r\n<]*)"匹配出$GPGGA 后面的内容，然后进行字符串拆分"string[] s = result.Value.Split(new char[] { ',' });"。

实验步骤

1）新建一个"Windows 窗体应用程序"项目，命名为 GPS。

2）制作 GPS 定位数据获取界面。需要用三个 TextBox 控件（textBox1、textBox2 和 textBox3）来输入数据，用 SerialPort 控件（serialPort）来连接串口，界面设计如图 4.11 所示。

图 4.11　界面设计

3）编写代码。

```
using System;
using System.Collections.Generic;
using System.ComponentModel;
using System.Data;
using System.Drawing;
using System.Linq;
using System.Text;
using System.Windows.Forms;
using System.IO.Ports;
using System.Text.RegularExpressions;
```

```
namespace GPS
{
    public partial class Form1 : Form
    {
        SerialPort serialPort = new SerialPort();
        public Form1()
        {
            InitializeComponent();
        }
        private void Form1_Load(object sender, EventArgs e)
        {
        }
        private void button1_Click(object sender, EventArgs e)
        {
            string[] portNames = SerialPort.GetPortNames();//设置串口连接
            serialPort.PortName = portNames[0];
            serialPort.BaudRate = 9600;
            serialPort.DataBits = 8;
            serialPort.Parity = Parity.None;
            serialPort.StopBits = StopBits.One;
            serialPort.Open();    //打开串口
            string mess="";
            for (int i = 0; i < 10; i++)
            {
                mess = mess + serialPort.ReadLine();
            }
            Match result = Regex.Match(mess, @"\$GPGGA,([^\r\n<]*)");//信息内容匹配
            string[] s = result.Value.Split(new char[] { ',' });
            textBox1.Text = s[2] + s[3];
            textBox2.Text = s[4] + s[5];
            textBox3.Text = s[9];
            serialPort.Close(); //关闭串口
        }
    }
}
```

4）运行与调试。运行后，可以获取到 GPS 定位数据（本例保留 5 位小数），如图 4.12 所示。

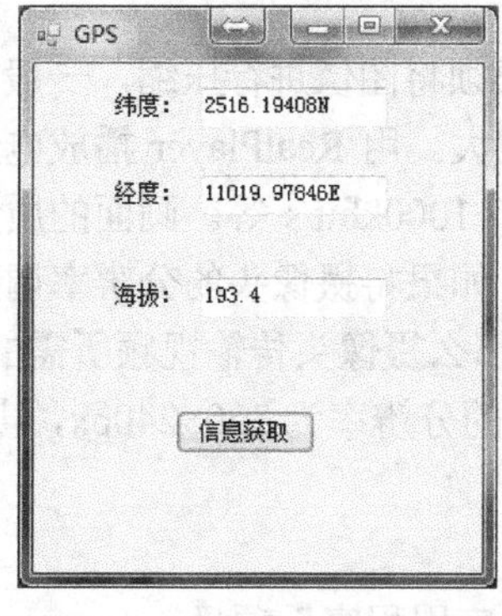

图 4.12　获取 GPS 定位数据

思考题

1. 请结合自己的理解，试分析 GPS 定位是否会产生误差。如果有，是由哪些原因造成的？
2. GPS 导航时为何会出现漂移？试分析造成这种现象的原因。

4.5 人脸识别实验 1

实验目的

熟悉并了解摄像头的工作原理，并从中获取图像和视频，以及如何控制摄像头。

实验环境

硬件：10 个 IP 摄像头，其中 5 个球状摄像头，5 个枪式摄像头。

软件：Windows 7，Visual Studio 2010。

实验内容

编写代码实现摄像头中图像和视频的获取，以及摄像头的控制。

实验原理

摄像头的工作原理大致为：景物通过镜头生成的光学图像投射到图像传感器表面上，然后转为电信号，经过 A/D（模数）转换后变为数字图像信号，再送到数字信号处理（Digital Signal Processing，DSP）芯片中进行加工处理，再通过 USB 接口传输到计算机中进行处理，最后通过显示器就可以看到图像了。

图像传感器（Sensor）是一种半导体芯片，其表面包含几十万到几百万个的光电二极管，光电二极管受到光照射时，就会产生电荷。

DSP 芯片的功能：通过一系列复杂的数学运算，对数字图像信号参数进行优化处理，并把处理后的信号通过 USB 等接口传到计算机等设备中。

DSP 包括：

① ISP（Image Signal Processor，镜像信号处理器）；

② JPEG encoder（JPEG 图像解码器）；

③ USB device controller（USB 设备控制器）。

实验要求将获取的视频图像通过互联网传送到异地的计算机中并显示出来，这涉及对于视频图像的传输。

在进行这种图像的传输时，必须将图像进行压缩，一般压缩方式有 H.261、JPEG、MPEG 等，否则传输所需的带宽会变得很大。用 RealPlayer 播放电影时，在播放器的下方会显示其传输速率，如 250kbit/s、400kbit/s 和 1000kbit/s 等。画面的质量越高，传输速率也就越高。而摄像头进行视频传输也是这个原理，如果将摄像头的分辨率调到 640×480px，捕捉到的每张图像的大小约为 50kbit，每秒 30 帧，那么摄像头传输视频所需的速率为 1500kbit/s。而在实际生活中，人们一般用于网络视频聊天时的分辨率为 320×240px，甚至更低，传输的帧数为每秒 24 帧。

实验步骤

1）新建一个“Windows 窗体应用程序”项目。

2）制作界面。获取 IP 摄像头图像实验主界面，如图 4.13 所示，分为三部分：标题部分、按钮部分和显示部分。注意，主界面的 FormBorderStyle 设置为 None，如图 4.14 所示。

标题部分有一个 Lable 控件，用于显示标题。

按钮部分有 5 个按钮：①“系统配置”按钮；②“数据库连接”按钮；③“摄像头”按钮，用于进入搜索和播放界面；④“最小化”按钮；⑤“退出”按钮。

显示部分有一个 Panel 控件，用于加载搜索和播放界面。

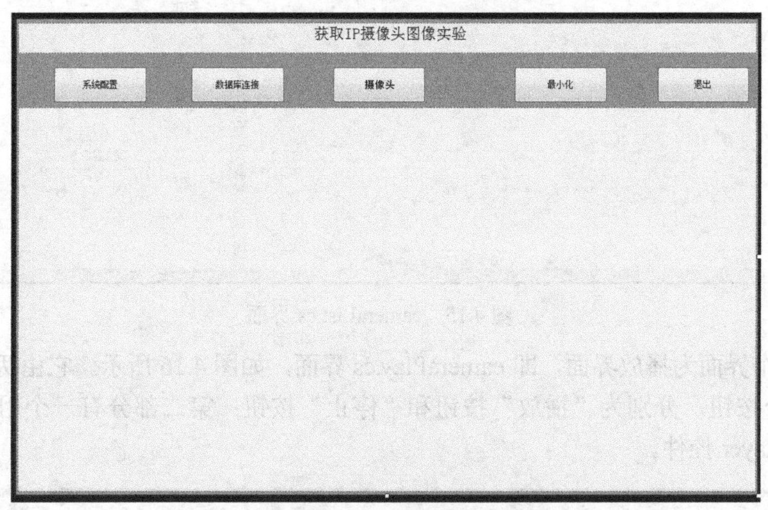

图 4.13　获取 IP 摄像头图像实验主界面

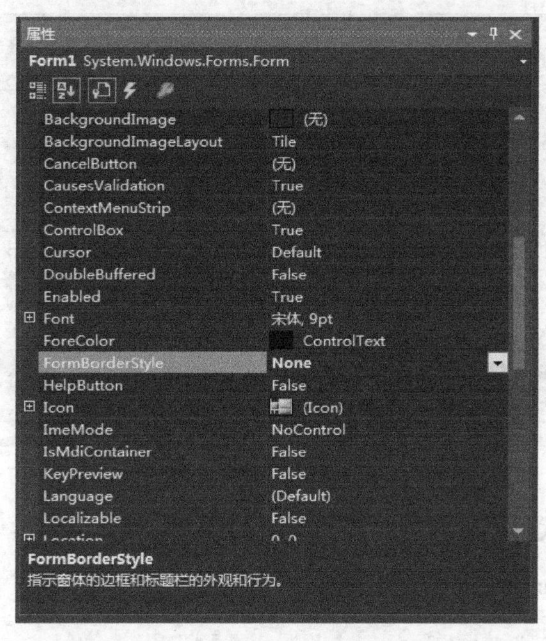

图 4.14　设置 FormBorderStyle 为 None

3）第二个界面为搜索界面，即 cameraList.cs 界面，如图 4.15 所示。它由三部分构成：第一部分有一个“搜索”按钮；第二部分有一个 FlowLayoutPanel 类型的控件，用于显示搜索到的摄像头的图标；第三部分有一个 CameraInfoPanel 控件，用于显示摄像头详细信息，还有一个“进入监控”按钮。

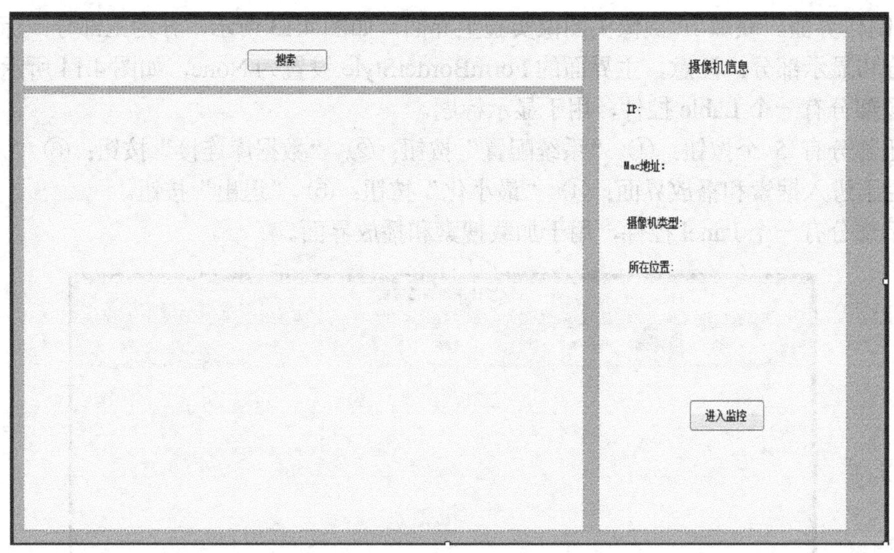

图 4.15　cameraList.cs 界面

4）第三个界面为播放界面，即 cameraPlay.cs 界面，如图 4.16 所示。它由两部分构成：第一部分有两个按钮，分别为“播放”按钮和“停止”按钮；第二部分有一个用于显示图像的 VideoSourcePlayer 控件。

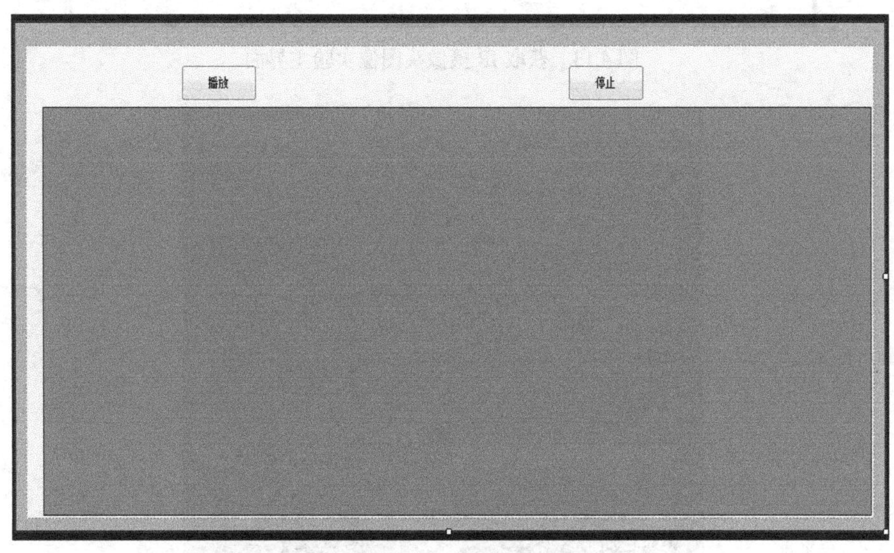

图 4.16　cameraPlay.cs 界面

① 主界面的关键代码如下：

```
public frameForm:form
{
    cameraList cameralist;          //摄像头列表
    cameraPlay cameraplay;          //摄像头播放
    //构造函数
    public frameForm()
    {
        cameralist=new cameraList();
```

```
            cameraplay=null;
            cameralist.TopLevel=false; //将搜索和播放界面加载到 Panel 控件中
            cameraplay.TopLevel=false;
        }
        //主界面的加载函数
        void frameForm_Load(object sender, EventArgs e)
        {
            frameFormDownPanel.Controls.Add(cameralist);
        }
        //摄像头按钮的单击事件响应函数
        private void cameraButton_Click(object sender, EventArgs e)
        {
            if (cameraplay != null)
             {
                 cameraplay.Visible = false;
                 this.frameFormDownPanel.Controls.Remove(cameraplay);
                 cameraplay = null;
             }
            cameralist.Visible = true;
        }
    }
```

② 搜索界面的设计思想：从数据库中读取摄像头的信息，然后以图标的形式在 FlowLayoutPanel 控件中显示摄像头图标。单击其中某个图标时，会在 CameraInfoPanel 控件中显示摄像头的详细信息。关键代码如下：

```
        //搜索按钮的单击事件响应函数
        private void searchButton_Click(object sender, EventArgs e)
        {
            //清除所有控件
            cameraListflowLayoutPanel.Controls.Clear();
            cameraList.Clear();                          //清空 List 数组
            if (getCameraInfo() == true)                 //从数据库中成功获取摄像头信息
            {
                for (int i = 0; i < cameraList.Count; i++)   //遍历摄像头信息表
                {
                    /***************得到每一条摄像头信息****************/
                    CameraInfo cameraInfo = cameraList[i];
                    string cameraIp = cameraInfo.cameraIp;
                    string cameraMac = cameraInfo.cameraMac;
                    string cameraPosition = cameraInfo.cameraPosition;
                    string cameraType = cameraInfo.cameraType;
                    /******************结束********************/
                    if (cameraType == "球式摄像头")
                    {
                        camera cameraIco = new camera();
                        cameraIco.Tag = cameraIp + ":" + cameraPosition + ":" + cameraPosition;
                        cameraIco.infoLabel.Text = cameraPosition;
                        //单击控件，显示 IP 地址，物理地址，摄像头类型，位置信息
```

```
                cameraIco.Click += delegate(object s, EventArgs args)
                {
                    ipLabel.Text = "IP:" + cameraIp;
                    macLabel.Text = "Mac:" + cameraMac;
                    cameraTypeLabel.Text = "摄像头类型:" + cameraType;
                    positionLabel.Text = "所在位置:" + cameraPosition;
                };
                cameraListflowLayoutPanel.Controls.Add(cameraIco);
            }
            if (cameraType == "枪式摄像头")
            {
                cameraGun cameraIcoGun = new cameraGun();
                cameraIcoGun.Tag = cameraIp + ":" + cameraPosition + ":" + cameraPosition;
                cameraIcoGun.infoLabelGun.Text = cameraPosition;
                //单击控件，显示 IP 地址，物理地址，摄像头类型，位置信息
                cameraIcoGun.Click += delegate(object s, EventArgs args)
                {
                    ipLabel.Text = "IP:" + cameraIp;
                    macLabel.Text = "Mac:" + cameraMac;
                    cameraTypeLabel.Text = "摄像头类型:" + cameraType;
                    positionLabel.Text = "所在位置:" + cameraPosition;
                };
                cameraListflowLayoutPanel.Controls.Add(cameraIcoGun);
            }
        }
    }
}
//监控按钮的单击事件响应函数
private void gotoMonitorpictureBox_Click(object sender, EventArgs e)
{
    //frameForm 为主窗口类，有一个类成员变量 cameraplay
    //cameraplay 的构造函数有一个参数 IP 地址
    (this.Parent.Parent as frameForm).cameraplay = new cameraPlay(ipLabel.Text.Split(new char[] { ':' })[1]);
    this.Parent.Controls.Add((this.Parent.Parent as frameForm).cameraplay);
    (this.Parent.Parent as frameForm).cameraplay.BringToFront();
}
```

③ 播放界面的设计思想：通过获取的 IP 地址访问 Web 服务器，把获取的图像显示在 VideoSourcePlayer 控件上。关键代码如下：

```
using AForge.Video;            //使用的是第三方的.dll 文件，这很重要!!!
using AForge.Video.FFMPEG;
public class cameraPlay:Form
{
    String ip;      //IP 地址
    public cameraPlay(string ip)
    {
        This.ip=ip;
    }
```

```
        //播放按钮的单击事件响应函数
        private void cameraPlayButton_Click(object sender, EventArgs e)
        {
            //图像流对象的定义和实例化，指明来源
            MJPEGStream mjpegSource = new MJPEGStream("http://" + ip +
                                        ":81/videostream.cgi?user=admin&pwd=888888");
            OpenVideoSource(mjpegSource);
            cameraPlayButton.Enabled = false;     //播放按钮不能使用
            cameraStopButton.Enabled = true;      //停止按钮正常使用
        }
        private void OpenVideoSource(IVideoSource source)
        {
            //设置光标，显示为沙漏形状
            this.Cursor = Cursors.WaitCursor;
            videoSourcePlayer.SignalToStop();
            videoSourcePlayer.WaitForStop();
            videoSourcePlayer.VideoSource = source;
            videoSourcePlayer.Start();          //开始播放
            this.Cursor = Cursors.Default;
        }
        //停止按钮的单击事件响应函数
        private void cameraStopButton_Click(object sender, EventArgs e)
        {
            //如果数据源不为空，则一直有图像传过来
            if (videoSourcePlayer.VideoSource != null)
            {
                videoSourcePlayer.SignalToStop();
                videoSourcePlayer.WaitForStop();
                cameraPlayButton.Enabled = true;
                cameraStopButton.Enabled = false;
            }
        }
        //cameraPlay 类的 VisibleChanged 事件的响应函数
        //页面切换后，不用显示图像了，避免占用系统资源
        private void cameraPlay_VisibleChanged(object sender, EventArgs e)
        {
            if (videoSourcePlayer.VideoSource != null)
            {
                videoSourcePlayer.SignalToStop();
                videoSourcePlayer.WaitForStop();
                cameraPlayButton.Enabled = true;
                cameraStopButton.Enabled = false;
            }
        }
    }
```

④ 注意，这个项目需用到第三方的.dll 文件，如图 4.17 所示。这 6 个.dll 文件需要放到项目文件夹中的 debug 文件夹中，并且在解决方案资源管理器的引用中也要添加这 6 个文件。

图 4.17　6 个.dll 文件

⑤ 该系统需要访问实验室的数据库服务器，连接数据库的相关参数可以咨询实验室管理员。

思考题

1．请结合自己的理解，试分析怎么通过 IP 地址访问 Web 服务器。

2．本实验代码中，整个系统的框架已经搭好了，请试着补充 cameraList.cs 和 cameraPlay.cs 两个界面对应的部分代码。

4.6　人脸识别实验 2

实验目的

了解并掌握人脸识别的过程，编写程序实现人脸识别。

实验环境

硬件：PC 机，视频摄像头。

软件：Windows 7，Visual Studio 2010，EmguCV。

实验内容

使用 EmguCV 来对摄像头视频内容实现人脸识别。

实验原理

对人类来说，人脸识别很容易。仅三天大的婴儿就已经可以区分周围熟悉的人脸了，那么对于计算机来说，人脸识别到底有多难？其实，迄今为止，我们对于人类自己为何可以区分不同的人脸所知甚少。也不能确定是人脸内部特征（眼睛、鼻子、嘴巴）更有效，还是外部特征（头型、发际线）对于人类识别人脸更有效？大脑是如何分析一张图像，并对它编码的？

David Hubel 和 Torsten Wiesel 向我们展示，大脑针对不同的场景，如线、边、角或运动这些局部特征，有专门的神经细胞做出反应。显然我们的大脑没有把世界看成零散的块，视觉皮层必须以某种方式把不同的信息来源转化成有用的模式。

人脸识别就是从一幅图像中提取有意义的特征，把它们放入一种有用的表示方式中，然后对它们进行一些分类的方法。基于几何特征的人脸识别是目前最直观的方法。自动人脸识别系统描述如下：首先标记点（眼睛、耳朵、鼻子等的位置）用来构造特征向量（点与点之间的距离、角度等），然后通过计算测试和训练图像的特征向量的欧氏距离来进行识别。

这样的方法受到光照变化的影响较小，但同时也存在巨大的缺点：标记点的确定是很复杂的，即使使用最先进的算法仍然较为复杂。例如，有文献中描述过一个 22 维的特征向量被用在一个大型数据库上。另外，单靠几何特征不能提供足够的信息使之用于人脸识别。

特征脸方法在相关文献中有过描述，描述了一个全面的方法来识别人脸：面部图像是一个点，这个点可以从图像高维空间找到它在低维空间的表示，这样分类就变得很简单。低维空间的表示是使用主元分析（Principal Component Analysis，PCA）找到的，它可以寻找拥有最大方差的那个轴。虽然这样的转换是从最佳重建角度考虑的，但是它没有把标签问题考虑进去。想象一种情况，如果变化是基于外部来源的，例如光照，轴的最大方差不一定包含任何有鉴别性的信息，此时的分类是不可能的。因此，使用线性鉴别（Linear Discriminant Analysis，LDA）的特定类投影方法被提出来用于解决人脸识别问题。其中的一个基本思想就是，在使类内方差最小的同时，使类外方差最大。

为了避免输入图像的高维数据，仅仅使用局部特征描述图像的方法被提出，提取的特征对于局部遮挡、光照变化、小样本等情况更强健。有关局部特征提取的方法有盖伯小波（Gabor Waelets）、离散傅里叶变换（Discrete Cosinus Transform，DCT）和局部二值模式（Local Binary Patterns，LBP）等。使用什么方法来提取时域空间的局部特征依旧是一个开放性的研究问题，因为空间信息是潜在有用的信息。

实验步骤

1）从官方网站下载自己机器对应的 EmguCV 版本，并安装。由于安装难度较小，因此省略具体操作步骤，请自行完成安装操作。EmguCV 安装完成后，打开安装 EmguCV 的文件夹，如图 4.18 所示。在 Emgu.CV.Example 文件夹中有各种识别功能的示例，可以参照示例来做。另外，Emgu.CV.Documentation.chm 是 EmguCV 函数使用说明文档，可以查看如何使用函数。

图 4.18　打开安装 EmguCV 的文件夹

2）测试是否安装成功。打开 bin 文件夹，如图 4.19 所示。双击运行 Example.HelloWorld.exe，查看是否可以正常运行。运行结果如图 4.20 所示。这表示已安装成功。

3）打开 Visual Studio 2010，新建一个“Windows 窗体应用程序”项目。创建一个窗体，如图 4.21 所示。

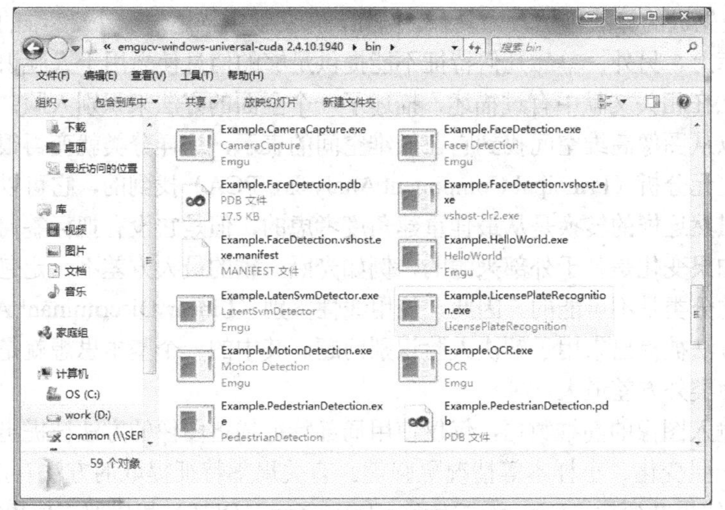

图 4.19 打开 bin 文件夹

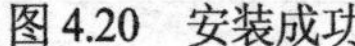

图 4.20 安装成功

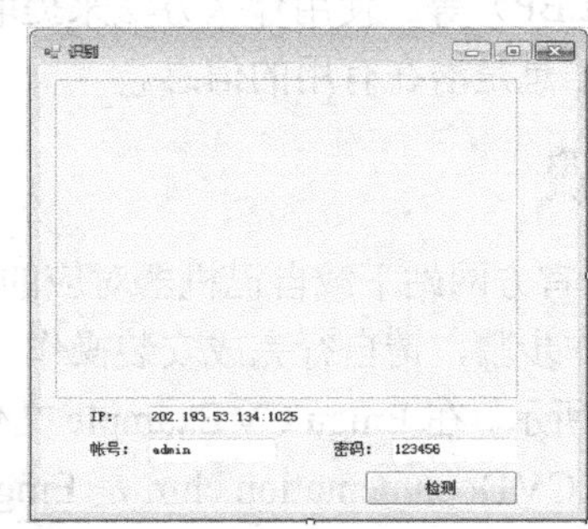

图 4.21 创建窗体

注：显示图像的控件为 imageBox 控件，是 EmguCV 中的控件。添加方法："工具"→"选择工具箱项"，对话框如图 4.22 所示，然后单击"浏览"按钮，从安装 EmguCV 的文件夹中选择 Emgu.cv.ui.dll 文件即可。

图 4.22 "选择工具箱项"对话框

4）添加引用。把 bin 文件夹中的所有动态链接库都添加进来，如图 4.23 所示。

图 4.23 添加引用

5）添加脸部和眼部识别的方法，复制 bin 文件夹中的 haarcascade_frontalface_default.xml 和 haarcascade_eye.xml 到项目中。

6）添加一个类文件，文件名为 detectFace.cs，主要用来处理脸部识别。

内部代码如下：

```
using System;
using System.Collections.Generic;
using System.Diagnostics;
using System.Drawing;
using Emgu.CV;
using Emgu.CV.Structure;
#if !IOS
using Emgu.CV.GPU;
#endif
namespace findface
{
    class DetectFace
    {
        public static void Detect(Image<Bgr, Byte> image, String faceFileName, String eyeFileName,
                                  List<Rectangle> faces, List<Rectangle> eyes, out long detectionTime)
        {
            Stopwatch watch;
            #if !IOS
            if (GpuInvoke.HasCuda)
            {
                using (GpuCascadeClassifier face = new GpuCascadeClassifier(faceFileName))
                using (GpuCascadeClassifier eye = new GpuCascadeClassifier(eyeFileName))
                {
                    watch = Stopwatch.StartNew();
                    using (GpuImage<Bgr, Byte> gpuImage = new GpuImage<Bgr, byte>(image))
```

```
                using (GpuImage<Gray, Byte> gpuGray = gpuImage.Convert<Gray, Byte>())
                {
                    Rectangle[] faceRegion = face.DetectMultiScale(gpuGray, 1.1, 10, Size.Empty);
                    faces.AddRange(faceRegion);
                    foreach (Rectangle f in faceRegion)
                    {
                        using (GpuImage<Gray, Byte> faceImg = gpuGray.GetSubRect(f))
                        {
                            using (GpuImage<Gray, Byte> clone = faceImg.Clone())
                            {
                                Rectangle[] eyeRegion = eye.DetectMultiScale(clone, 1.1, 10, Size.Empty);
                                foreach (Rectangle e in eyeRegion)
                                {
                                    Rectangle eyeRect = e;
                                    eyeRect.Offset(f.X, f.Y);
                                    eyes.Add(eyeRect);
                                }
                            }
                        }
                    }
                }
                watch.Stop();
            }
        }
        else
        #endif
        {
            //读 haarcascade 对象
            using (CascadeClassifier face = new CascadeClassifier(faceFileName))
            using (CascadeClassifier eye = new CascadeClassifier(eyeFileName))
            {
                watch = Stopwatch.StartNew();
                using (Image<Gray, Byte> gray = image.Convert<Gray, Byte>()) //转为灰度图像
                {
                    //调整亮度和对比度
                    gray._EqualizeHist();
                    //识别人脸并保存为矩形区域
                    //第 1 维是通道
                    //第 2 维是矩形在特殊通道中的索引值
                    Rectangle[] facesDetected = face.DetectMultiScale(
                                                    gray,
                                                    1.1,
                                                    10,
                                                    new Size(20, 20),
                                                    Size.Empty);
                    faces.AddRange(facesDetected);
                    foreach (Rectangle f in facesDetected)
                    {
```

```
                    //Set the region of interest on the faces
                    gray.ROI = f;
                    Rectangle[] eyesDetected = eye.DetectMultiScale(
                                                    gray,
                                                    1.1,
                                                    10,
                                                    new Size(20, 20),
                                                    Size.Empty);
                    gray.ROI = Rectangle.Empty;

                    foreach (Rectangle e in eyesDetected)
                    {
                        Rectangle eyeRect = e;
                        eyeRect.Offset(f.X, f.Y);
                        eyes.Add(eyeRect);
                    }
                }
            }
            watch.Stop();
        }
    }
    detectionTime = watch.ElapsedMilliseconds;
  }
 }
}
```

然后在 form1.cs 中编写代码：

```
using System;
using System.Collections.Generic;
using System.ComponentModel;
using System.Data;
using System.Drawing;
using System.Linq;
using System.Text;
using System.Windows.Forms;
using System.IO;
using System.Net;
using System.Security.Cryptography;
using Emgu.CV;
using Emgu.CV.Structure;
using Emgu.CV.UI;
using Emgu.CV.GPU;
namespace findface
{
    public partial class Form1 : Form
    {
        public Form1()
        {
```

```
            InitializeComponent();
        }
        private void button1_Click(object sender, EventArgs e)
        {
            if (textBox1.Text != null & textBox2.Text != null & textBox3.Text != null)
            {
                //获取网络摄像头的图像
                string path = System.IO.Directory.GetCurrentDirectory() + "/lena.jpg";
                System.Net.WebClient n = new System.Net.WebClient();
                string url = "http://" + textBox1.Text + "/snapshot.cgi?user=" + textBox2.Text +
                        "&pwd=" + textBox3.Text;
                byte[] a = n.DownloadData(url);
                string b = n.DownloadString(url);
                n.DownloadFile(url, path);
                imageBox.Image = new Image<Bgr, byte>(path);
                //识别
                imageBox.Image = new Image<Bgr, byte>("lena.jpg");
                Run();
            }
        }
        private void Run()
        {
            Image<Bgr, Byte> image = new Image<Bgr, byte>("lena.jpg"); //8 位 BGR 图像
            long detectionTime;
            List<Rectangle> faces = new List<Rectangle>();
            List<Rectangle> eyes = new List<Rectangle>();
            DetectFace.Detect(image, "haarcascade_frontalface_default.xml", "haarcascade_eye.xml",
                        faces, eyes, out detectionTime);
            foreach (Rectangle face in faces)
                image.Draw(face, new Bgr(Color.Red), 2);
            foreach (Rectangle eye in eyes)
                image.Draw(eye, new Bgr(Color.Blue), 2);
            imageBox.Image = image;
        }
    }
}
```

思考题

1．基于几何特征的人脸识别有何优、缺点？

第 5 章　无线通信技术简介

5.1　ZigBee 技术

5.1.1　一些定义

ZigBee（又称紫蜂）是基于 IEEE 802.15.4 标准的低功耗无线局域网协议。ZigBee 协议从下到上分别为物理层、介质访问控制层、传输层、网络层、应用层等。

物联网的定义：通过射频识别（RFID）、红外感应器、全球定位系统、激光扫描器等信息传感设备，按约定的协议把任何物体与互联网相连接，进行信息交换和通信，以实现对物体的智能化识别、定位、跟踪、监控和管理的网络。

无线传感器网络的定义：大规模、无线、自组织、多跳、无分区、无基础设施支持的网络。其中的节点是同构的，成本较低、体积较小，大部分节点不移动，被随意散布在工作区域，要求网络系统有尽可能长的工作时间。在通信方式上，虽然可以采用有线、无线、红外和光等多种形式，但一般认为短距离的无线低功率通信技术最适合传感器网络使用，为明确起见，一般称之为无线传感器网络（Wireless Sensor Network，WSN）。

根据国际标准规定，ZigBee 技术是一种短距离、低功耗的无线通信技术。ZigBee 具备近距离、低复杂度、自组织、低功耗、低数据速率等特点。其主要适合自动控制和远程控制领域，可以嵌入各种设备。

5.1.2　IEEE 802.15.4 标准概述

IEEE 802.15.4 是一个低速率无线个人局域网（Low Rate-Wireless Personal Area Networks，LR-WPAN）标准。该标准定义了物理层和介质访问控制层。LR-WPAN 的结构简单、成本低廉、具有有限的功率和灵活的吞吐量。其主要目标是实现安装容易、数据传输可靠、通信距离短、成本低、电池寿命合理，并且拥有一个简单而灵活的通信网络协议。LR-WPAN 具有如下特点。

① 实现 250kbit/s、40kbit/s 和 20kbit/s 三种传输速率。

② 支持星形或者点对点两种网络拓扑结构。

③ 具有 16 位短地址或者 64 位扩展地址。

④ 支持冲突避免载波多路侦听（Carrier Sense Multiple Access with Collision Avoidance，CSMA-CA）技术。

⑤ 用于可靠传输的全应答协议。

⑥ 低功耗。

⑦ 提供能量检测（Energy Detection，ED）。

⑧ 提供链路质量指示（Link Quality Indication，LQI）。

⑨ 在 2450MHz 频段内定义了 16 个通道，在 915MHz 频段内定义了 10 个通道，在 868MHz 频段内定义了 1 个通道。

为了使供应商能够提供最低可能功耗的设备，IEEE 定义了两种不同类型的设备：一种是完整功能设备（Full Functional Device，FFD），另一种是简化功能设备（Reduced Functional Device，RFD）。

5.1.3 ZigBee 协议的体系结构

ZigBee 协议栈建立在 IEEE 802.15.4 标准的物理层和介质访问控制层规范之上。它实现了网络层和应用层。

ZigBee 协议的体系结构由称为层的各模块组成。每层为其上层提供特定的服务，即由数据服务实体提供数据传输服务，管理实体提供所有的其他管理服务。每个服务实体通过相应的服务接入点（SAP）为其上层提供一个接口，每个服务接入点通过服务原语来完成所对应的功能。

1．物理层

物理层（PHY 层）定义了物理无线信道和介质访问控制层之间的接口，提供物理层数据服务和物理层管理服务。

物理层功能说明：① ZigBee 的激活。② 当前信道的能量检测。③ 接收链路服务质量信息。④ ZigBee 信道接入方式。⑤ 信道频率选择。⑥ 数据传输和接收。

2．介质访问控制层

介质访问控制层（MAC 层）负责处理所有的物理无线信道访问。

介质访问控制层功能说明：① 由网络协调器产生信标。② 与信标同步。③ 支持 PAN（个域网）链路的建立和断开。④ 为设备的安全性提供支持。⑤ 信道接入方式采用免冲突载波检测多址接入（CSMA-CA）机制。⑥ 处理和维护保护时隙（GTS）机制。⑦ 在两个对等的 MAC 实体之间提供一个可靠的通信链路。

3．网络层

ZigBee 协议栈的核心部分在网络层（NWK 层）。网络层主要实现节点加入或离开网络、接收或抛弃节点、路由查找及传送数据等功能。

网络层功能说明：① 网络发现。② 网络形成。③ 允许设备连接。④ 路由器初始化。⑤ 设备同网络连接。⑥ 断开网络连接。⑦ 设备复位。⑧ 信号接收机同步。⑨ 信息库维护。

4．应用层

ZigBee 应用层（APL 层）框架包括应用支持子层（APS 子层）、ZigBee 设备对象（ZDO）和制造商所定义的应用对象。

应用支持子层的功能是维持绑定表、在绑定的设备之间传送消息。ZigBee 设备对象的功能是定义设备在网络中的角色（如 ZigBee 协调器和终端设备），发起和响应绑定请求，在网络设备之间建立安全机制。ZigBee 设备对象还负责发现网络中的设备，并且决定向它们提供何种应用服务。

ZigBee 应用层除提供一些必要函数以及为网络层提供合适的服务接口外，另一个重要的功能是用户可在这层中定义自己的应用对象。

5.1.4 ZigBee 技术的应用

ZigBee 技术使用频段为免费的 2.4GHz 与 900MHz 频段，传输速率为 20kbit/s～250kbit/s，传输距离为数十米。相对于现有的各种无线通信技术，ZigBee 技术的低功耗、低速率特点使之最适合作为传感器网络的标准，这将成为未来 ZigBee 技术主要的发展方向。此外，ZigBee 有成本低、结构简单、耗电量小等特点，使得利用 ZigBee 技术组成的网络具备省电、可靠、成本低、容量大、安全、自愈性强等诸多优势。基于 ZigBee 技术的网状结构在组网和选择网络路径时更加灵活、自由。

基于 ZigBee 技术的传感器网络应用非常广泛，可以帮助人们更好地实现生活梦想。ZigBee 技术应用在数字家庭中，可使人们随时了解家里的电子设备状态，并可用于对家中病人的监控，观察病人状态是否正常以便做出反应。ZigBee 传感器网络用于楼宇自动化可降低运营成本。例如，酒店里遍布空调供暖（HVAC）设备，如果在每台设备上都加上一个 ZigBee 节点，就能对这些设备进行实时控制，节约能源消耗。此外，通过在手机上集成 ZigBee 芯片，可将手机作为 ZigBee 传感器网络的网关，实现对智能家庭的自动化控制、进行移动商务（利用手机购物）等诸多功能。

5.1.5 CC2530 概述

CC2530 是真正的片上系统解决方案，支持 IEEE 802.15.4 标准/ZigBee/ZigBee RF4CE 和新能源的应用。CC2530 是理想的 ZigBee 专业应用。它支持新 RemoTI 的 ZigBee RF4CE，这是业界首款与 ZigBee RF4CE 兼容的协议栈。它具有更大的内存，将允许芯片无线下载，并支持系统编程。此外，CC2530 结合了一个完全集成的、高性能的 RF 收发器与一个 8051 微处理器（MCU），具有 8KB 的 RAM，32/64/128/256KB 的闪存，以及其他强大的功能和外设。

1．特性

（1）强大的无线前端

符合 2.4GHz IEEE 802.15.4 标准的接收灵敏度和抗干扰能力；可编程的输出功率为 4.5dBm；只需极少量的外部元器件；支持网状系统，只需要一个晶振；6mm×6mm 的 QFN40 封装；使用适合世界范围的无线电频率法规，包括 ETSI EN300 328 和 EN 300 440（欧洲），FCC 的 CFR47 第 15 部分（美国）和 ARIB STD-T-66（日本）。

（2）低功耗

接收模式下电流为 24mA，发送模式（1dBm）下电流为 29mA，功耗模式 1（4μs 唤醒）下电流为 0.2mA，功耗模式 2（睡眠定时器运行）下电流 1μA，功耗模式 3（外部中断）下电流为 0.4μA。具有宽电源电压范围（2～3.6V）。

（3）微控制器

高性能和低功耗的 8051 MCU 内核；32/64/128/256KB 系统可编程闪存；8KB 的内存具备在各种供电方式下的数据保持能力；支持硬件调试。

（4）外设

强大的 5 通道 DMA；符合 IEEE 802.15.4 标准的 MAC 定时器，通用定时器（一个 16 位，两个 8 位）；红外发生电路；带捕获功能的 32kHz 的睡眠定时器；CSMA/CA 硬件支持；精确的数字化接收信号强度值（RSSI）和连接质量指示（LQI）；电池监视器和温度传感器；8 通道 12 位 ADC；AES 加密安全协处理器；两个强大的通用同步串口；21 个通用 I/O 引脚；看门狗定时器。

2．应用范围

① 2.4GHz IEEE 802.15.4 标准系统。

② RF4CE 遥控控制系统（需要闪存大于 64KB）。

③ ZigBee 系统/楼宇自动化。

④ 照明系统。

⑤ 工业控制和监测。

⑥ 低功率无线传感器网络。
⑦ 消费型电子产品。
⑧ 健康照顾和医疗保健。

3. 引脚图

CC2530 芯片采用 40 脚 QFN 封装，其引脚图如图 5.1 所示。

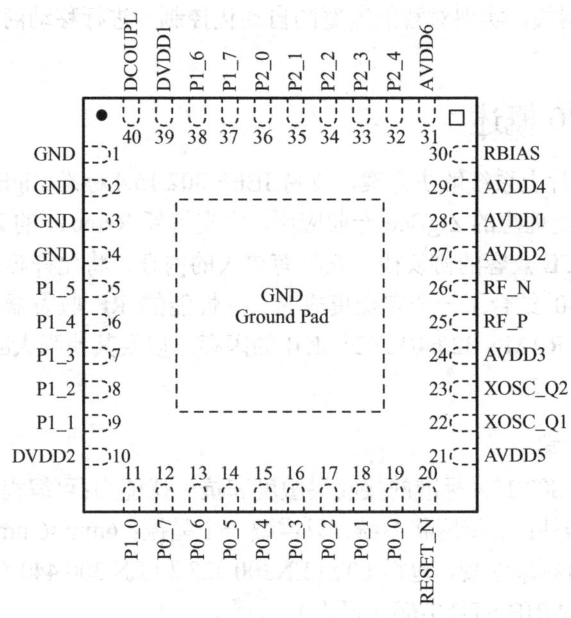

图 5.1 引脚图

CC2530 芯片的引脚说明如表 5.1 所示。

表 5.1 CC2530 芯片的引脚说明

引脚序号	引脚名称	类 型	引脚描述
1	GND	电源 GND	连接到电源 GND
2	GND	电源 GND	连接到电源 GND
3	GND	电源 GND	连接到电源 GND
4	GND	电源 GND	连接到电源 GND
5	P1_5	数字 I/O	端口 1.5
6	P1_4	数字 I/O	端口 1.4
7	P1_3	数字 I/O	端口 1.3
8	P1_2	数字 I/O	端口 1.2
9	P1_1	数字 I/O	端口 1.1
10	DVDD2	电源（数字）	2～3.6V，数字电源连接
11	P1_0	数字 I/O	端口 1.0，20mA 驱动能力
12	P0_7	数字 I/O	端口 0.7
13	P0_6	数字 I/O	端口 0.6

续表

引脚序号	引脚名称	类 型	引脚描述
14	P0_5	数字 I/O	端口 0.5
15	P0_4	数字 I/O	端口 0.4
16	P0_3	数字 I/O	端口 0.3
17	P0_2	数字 I/O	端口 0.2
18	P0_1	数字 I/O	端口 0.1
19	P0_0	数字 I/O	端口 0.0
20	RESET_N	数字输入	复位，低电平有效
21	AVDD5	电源（模拟）	2～3.6V，模拟电源连接
22	XOSC_Q1	模拟 I/O	32MHz 晶振，引脚 1 或外部时钟输入
23	XOSC_Q2	模拟 I/O	32MHz 晶振，引脚 2 输入
24	AVDD3	电源（模拟）	2～3.6V，模拟电源连接
25	RF_P	I/O	RX 期间，负 RF 输入信号到 LNA
26	RF_N	I/O	RX 期间，正 RF 输入信号到 LNA
27	AVDD2	电源（模拟）	2～3.6V，模拟电源连接
28	AVDD1	电源（模拟）	2～3.6V，模拟电源连接
29	AVDD4	电源（模拟）	2～3.6V，模拟电源连接
30	RBIAS	模拟 I/O	参考电流的外部精密偏置电阻
31	AVDD6	电源（模拟）	2～3.6V，模拟电源连接
32	P2_4	数字 I/O	端口 2.4
33	P2_3	数字 I/O	端口 2.3
34	P2_2	数字 I/O	端口 2.2
35	P2_1	数字 I/O	端口 2.1
36	P2_0	数字 I/O	端口 2.0
37	P1_7	数字 I/O	端口 1.7
38	P1_6	数字 I/O	端口 1.6
39	DVDD1	电源（数字）	2～3.6V，数字电源连接
40	DCOUPL	电源（数字）	1.8V 数字电源去耦，不使用外部电路供应

5.2 蓝牙技术

5.2.1 蓝牙简介

蓝牙是一种支持设备短距离通信（一般 10m 内）的无线电技术，能在移动电话、PDA、无线耳机、笔记本电脑、相关外设等众多设备之间进行无线信息交换。利用蓝牙技术，能够有效地简化移动通信终端设备之间的通信，也能够成功地简化设备与 Internet（因特网）之间的通信，从而使数据传输变得更加迅速、高效，为无线通信拓宽道路。

蓝牙作为一种小范围无线连接技术，能在设备间实现方便、快捷、灵活、安全、低成本、低功耗的数据通信和语音通信，因此它是实现无线个域网通信的主流技术之一。它与其他网络相连接可以带来更广泛的应用。

蓝牙技术是一种无线数据与语音通信的开放性全球规范，它以低成本的近距离无线连接为基础，其实质内容是为固定设备或移动设备之间的通信环境建立通用的无线电空中接口（Radio Air Interface），将通信技术与计算机技术进一步结合起来，使各种3C设备在没有电线或电缆相互连接的情况下，能在近距离范围内实现相互通信或操作。简单地说，蓝牙技术是一种利用低功率无线电在各种3C设备间彼此传输数据的技术。蓝牙工作在全球通用的2.4GHz ISM（即工业、科学、医学）频段，使用IEEE 802.15标准。作为一种新兴的短距离无线通信技术，蓝牙技术正有力地推动着低速率无线个人区域网络的发展。

5.2.2 蓝牙系统的组成

蓝牙系统由天线、链路控制（固件）、链路管理（软件）和蓝牙软件（协议栈）4部分组成。

（1）天线

蓝牙要求其天线部分的体积十分小巧、重量轻，因此，蓝牙天线属于微带天线。

（2）链路控制（固件）

在目前蓝牙产品中，链路控制部分使用了三个IC分别作为连接控制器、基带处理器和射频传输/接收器，此外还使用了30～50个单独的调谐元器件。

（3）链路管理（软件）

链路管理（LM）部分携带了链路的数据设置、鉴权、链路硬件配置和其他一些协议。LM能够发现其他远端LM并通过LMP（链路管理协议）与之通信。

（4）蓝牙软件（协议栈）

蓝牙软件（协议栈）是一个独立的操作系统，不与任何操作系统捆绑。它必须符合已经制定好的蓝牙技术规范。蓝牙技术规范是为个人区域内的无线通信制定的协议，它包括两部分：第一部分为核心（Core）部分，主要定义蓝牙的技术细节；第二部分为协议子集（Profile）部分，用以规定不同蓝牙应用（也称使用模式）所需的协议和过程。

5.2.3 蓝牙协议的体系结构

蓝牙协议的体系结构可分为4层，即核心协议层、电缆替代协议层、电话控制协议层和被采纳的其他协议层。

（1）核心协议层

蓝牙的核心协议由射频协议、基带协议、链路管理协议（LMP）、逻辑链路控制与适应协议（L2CAP）和服务发现协议（SDP）等组成。从应用的角度看，射频协议、基带协议和LMP可以归为蓝牙的低层协议，它们对应用而言是十分透明的。基带协议和LMP负责在蓝牙单元间建立物理射频链路，构成微微网。此外，LMP还要完成鉴权和加密等安全方面的任务，包括生成和交换加密键、链路检查，以及控制基带数据包的大小、蓝牙无线设备的电源模式和时钟周期、微微网内蓝牙单元的连接状态等。L2CAP完成基带与高层协议间的适配，并通过协议复用、分用及重组操作为高层提供数据业务和分类提取，它允许高层协议和应用接收或发送长达64000B的L2CAP数据包。SDP是所有使用模式的基础。通过SDP，可以查询设备信息、服务及服务特征，并在查询之后建立两个或多个蓝牙设备间的连接。SDP支持3种查询方式：按服务类别搜寻、按服务属性搜寻和服务浏览。

（2）电缆替代协议层

串行电缆仿真（RFCOMM）协议像SDP一样位于L2CAP之上，作为一个电缆替代协议，它通过在蓝牙的基带上仿真 RS-232 的控制和数据信号，为那些将串行线用作传输机制的高级业务（如 OBEX 协议）提供传输能力。该协议由蓝牙特别兴趣小组在 ETSI 的 TS07.10 基础上开发而成。

（3）电话控制协议层

电话控制协议包括电话控制规范二进制（TCS BIN）协议和电话控制命令（AT-commands）。其中，TCS BIN 定义了在蓝牙设备间建立话音和数据呼叫所需的呼叫控制信令；AT-commands 则是一套可在多使用模式下用于控制移动电话和调制解调器的命令，它由蓝牙特别兴趣小组在 ITU-T Q.931 的基础上开发而成。

（4）被采纳的其他协议层

电缆替代协议、电话控制协议和被采纳的其他协议可归为应用专用（Application-Specific）协议。在蓝牙中，应用专用协议可以加在串行电缆仿真协议之上或直接加在 L2CAP 之上。被采纳的其他协议有 PPP、UDP/TCP/IP、OBEX、WAP、WAE、vCard、vCalendar 等。在蓝牙协议栈中，PPP 运行于串行电缆仿真协议之上，用以实现点到点的连接。UDP/TCP/IP 由 IETF 定义，主要用于 Internet 上的通信。Irobex（Short OBEX）是红外数据协会（IrDA）开发的一个会话协议，能以简单自发的方式交换目标，OBEX 则采用客户-服务器模式提供与 HTTP 相同的基本功能。WAP 是由 WAP 论坛创建的一种工作在各种广域无线网上的无线协议规范，其目的就是要将 Internet 和电话业务引入数字蜂窝电话和其他无线终端。vCard 和 vCalendar 则定义了电子商务卡和个人日程表的格式。

在蓝牙协议栈中，还有一个主机控制接口（HCI）和音频（Audio）接口。HCI 是到基带控制器、链路管理器以及访问硬件状态和控制寄存器的命令接口。利用音频接口，可以在一个或多个蓝牙设备之间传递音频数据，该接口与基带直接相连。

蓝牙技术把各种便携式计算机设备与蜂窝移动电话用无线链路连接起来，使计算机与通信技术更加密切地结合起来，使人们能随时随地进行数据的交换与传输。因此蓝牙技术虽然出现不久，但已受到许多行业的关注。蓝牙技术在电信、计算机、家电等领域有着极其广阔和诱人的应用前景，它也将对未来的无线移动数据通信业务产生巨大的推动作用。但是，它仍然有大量的应用技术细节问题需要解决，仍然是一项发展中的技术。例如，为了防止语音和数据发生误传或被截收，用户必须事先为自己的各种设备设定某个共同的频率，即不同的用户有不同的频率，这样才能保证无线连接时不发生误传或被滥用。蓝牙标准还无法解决硬件兼容性，从而扩展到运行在蓝牙技术之上的软件。另外，蓝牙标准本身能否解决好安全问题，也是蓝牙技术能否获得成功的关键因素。

5.2.4 蓝牙的应用

蓝牙技术可为制造商及用户提供三种无线连接方式，包括用于多个类别电子消费产品的传统蓝牙技术，用于手机、相机、摄像机、PC 机及电视等视讯、音乐及图像传输的蓝牙高速技术，以及用于保健及健康、个人设备、汽车及自动化行业的低功率传感设备和新的网络服务的蓝牙低耗能技术。

蓝牙音箱就是将蓝牙技术应用在传统数码和多媒体音箱上，让使用者可以免除恼人电线的牵绊，自在地以各种方式聆听音乐。蓝牙音箱自从问世以来，其随着智能终端的发展，受到手机平板等用户的广泛关注。国外的索尼（Sony）、创新（Creative）等，国内的漫步者（Edifier）、声德（Sounder）等，纷纷推出许多外形五花八门的蓝牙音箱。

5.2.5 CC2540 简介

CC2540 是一个超低功耗的真正的系统单晶片解决方案。

CC2540 的特性：高性能和低功耗的 8051 微处理器（MCU），128KB（CC2540F128）或 256KB（CC2540F256）的在线可编程闪存，8KB 的 SRAM；5 个 DMA 通道；高可靠性的 AES 加密安全协处理器；具有全速模式的 USB 接口；21 个通用 I/O 外接引脚（包括 19 个 4mA 驱动能力的引脚和 2 个 20mA 驱动能力的引脚）；一个 16 位定时器和两个 8 位定时器，一个带捕获功能的 32kHz 休眠定时器；两个 USART，能够支持多种串行通信协议；8 通道且分辨率可配置的 12 位 ADC；高性能的运算放大器和超低功耗模拟比较器；电池电压监测和温度传感器；RX 模式下电流低至 19.6mA，TX 模式下（-6dBm）电流为 24mA，休眠模式 1（从该模式唤醒到活动模式仅需 3μs）下电流为 235μA，休眠模式 2（休眠定时器运行）下电流为 0.9μA，休眠模式 3（外部中断）下电流为 0.4μA。

CC2540 的优点：超低功耗，使用一个纽扣电池可运作超过一年的时间；单晶片整合解决方案，微控制器、主机及应用程序整合在一个 6mm×6mm 的晶片上，有效地降低了所需的印制电路板面积；具备闪存及弹性的元器件，可在使用场所更新，资料可存储于晶片上；领先的无线射频效能，支持最高达+97dB 的链路预算（Link Budget），可用于大范围通信。同时提供单一模式及双模式低功耗蓝牙解决方案。

CC2540 的应用领域：工业遥控、遥测；POS 系统，蓝牙键盘、鼠标、游戏手柄；汽车检测设备；便携、电池供电医疗器械；自动化数据采集；蓝牙遥控玩具；无线 LED 显示系统；智能家居、工业控制等。

5.3 蜂窝式无线网络

5.3.1 蜂窝式无线网络的定义

刚开始设计的时候，蜂窝式无线网络就允许使用者在离开家庭或办公室时可以用随身携带的兼容的手机传递信息（包括语音、文本消息、照片和视频）。手机也因此称为移动电话（Mobile Phone），蜂窝式无线网络也称为移动电话网。

使用蜂窝式无线网络时，需要将覆盖的整个网络区域分为许多小区域，这些小区域称为蜂房（Cell）。每个蜂房里有一个低功率的无线发射器，它刚好能覆盖整个蜂房。整个无线网络带宽被分成多个子频带，并确保两个相邻的蜂房之间没有无线干扰。此外，因为使用小的蜂房，所以手机只需要使用功率较小的无线发射器和较小的电池，体积可以变得越来越小。可以看出，一套频率相同的子带集可以重复使用，一直到能够覆盖整个区域，这种技术被称为频率复用。因为无线带宽是一种珍贵的资源，利用这种技术使得无线网络在经济上变得可行。

蜂窝技术是移动电话、个人通信系统、无线因特网、无线 Web 应用以及其他更多技术的基础。

5.3.2 蜂窝系统的组成和功能

1. 蜂窝系统的组成

从功能上看，蜂窝系统由交换子系统、无线子系统、运营子系统和移动台四大部分组成。

（1）交换子系统。主要完成交换功能和客户数据的移动性管理、安全性管理所需的数据库功能，包括移动业务交换中心（MSC）、访问用户位置寄存器（VLR）、归属用户位置寄存器（HLR）

和鉴权中心（AUC）。

（2）无线子系统。指在一定的无线网络覆盖区域中由 MSC 控制，可与 MC 进行通信的系统设备，它主要负责完成无线发送与接收和无线资源管理等功能。

（3）运营子系统主要功能如下：① 网络运行和维护（由操作维护中心完成）；② 注册管理和计费；③ 移动设备管理。

（4）移动台。指客户设备部分，由移动终端和客户识别（SIM）卡两部分组成。移动终端通常就是“手机”，它可完成语音编码、信道编码、信息加密、信息的调制和解调、信息发射和接收等功能。

SIM 卡就是“身份卡”，它类似于我们现在所用的 IC 卡，因此也称作智能卡，它的功能如下。① 存储认证客户身份所需的所有信息，并能执行一些与安全保密有关的重要信息，以防止非法客户进入网络。② 存储与网络和客户有关的管理数据。③ 只有插入 SIM 后移动终端才能接入进网，但 SIM 本身不是代金卡。

2．蜂窝系统的功能

① 适用于全自动拨号、全双工工作、大量公用移动陆地网组网。

② 可与公用电话网中任何一级交换中心相连接，实现移动用户与本地电话网用户、长途电话网用户及国际电话网用户的通话接续。

③ 具有越区切换、自动或人工漫游、计费及业务量统计等功能。

④ 提供电话、数据、传真等业务。

5.4 Wi-Fi 技术

5.4.1 Wi-Fi 概述

Wi-Fi 代表无线保真度。这个词是由一家品牌公司创造的，通常只以缩写的形式出现。它描述的是一种基于 IEEE 802.11 标准的设备的无线电无线局域网络技术，由电气和电子工程师协会（IEEE）下设的 IEEE 802 标准委员会进行维护。

Wi-Fi 被广泛应用于家庭、商业和工业场景，成为目前最主流的联网方式之一。

在范围较小的空间，如图 5.2（a）所示，可以用一个无线路由器连接所有的联网设备。若碰到墙壁导致信号较弱，或者范围略大导致远处的信号较弱，则可以加入信号放大器或者采用多个无线路由器级联的方式来组网。

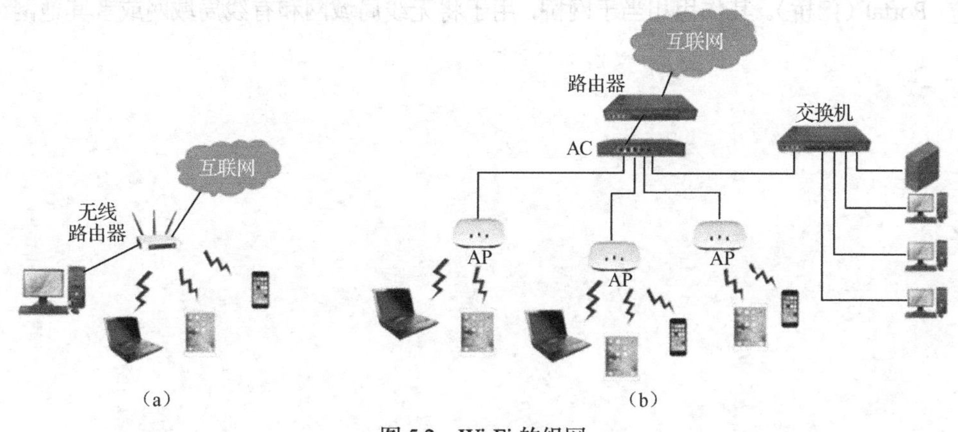

图 5.2　Wi-Fi 的组网

在范围较大的空间，如图 5.2（b）所示，例如，跨楼层的办公空间，则可以采用 AC（Access Controller）+若干 AP（Access Points）的方式来组网。这些 AP 通过有线方式连接起来，从而在空间上不受无线传输距离的影响，而用户的无线连接可以在整个区域内进行漫游。

5.4.2 Wi-Fi 的原理

Wi-Fi 的原理如图 5.3 所示。

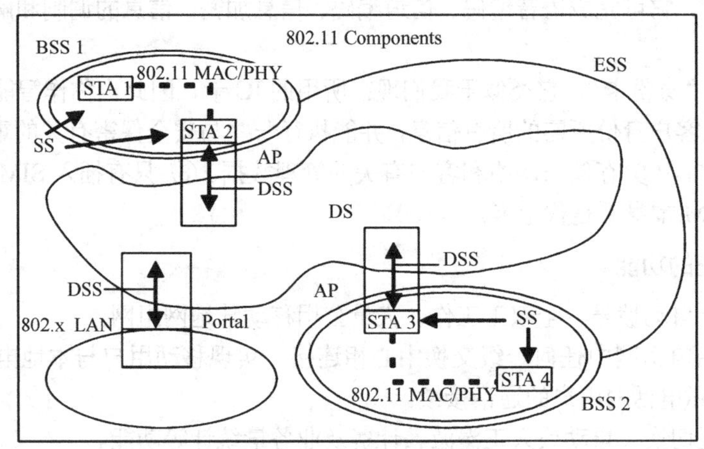

图 5.3 Wi-Fi 的原理

① STA（Station，站点）。STA 是指具有 Wi-Fi 通信功能，并且连接到无线网络中的终端设备，如手机、平板电脑、笔记本电脑等。

② AP（Access Point，接入点），也称为基站，就是我们家里的无线路由器。

③ BSS（Basic Service Set，基本服务集）。其组成情况有两种：① 由一个接入点和若干个站点组成；② 由若干个站点组成，最少两个。

④ SSID（Service Set IDentifier，服务集识别码）。Wi-Fi 账号就是 SSID。设置无线路由器时，可修改 SSID 的名称。

⑤ DS（Distribution System，分布式系统）。它通过基站将多个基本服务集连接起来。分布式系统是基站间转送帧的骨干网络，必须负责追踪站点 STA 的实际位置以及帧的传送。

⑥ ESS（Extented Service Set，扩展服务集）。一个或者多个基本服务集通过分布式系统串连在一起就构成了扩展服务集。

⑦ Portal（门桥）。其作用相当于网桥，用于将无线局域网和有线局域网或者其他网络联系起来。

第 6 章　CC2530 模块实验

6.1　CC2530 模块 I/O 控制实验

实验目的

在 CC2530 模块上运行自己的程序。

实验环境

硬件：PC 机，CC2530 模块，CC2530 仿真器。

软件：Windows 7，IAR 集成开发环境。

实验内容

通过 CC2530 模块的 P1_0 口和 P1_1 口（引脚），编程实现用输出高、低电平分别控制发光二极管 LED1 和 LED2 的亮、灭。

实验原理

CC2530 模块为 ZigBee 实验平台，其 I/O 口一共有 21 个，分成 3 组，分别是 P0 口、P1 口和 P2 口。

如图 6.1 所示为 LED 的驱动电路，本实验选择 P1_0 口和 P1_1 口来分别控制 LED1 和 LED2，因此，在软件上只需要配置好 P1_0 口及 P1_1 口。

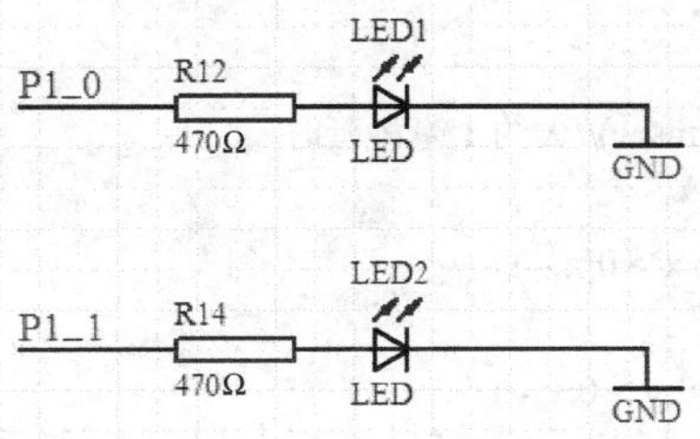

图 6.1　LED 的驱动电路

下面介绍实验用到的寄存器。

P1DIR（P1 口方向寄存器，P0DIR 同理），控制 P1 口的方向，0 为输入，1 为输出，功能表见第 3 章。

P1SEL（P1 口功能选择寄存器，P0SEL 同理），选择 P1 口的功能，0 为通用 I/O 口，1 为外设功能，功能表见第 3 章。

实验步骤

1）新建工程。

① 打开 IAR 软件，选择菜单“File→New→Workspace”，新建一个工作空间（Workspace）。

② 然后选择菜单“Project→Create New Project”，在打开的对话框中进行设置，如图 6.2 所示，单击 OK 按钮，新建一个工程。

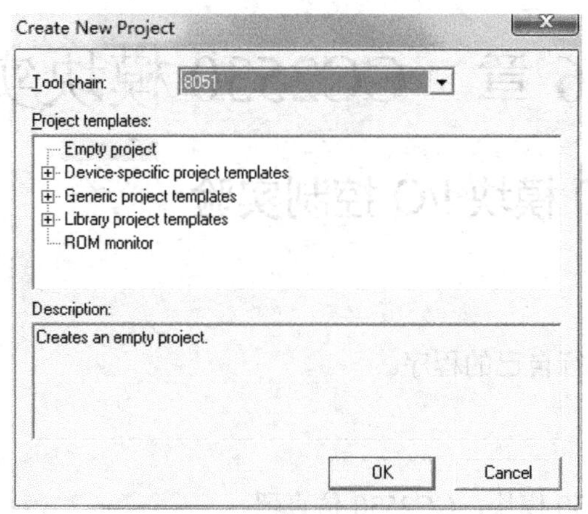

图 6.2　新建工程

③ 保存工程。将工程保存在新建的名为 LED 的文件夹中，工程命名为 LED。

2）添加源文件到工程中。

① 选择菜单“File→New→File”，新建一个源文件，输入以下代码：

```
#include <ioCC2530.h>
#define LED0 P1_0
#define LED1 P1_1
void GPIO_init()
{
  P1SEL = P1SEL &  ~0x03;
  P1DIR = P1DIR |   0x03;
  LED0 = 0;
  LED1 = 0;
}
void DelayMs(unsigned int msec)//大约 1 毫秒延时
{
  for(unsigned int x = msec;x > 0;x --)
  {
    for(unsigned int y = 620;y > 0;y --)
    {
      asm("NOP");
    }
  }
}
void main(void)
{
  GPIO_init();
  while(1)
   {
     DelayMs(500);
     LED0 = 1;
     DelayMs(500);
     LED0 = 0;
     DelayMs(500);
```

```
            LED1 = 1;
            DelayMs(500);
            LED1 = 0;
        }
    }
```

② 选择菜单“File→Save”，将源文件 LED.c 保存到 source 文件夹（若没有，则新建该文件夹）中，如图 6.3 所示。

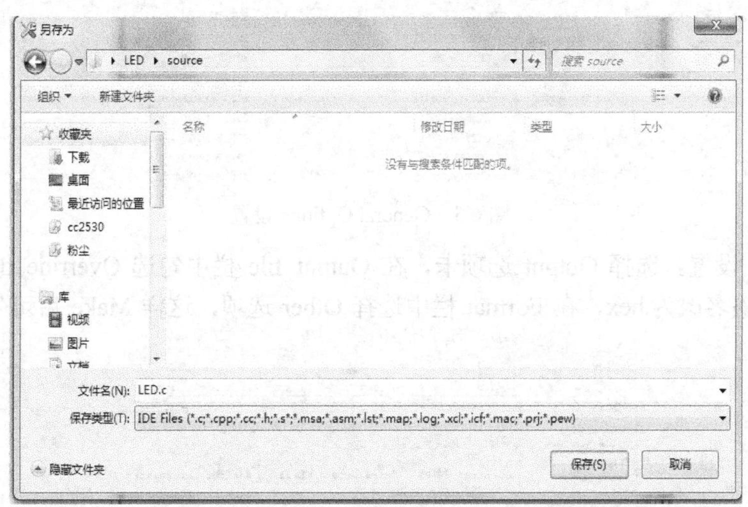

图 6.3　保存 LED.c

③ 右击 LED 工程，选择菜单“Add→Add Files”，在打开的对话框中选择 LED.c 文件，如图 6.4 所示，单击“打开”按钮，将源文件添加到工程中。

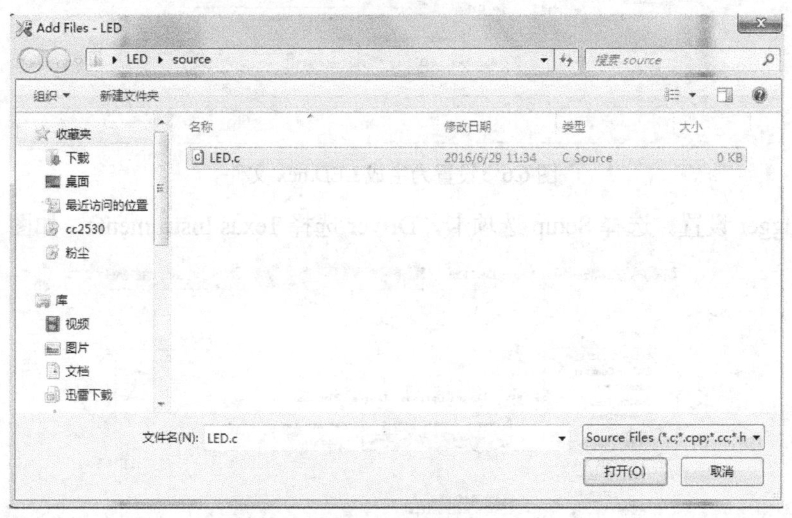

图 6.4　选择 LED.c

3）配置工程。右击 LED 工程，选择菜单“Options”，打开相应的选项对话框，主要设置说明如下。

① General Options 设置。Device 选择 CC2530F256，方法是：单击“浏览”按钮，在打开的对话框中，找到 Texas Instruments 文件夹并选择 CC2530F256.i51 文件，如图 6.5 所示。

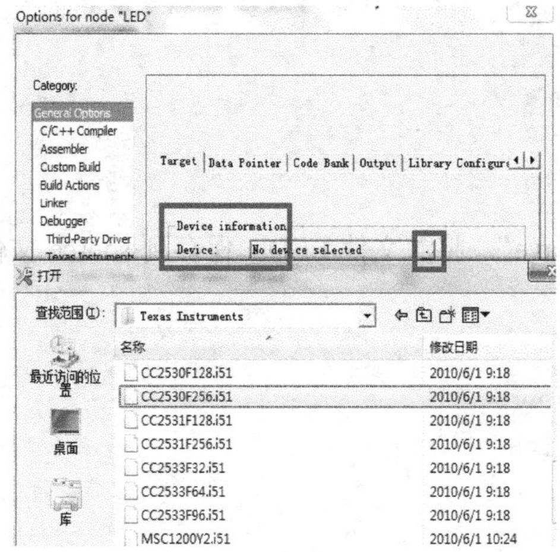

图 6.5　General Options 设置

② Linker 设置。选择 Output 选项卡，在 Output file 栏中勾选 Override default 选项，把 LED.d51 的后缀名改为.hex，在 Format 栏中选择 Other 选项，这样 Make 后可生成.hex 文件，如图 6.6 所示。

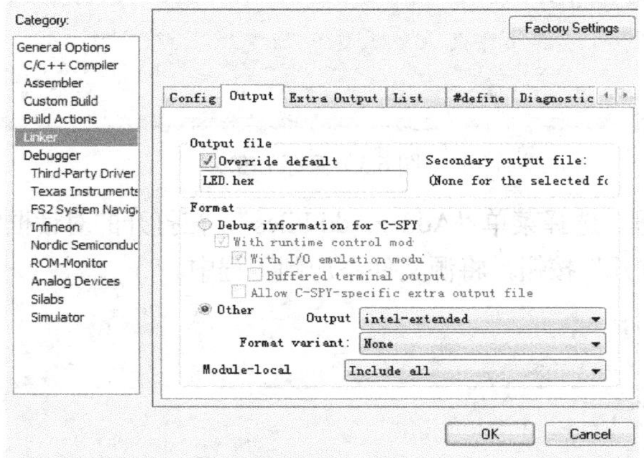

图 6.6　设置为生成 LED.hex 文件

③ Debugger 设置。选择 Setup 选项卡，Driver 选择 Texas Instruments，如图 6.7 所示。

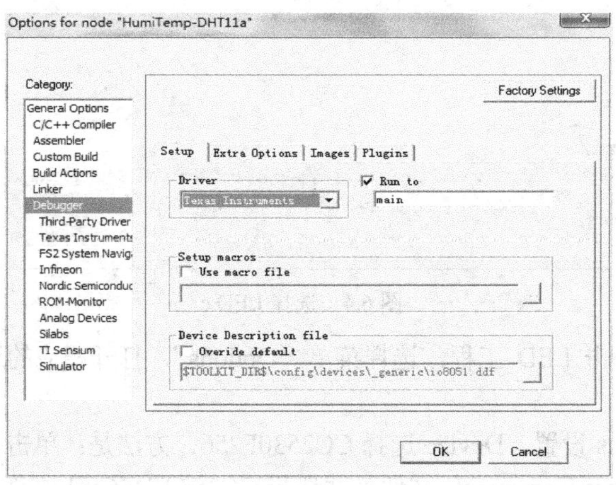

图 6.7　Debugger 设置

4）编译工程。如果是新建的工程，并且是第一次编译，则先单击工具栏中的 Compile 按钮，然后单击 Make 按钮。如果已经编译过，则选择菜单“Project→Rebuild All”。

5）下载和调试。

① 正确连接 CC2530 仿真器到 PC 机和 CC2530 模块上，打开 CC2530 模块电源（上电），按下 CC2530 仿真器上的复位按键。

② 下载程序。有两种下载程序的方式。

i）通过 Flash Programmer 软件把.hex 文件下载到 CC2530 模块中，.hex 文件保存在工程文件夹的 Debug\Exe 文件夹中，具体设置如图 6.8 所示。

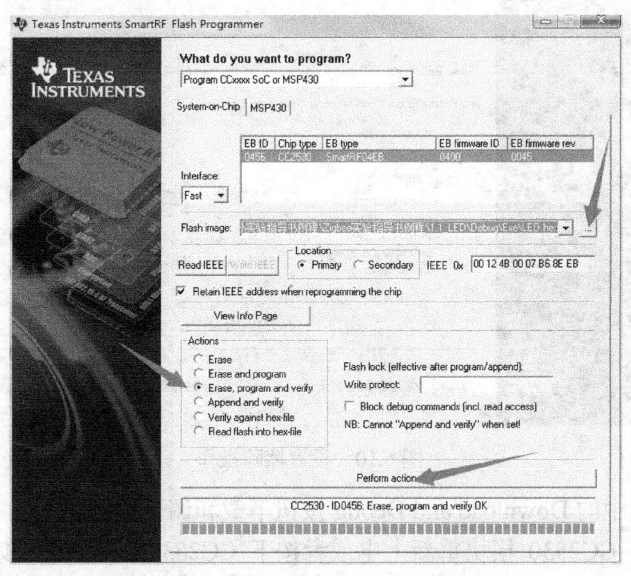

图 6.8　下载 LED.hex 文件的设置

ii）选择菜单“Project→Download and Debug”，将程序下载到 CC2530 模块中。但是下载前需要在选项对话框中进行设置：找到 LED-Debug 工程，右击，选择 Options，打开选项对话框，在左侧框中选择 Linker 项，在右侧选择 Output 选项卡，对相关选项进行设置，如图 6.9 所示。

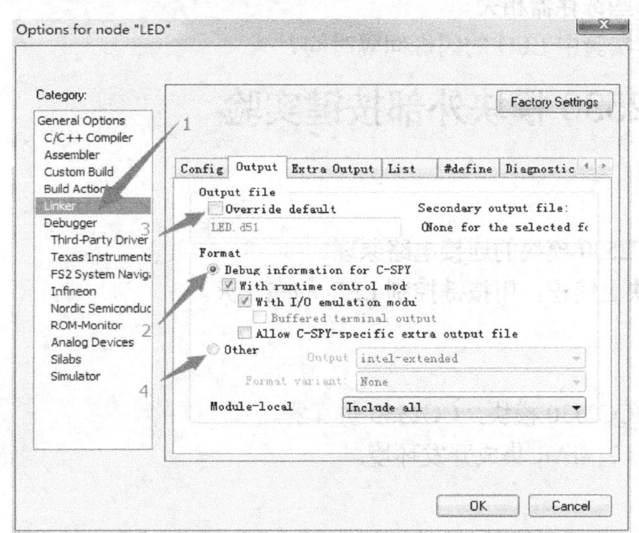

图 6.9　Linker 设置

注：下载和调试程序前应先用 Flash Programmer 软件进行擦除操作，设置如图 6.10 所示。如果不进行擦除操作，下载的程序有可能出现错误。

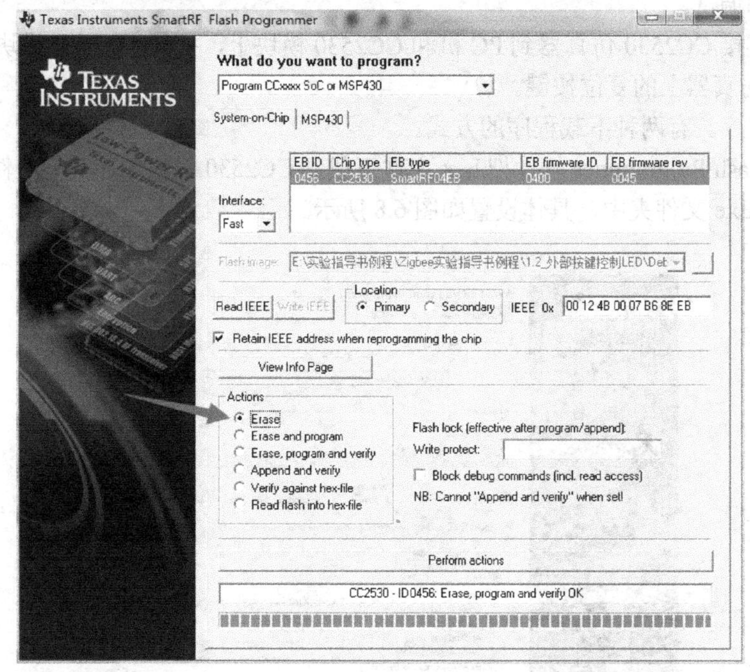

图 6.10 设置擦除操作

③ 单击工具栏中的 Download and Debug 按钮下载和调试程序。

6）下载完后将 CC2530 模块重新上电或者按下 CC2530 仿真器上的复位按键，观察两个 LED 的闪烁情况。

7）修改延时函数，可以改变 LED 的闪烁间隔时间。

思考题

1．本实验与哪些寄存器相关？

2．如何改变本实验中 LED 的闪烁间隔时间？

6.2 CC2530 模块外部按键实验

实验目的

理解按键与 CC2530 模块的连接电路原理。

在 CC2530 模块上编程，用按键控制 LED 的亮、灭。

实验环境

硬件：PC 机，CC2530 模块，CC2530 仿真器。

软件：Windows 7，IAR 集成开发环境。

实验内容

通过 CC2530 模块的 I/O 口，编程实现用按键控制 LED 的亮、灭。

实验原理

通过图 6.11 可知，按键 K1 与 CC2530 模块的 P0_0 口相连，按键 K2 与 P0_1 口相连。

需要实现通过按键控制高、低电平，进而控制 LED 的亮、灭，按键在不按的时候是高电平，按下的时候是低电平，松开之后为高电平，如图 6.11 所示。

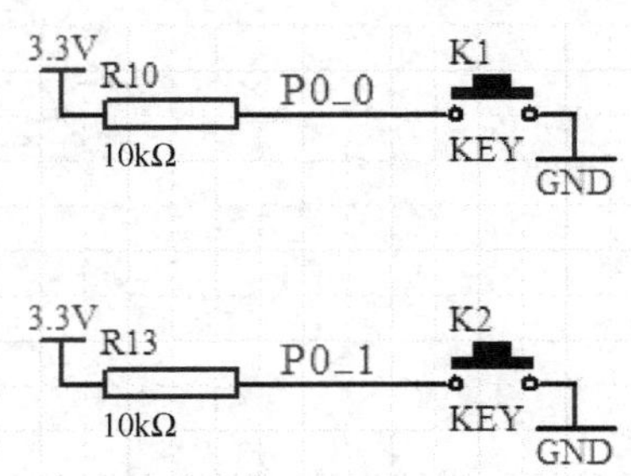

图 6.11　按键驱动电路

实验步骤

1）新建工程，参考 6.1 节实验步骤添加源代码到工程中。

参考代码如下：

```
#include <ioCC2530.h>
#define LED0 P1_0
#define LED1 P1_1
#define K1     P0_0
#define K2     P0_1
void GPIO_init()
{
   P1SEL = P1SEL & ～0x03;      //设置 P1_0, P1_1 为普通 I/O
   P1DIR = P1DIR |  0x03;        //设置 P1_0, P1_1 为输出
   P0SEL = P0SEL & ～0x03;      //设置 P1_0, P1_1 为普通 I/O
   P0DIR = P0DIR & ～0x03;      //设置 P1_0, P1_1 为输入

   LED0 = 0;
   LED1 = 0;
}
void DelayMs(unsigned int msec)//大约 1 毫秒的延时
{
   for(unsigned int x = msec;x> 0;x--)
   {
      for(unsigned int y = 620;y>0;y--)
      {
         asm("NOP");
```

```
            }
        }
    }
    void main(void)
    {
      GPIO_init();
      while(1)
      {
        if(K1 == 0)
          LED0 = 1;
        else
          LED0 = 0;

        if(K2 == 0)
        {
          DelayMs(100);//延时消抖
          if(K2 == 0)
          {
            LED1 = ~LED1;
          }
          while(K2 == 0);
        }
      }
    }
```

2）根据实验要求完成工程的设置。

3）编译工程，编译成功后进行程序的下载和调试。

4）程序下载后，将 CC2530 模块重新上电或者按下 CC2530 仿真器上的复位按键，观察两个按键分别控制两个 LED 的亮、灭情况。

思考题

1．按键通过什么来控制 LED 的亮、灭？

2．简述按键与 CC2530 模块的连接电路原理。

6.3 CC2530 模块外部中断实验

实验目的

理解运用外部中断控制 LED 的原理。

在 CC2530 模块上编程，通过外部中断控制 LED 的亮、灭。

实验环境

硬件：PC 机，CC2530 模块，CC2530 仿真器。

软件：Windows 7，IAR 集成开发环境。

实验内容

通过 CC2530 模块的 I/O 引脚，编程实现用按键通过外部中断的方法控制 LED 的亮、灭。

实验原理

各寄存器功能说明如下。

P0IEN：设置中断使能，0 为中断禁止，1 为中断使能。功能表见表 6.1。

表 6.1　P0IEN 功能表

D7	D6	D5	D4	D3	D2	D1	D0
P0_7	P0_6	P0_5	P0_4	P0_3	P0_2	P0_1	P0_0

P0INP：设置各个 I/O 口的输入模式，0 为上拉/下拉模式，1 为三态模式。功能表见表 6.2。

表 6.2　P0INP 功能表

D7	D6	D5	D4	D3	D2	D1	D0
P0_7	P0_6	P0_5	P0_4	P0_3	P0_2	P0_1	P0_0

PICTL：D0～D3 设置各个 I/O 口的中断触发方式，0 为上升沿触发，1 为下降沿触发。D7 控制 I/O 口在输出模式下的驱动能力，0 为最小驱动能力增强，1 为最大驱动能力增强。功能表见表 6.3。

表 6.3　PICTL 功能表

D7	D6	D5	D4	D3	D2	D1	D0
I/O 口驱动能力	未用	未用	未用	P2_0～P2_4	P1_4～P1_7	P1_0～P1_3	P0_0～P0_7

IEN1：中断使能 1，0 为中断禁止，1 为中断使能。功能表见表 6.4。

表 6.4　IEN1 功能表

D7	D6	D5	D4	D3	D2	D1	D0
未用	未用	端口 0	定时器 4	定时器 3	定时器 2	定时器 1	DMA 传输

P0IFG：中断状态标志，当输入端有中断请求时，相应的标志位将置 1。功能表见表 6.5。

表 6.5　P0IFG 功能表

D7	D6	D5	D4	D3	D2	D1	D0
P0_7	P0_6	P0_5	P0_4	P0_3	P0_2	P0_1	P0_0

外部中断实验流程图如图 6.12 所示。

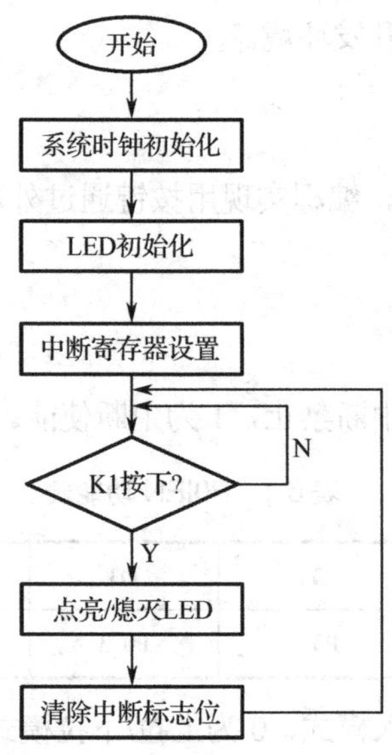

图 6.12　外部中断实验流程图

实验步骤

1）新建工程，参考 6.1 节实验步骤添加源代码到工程中。

定义按键和 LED 的代码如下：

```
#include <ioCC2530.h>
#define LED0 P1_0
#define LED1 P1_1
#define K1      P0_0
//#define K2    P0_1
//延时
void DelayMs(unsigned int msec)//大约 1 毫秒的延时
{
  for(unsigned int x = msec;x > 0;x --)
  {
    for(unsigned int y = 620;y > 0;y --)
    {
      asm("NOP");
    }
  }
}
//LED 初始化
void led_init(void)
{
  P1SEL &=  ~0x03;              //P1_0 和 P1_1 为普通 I/O
  P1DIR |= 0x03;                //输出
  LED0 = 0;                     //关 LED
  LED1 = 0;
}
//按键初始化
```

```
void ext_init(void)
{
    P0SEL &= ～0x01;        //通用 I/O 口
    P0DIR &= ～0x01;        //作为输入
    P0INP &= ～0x01;        //上拉/下拉
    P0IEN |= 0x01;         //开 P0_0 口中断
    PICTL &=～ 0x01;        //下降沿触发
    //IEN1 = 0x20;
    P0IFG &= ～0x01;        //P0_0 中断标志清 0
    P0IE = 1;              //P0 中断使能
    EA = 1;                //总中断使能
}
```

中断服务子程序代码如下：

```
#pragma vector = P0INT_VECTOR
__interrupt void P0_ISR(void)
{
  EA = 0;                        //关中断

  DelayMs(100);
  LED0=1;
  DelayMs(100);
  LED0=0;
  DelayMs(100);
  LED0=1;
  DelayMs(100);
  LED0=0;
  DelayMs(100);
  LED0=1;
  DelayMs(100);
  LED0=0;
  DelayMs(100);
  LED0=1;
  DelayMs(100);
  LED0=0;

  if((P0IFG & 0x01 ) >0 )        //按键中断，P0_1
  {
    P0IFG &= ～0x01;              //P0_1 中断标志清 0
    LED1 = !LED1;
  }
  P0IF = 0;                      //P0 中断标志清 0
  EA = 1;                        //开中断
}
```

主函数代码如下：

```
void main(void)
{
```

```
        led_init();
        ext_init();
        while(1);                          //通过 while 循环等待中断
    }
```

2）根据实验要求完成工程的设置。

3）编译工程，编译成功后进行程序的下载和调试。

4）程序下载后，将 CC2530 模块重新上电或者按下 CC2530 仿真器上的复位按键。

5）连续按下 CC2530 模块上的 K1 按键，将会发现当按键被按下时，LED 的亮、灭状态会发生改变。

思考题

1．什么叫外部中断？

2．简述 PICTL 中 D7 端口的作用。

6.4 CC2530 模块定时器实验

实验目的

掌握 CC2530 模块定时器的工作原理及使用方法。

实验环境

硬件：PC 机，CC2530 模块，CC2530 仿真器。

软件：Windows 7，IAR 集成开发环境。

实验内容

编程实现定时，并分别采用查询方式和中断方式对 LED 进行预定周期的亮、灭控制。

实验原理

定时器 T1 是一个 16 位定时器，具有定时器/计数器/脉宽调制功能。它有三个单独的可编程的输入捕获/输出比较信道，每个信道都可以用来作为 PWM 输出或捕获输入信号的边沿时间。

定时器有一个很重要的概念，即操作模式。

操作模式包含自由运行模式（free-running）、模模式（modulo）和正计数/倒计数模式（up-down）。本实验将要学习的寄存器功能说明如下。

T1CTL：实现定时器 T1 的控制，D1D0 用于控制运行模式，D3D2 用于设置分频值。功能表见表 6.6。

表 6.6 T1CTL 功能表

D7	D6	D5	D4	D3D2	D1D0
未用	未用	未用	未用	00：不分频 01：8 分频 10：32 分频 11：128 分频	00：暂停运行 01：自由运行，反复从 0x0000 到 0xffff 计数 10：模计数，从 0x000 到 T1CC0 反复计数 11：正计数/倒计数，从 0x0000 到 T1CC0 计数，或从 T1CC0 到 0x0000 倒计数

T1STAT：定时器 T1 的状态寄存器，D4～D0 为通道 4～通道 0 的中断标志，D5 为溢出中断标志，当计数到最终计数值时自动置 1。功能表见表 6.7。

表 6.7 T1STAT 功能表

D7	D6	D5	D4	D3	D2	D1	D0
未用	未用	溢出中断	通道 4 中断	通道 3 中断	通道 2 中断	通道 1 中断	通道 0 中断

T1CCTL0：D1D0 用于设置捕捉位置，00 为不捕捉，01 为上升沿捕获，10 为下降沿捕获，11 为上升或下降沿都捕获。

D2 用于选择捕获或比较模式，0 为捕获模式，1 为比较模式。D5D4D3 用于设置比较模式下的输出，000 为发生比较时输出置 1，001 为发生比较时输出清 0，010 为发生比较时输出翻转，其他模式较少使用。功能表见表 6.8。

表 6.8 T1CCTL0 功能表

D7	D6	D5D4D3	D2	D1D0
未用	未用	比较模式下的输出	捕获/比较模式	捕获位置

IRCON：中断标志寄存器，0 为无中断请求，1 为有中断请求。功能表见表 6.9。

表 6.9 IRCON 功能表

D7	D6	D5	D4	D3	D2	D1	D0
睡眠定时器	必须为 0	端口 0	定时器 T4	定时器 T3	定时器 T2	定时器 T1	DMA 完成

在定时器的自由模式下，精确控制 LED 的闪烁间隔时间为 2s，即：亮 1s→暗 1s→亮 1s→暗 1s（从暗转亮的间隔时间为 1s）。LED 亮、暗的反转通过溢出中断来实现。其流程图如图 6.13 所示。

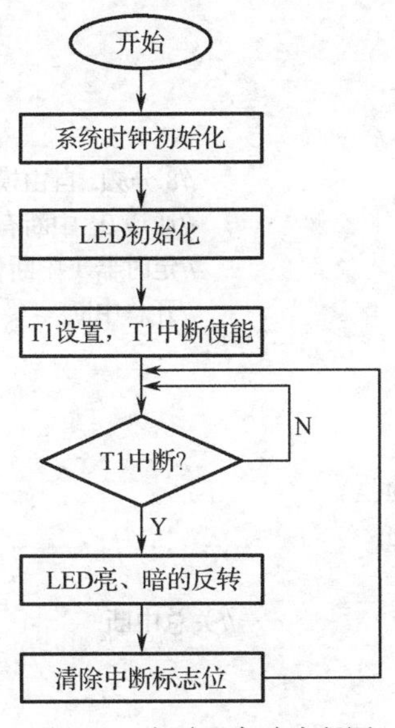

图 6.13 定时器实验流程图

实验步骤

1）新建工程，参考 6.1 节实验步骤添加源代码到工程中。

定义按键和 LED 的代码如下：

```
#include <ioCC2530.h>
#define   LED0     P1_0
#define   LED1     P1_1
#define   K1       P0_0

unsigned char counter;
//系统时钟初始化为 32MHz
void SysClockInit(void)
{
  unsigned int i;
  SLEEPCMD &=  ~0x04;                          //都上电
  while(!(CLKCONSTA & 0x40));                  //晶振开启且稳定
  for (i=0; i<504; i++) asm("NOP");            //适当延时
  CLKCONCMD &=  ~0x47;                         //选择 32MHz 晶振
  SLEEPCMD |= 0x04;
}
//LED 初始化
void led_init(void)
{
  P1SEL &=  ~0x03;                             //P1_0 和 P1_1 为普通 I/O
  P1DIR |= 0x03;                               //输出
  LED0 = 0;                                    //关 LED
  LED1 = 0;
}
//定时器 1 初始化
void time1_init(void)
{
  T1CTL = 0x05;                                //8 分频，自由模式
  T1STAT= 0x21;                                //通道 0，中断有效；自动重装模式(0x0000~0xffff)
  IEN1|=0x02;                                  //定时器 1 中断使能
  EA=1;                                        //开总中断
}
```

中断服务子程序代码如下：

```
#pragma vector = T1_VECTOR
 __interrupt void T1_ISR(void)
 {
   EA=0;                                       //关总中断
   counter++;
   if(counter>30){
     counter=0;
     LED0 = !LED0;
     LED1 = !LED1;
```

```
    }
    T1IF=0;
    EA=1;                                    //开总中断
}
```

主函数代码如下：

```
void main(void)
{
  SysClockInit();
  led_init();
  time1_init();
  while(1);
}
```

2）做好调试，并根据实验步骤完成工程设置。

3）编译工程，编译成功后进行下载和调试。

4）下载完后，将 CC2530 模块重新上电或者按下 CC2530 仿真器上的复位按键。

5）观察 LED0、LED1 的闪烁情况并做记录。

思考题

1. CC2530 模块中共有几个定时器？分别为哪些？
2. 定时器 T1 具体有哪些功能？

6.5 CC2530 模块串口通信实验

实验目的

掌握串口通信的一般原理。

掌握 CC2530 模块串口配置的一般步骤。

掌握 CC2530 模块串口相关寄存器的使用方法。

实验环境

硬件：PC 机，CC2530 模块，CC2530 仿真器，串口线。

软件：Windows 7，IAR 集成开发环境。

实验内容

编程实现 CC2530 模块和 PC 机之间的双向串口通信。

实验原理

本实验需要用到的寄存器：CLKCONCMD（时钟控制命令寄存器）、CLKCONSTA（时钟控制状态寄存器）、U0CSR（USART0 的控制和状态寄存器）、U0GCR（USART0 的通用控制寄存器），功能表见第 3 章。

串口通信实验流程图如图 6.14 所示。

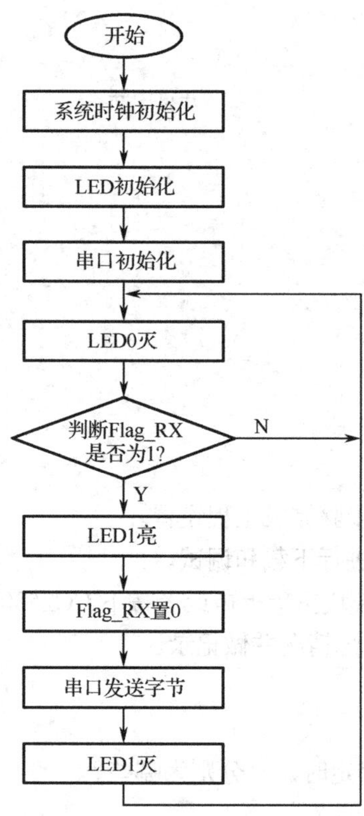

图 6.14　串口通信实验流程图

实验步骤

1）新建工程，参考 6.1 节实验步骤添加源代码到工程中。

主要代码如下：

```
#include <ioCC2530.h>
#define   LED0    P1_0
#define   LED1    P1_1
unsigned char Flag_RX,temp;
void led_init(void)
{
  P1SEL &=  ~0x03;                    //P1_0 和 P1_1 为普通 I/O
  P1DIR |= 0x03;                      //输出
  LED0 = 0;                           //关 LED
  LED1 = 0;
}

void SysClock_Init(void)
{
  SLEEPCMD &=  ~0x04;                 //都上电
  while(!(CLKCONSTA & 0x40));         //晶振开启且稳定
  CLKCONCMD &=  ~0x47;                //选择 32MHz 晶振
  SLEEPCMD |= 0x04;
}

//接着初始化串口
```

```
void uart0_init(void)
{
  PERCFG = 0x00;                    //位置 1, P0 口
  P0SEL = 0x3c;                     //P0_2, P0_3, P0_4,P0_5 用作串口, 第二功能
  P2DIR &= ~0xc0;                   //P0 优先作为 UART0, 优先级
  U0CSR |= 0x80;                    //UART 方式
  U0GCR |= 11;                      //U0GCR 与 U0BAUD 配合
  U0BAUD |= 216;                    //波特率设为 115200bps
  UTX0IF = 0;                       //UART0 TX 中断标志初始时置 1（收发时）
  U0CSR |= 0x40;                    //允许接收
  IEN0 |= 0x84;                     //开总中断, 接收中断
}

//串口发送字节函数
void Uart_Send_char(char ch)
{
  U0DBUF = ch;
  while(UTX0IF == 0);
  UTX0IF = 0;
}

//串口接收一个字符: 一旦有数据从串口传至 CC2530 模块, 则进入中断, 将收到的数据赋给变量 temp
#pragma vector = URX0_VECTOR
__interrupt void UART0_ISR(void)
{
  LED0 = 1;
  URX0IF = 0;       //清中断标志
  temp = U0DBUF;
  Flag_RX = 1;
}

void main(void)
{
  SysClock_Init();
  led_init();
  uart0_init();
  while(1)
  {
    LED0 = 0;
    if(Flag_RX)
    {
      LED1 = 1;
      Flag_RX = 0;
      Uart_Send_char(temp);
      LED1 = 0;
    }
  }
}
```

2）根据实验要求完成工程的配置。

3）编译工程，编译成功后进行程序的下载和调试。

4）程序下载后，将 CC2530 模块重新上电或者按下 CC2530 仿真器上的复位按键。

5）打开串口调试助手，输入正确的串口设置参数，打开串口，发送数据至 CC2530 模块，发送后观察串口接收的数据与发送的是否一致，如图 6.15 所示。

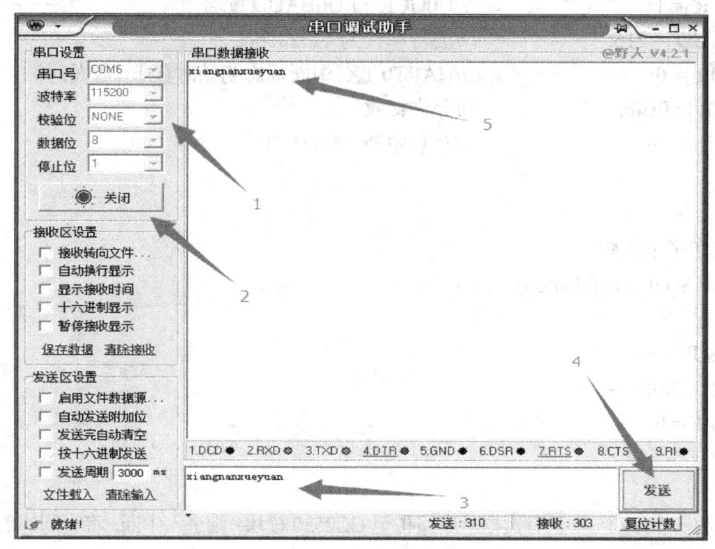

图 6.15　串口调试助手

思考题

1．何为串口通信？串口通信有什么优点？

6.6　CC2530 模块看门狗实验

实验目的

掌握 CC2530 模块看门狗的工作原理和使用方法。

实验环境

硬件：PC 机，CC2530 模块，CC2530 仿真器。

软件：Windows 7，IAR 集成开发环境。

实验内容

编程实现利用看门狗对系统进行复位操作。

实验原理

看门狗（Watch Dog），准确地说，应该是看门狗定时器，是指专门用来监测单片机程序运行状态的电路。基本原理：看门狗启动后，就会从 0 开始计数，若程序在规定的时间间隔内没有及时将计数值清零（喂狗），看门狗就会复位系统（相当于重启计算机）。看门狗工作原理如图 6.16 所示。

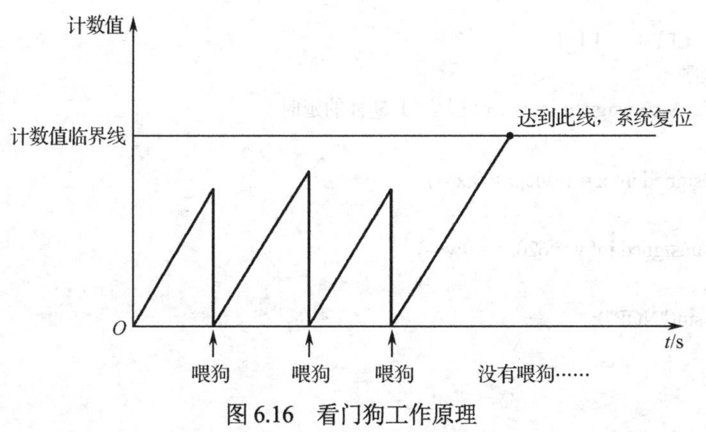

图 6.16　看门狗工作原理

看门狗的使用可以总结为：选择模式→选择定时间隔→放狗（启动）→喂狗（清零）。

（1）选择模式

看门狗定时器有两种模式，即定时器模式和看门狗模式。

在定时器模式下，它就相当于普通的定时器，达到定时间隔就会产生中断（可以在 ioCC2530.h 文件中找到其中断向量 WDT_VECTOR）。在看门狗模式下，当达到定时间隔时，不会产生中断，取而代之的是向系统发送一个复位信号。本实验中，通过 WDCTL.MODE=0 来选择看门狗模式。

（2）选择定时间隔

有 4 种可供选择的时钟周期，为了测试方便，我们选择定时间隔为 1s（令 WDCTL.INT=00）。

（3）放狗

令 WDCTL.EN=1，即可启动看门狗。

（4）喂狗

看门狗启动之后，就会从 0 开始计数。在其计数值达到 32768 之前（即<1s），若使用以下代码喂狗：

```
WDCTL=0xa0;
WDCTL=0x50;
```

则计数值会被清零，然后它会再次从 0x0000 开始计数，这样就阻止了其发送复位信号。表现在开发板上就是 LED1 会一直亮着不会闪烁。若不喂狗（把上述代码注释掉），那么当计数值达到 32768 时，就会发送复位信号，程序将会从头开始运行。表现在开发板上就是 LED1 会不断闪烁，闪烁间隔为 1s。（注：喂狗代码一定要严格与上述代码一致，顺序颠倒、写错或少写一句都将起不到清零的作用。）

看门狗实验流程图如图 6.17 所示。

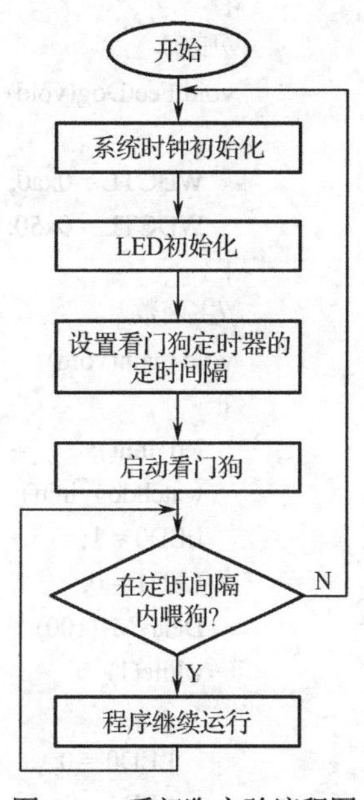

图 6.17　看门狗实验流程图

实验步骤

1）新建工程，参考 6.1 节实验步骤添加源代码到工程中。

主要代码如下：

```
#include <ioCC2530.h>
#define   LED0    P1_0
```

```
#define   LED1    P1_1
//延时程序
void DelayMs(unsigned int msec)//大约 1 毫秒的延时
{
  for(unsigned int x = msec;x > 0;x --)
  {
    for(unsigned int y = 620;y > 0;y --)
    {
      asm("NOP");
    }
  }
}
//LED 初始化
void led_init(void)
{
  P1SEL &=  ～0x03;              //P1_0 和 P1_1 口为普通 I/O 口
  P1DIR |= 0x03;                 //输出

  LED0 = 0;                      //关 LED
  LED1 = 0;
}
//看门狗初始化
void watchdog_init(void)
{
  WDCTL = 0x00 | 0xa0;           //看门狗模式, 定时间隔为 1 秒
  WDCTL = 0x00 | 0x08 | 0x50;    //启动看门狗
}
//喂狗
void FeetDog(void)
{
  WDCTL = 0xa0;
  WDCTL = 0x50;
}
//主函数
void main(void)
{
  led_init();
  watchdog_init();
  LED0 = 1;
  LED1 = 0;
  DelayMs(100);
  while(1)
  {
    LED0 = 0;
    LED1 = 1;
    FeetDog();                   //喂狗
  }
}
```

2）根据实验要求完成工程的设置。

3）编译工程，编译成功后进行程序的下载和调试。

4）程序下载后，将 CC2530 模块重新上电或者按下 CC2530 仿真器上的复位按键。

5）观察 LED 的显示情况，将 FeetDog()函数注释观察 LED 的显示情况。

思考题

1．看门狗定时器有哪几种模式？它们有何区别？

2．如何启动看门狗定时器？

6.7　CC2530 模块液晶驱动实验

实验目的

掌握 CC2530 模块驱动 LCD1602 液晶显示的原理和方法。

实验环境

硬件：PC 机，CC2530 模块，CC2530 仿真器，LCD1602 液晶显示模块。

软件：Windows 7，IAR 集成开发环境。

实验内容

编程实现驱动 LCD1602 液晶显示。

实验原理

LCD1602 液晶显示模块是一种专门用来显示字母、数字、符号等的点阵型液晶模块。其显示的内容分为两行，每行 16 个字符。表 6.10 给出了 LCD1602 的引脚说明。

表 6.10　LCD1602 的引脚说明

引　脚	说　明
第 1 脚	VSS，地电源
第 2 脚	VDD，接 5V 正电源
第 3 脚	VL，对比度调整端，接正电源时对比度最低，接地时对比度最高，对比度过高时会产生“鬼影”，使用时可以通过一个 10kΩ的电位器调整对比度
第 4 脚	RS，寄存器选择，高电平时选择数据寄存器，低电平时选择指令寄存器
第 5 脚	R/W，读写信号线，高电平时进行读操作，低电平时进行写操作。当 RS 和 R/W 共同为低电平时，可以写入指令或者显示地址；当 RS 为低电平，R/W 为高电平时，可以读忙信号；当 RS 为高电平，R/W 为低电平时，可以写入数据
第 6 脚	E，使能端，当 E 端由高电平跳变成低电平时，LCD1602 执行命令
第 7～14 脚	D0～D7，8 位双向数据线
第 15 脚	背光源正极
第 16 脚	背光源负极

LCD1602 的四线接法可以节省 4 个端口，只需要 7 个 I/O 口就可以满足要求。由于 CC2530

模块的 I/O 口相比于其他单片机的要少，故本实验采用四线接法，如图 6.18 所示。

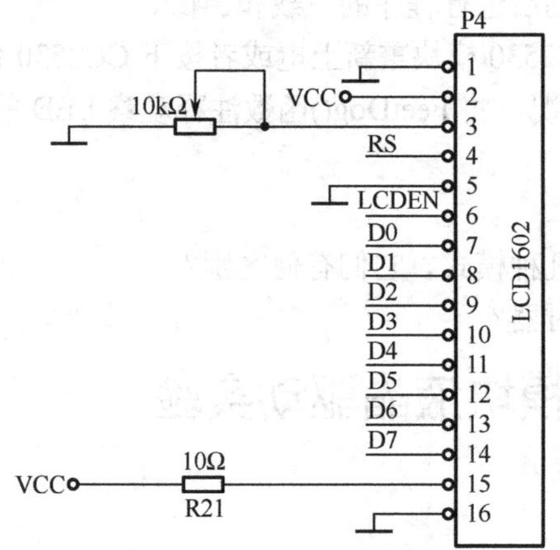

图 6.18　LCD1602 的四线接法

本实验流程图如图 6.19 所示。

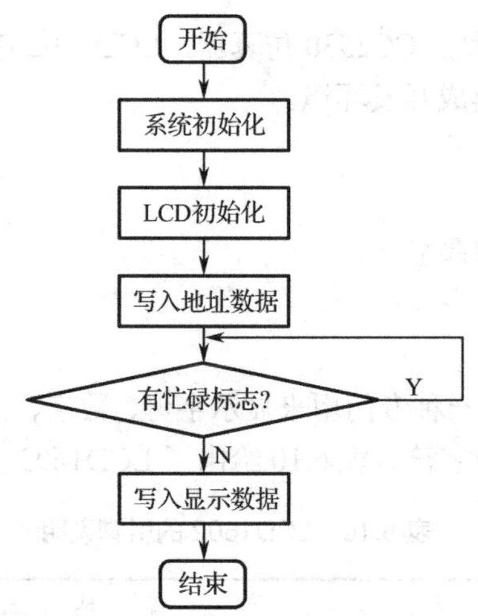

图 6.19　LCD1602 液晶显示实验流程图

实验步骤

1）创建工程，参考 6.1 节实验步骤添加源代码到工程中。

主要代码如下：

```
#include <ioCC2530.h>                    //LCD1602 接口定义
#define  LCD_DATA       P0               //P0 口(P0_4～P0_7)与 LCD 高 4 位(D4～D7)对应相接
#define  LCD1602_RS   P1_0
#define  LCD1602_EN   P1_1               //延时函数，延迟时间为 10*255 微秒
void System_init(void);
void LCD_init(void);
void LCD_en_write(void);
void LCD_write_command(unsigned char command) ;
void LCD_write_data(unsigned char Recdata);
```

```
void LCD_set_xy (unsigned char x, unsigned char y);
void LCD_write_string(unsigned char X,unsigned char Y,unsigned char *s);
void LCD_write_char(unsigned char X,unsigned char Y,unsigned char Recdata);
void delay_nus(unsigned int n);
void delay_nms(unsigned int n);

//以下函数用于输出字符串和数字
int LCD_PutNum(unsigned long num,int XS,int pos);
int LCD_PutStr(unsigned char *DData,int pos);

void System_init(void)
{
    CLKCONCMD &=  ~0x40;            //设置系统时钟源为 32MHz 晶振
    while(CLKCONSTA & 0x40);        //等待晶振稳定
    CLKCONCMD &=  ~0x47;
    P0DIR |= 1<<4|1<<5|1<<6|1<<7;
    P1DIR |= 1<<0|1<<1|1<<2;
}

void main(void)
{
    System_init();
    LCD_init();
    LCD_PutStr("Hello,World!",0);
    while(1);
}

//------------------------1us 延时函数--------------------------------
void delay_1us(void)
{
     int i = 0;
     for(i=0;i<33;i++);
}

//------------------------nus 延时函数--------------------------------
void delay_nus(unsigned int n)
{
    unsigned int i=0;
    for (i=0;i<n;i++)
        delay_1us();
}

//----------------------1ms 延时函数----------------------------------
void delay_1ms(void)
{
```

```
    unsigned int i;
    for (i=0;i<1140;i++);
}

//----------------------nms 延时函数---------------------------------
void delay_nms(unsigned int n)
{
    unsigned int i=0;
    for (i=0;i<n;i++)
        delay_1ms();
}

//-----------------------LCD 初始化----------------------------------
void LCD_init(void)
{
    LCD_write_command(0x28);
    delay_nus(40);
    LCD_en_write();
    delay_nus(40);
    LCD_write_command(0x28);  //4 位显示
    LCD_write_command(0x0c);  //显示开
    LCD_write_command(0x01);  //清屏
    delay_nms(2);
}

//---------------------LCD 使能函数-----------------------------------
void LCD_en_write(void)
{                                       //EN 由高电平跳变到低电平时 LCD 使能
    LCD1602_EN=1;
    delay_nus(1);
    LCD1602_EN=0;
}

//----------------------写指令函数------------------------------------
void LCD_write_command(unsigned char command)
{
    delay_nus(16);
    LCD1602_RS=0;                    //RS=0
    LCD_DATA &=0x0f;                 //清高 4 位
    LCD_DATA|=command&0xf0;          //写高 4 位
    LCD_en_write();
    command=command<<4;              //低 4 位移到高 4 位
    LCD_DATA&=0x0f;                  //清高 4 位
    LCD_DATA|=command&0xf0;          //写低 4 位
    LCD_en_write();
```

```
}

//------------------------写数据函数--------------------------------------
void LCD_write_data(unsigned char Recdata)
{
    delay_nus(16);
    LCD1602_RS=1;                       //RS=1
    LCD_DATA&=0x0f;                     //清高 4 位
    LCD_DATA|=Recdata&0xf0;             //写高 4 位
    LCD_en_write();
    Recdata=Recdata<<4;                 //低 4 位移到高 4 位
    LCD_DATA&=0x0f;                     //清高 4 位
    LCD_DATA|=Recdata&0xf0;             //写低 4 位
    LCD_en_write();
}

//----------------------地址定位函数------------------------------------
void LCD_set_xy( unsigned char x, unsigned char y )
{
    unsigned char address;
    if (y == 0)
        address = 0x80 + x;
    else
        address = 0xc0 + x;
    LCD_write_command(address);
}

//---------------------在某个地址处写一个字符---------------------------
void LCD_write_char(unsigned char X,unsigned char Y,unsigned char Recdata)//列 x=0～15, 行 y=0,1
{
     LCD_set_xy(X, Y);//写地址
     LCD_write_data(Recdata);
}

//---------------------------输出字符串------------------------------------
int LCD_PutStr(unsigned char *DData,int pos)         //pos 表示字符显示位置, 0～31
{
     unsigned char i;
     if(pos==-1)
     {
          LCD_write_command(0x01);           //清屏
          delay_nms(2);
          pos=0;
     }
```

```
    while((*DData)!='\0')
    {
        switch(*DData)
        {
            case '\n'://如果是\n, 则换行
            {
                if(pos<17)
                {
                    for(i=pos;i<16;i++)
                        LCD_write_char(i%16, i/16,' ');
                    pos=16;
                }
                else
                {
                    for(i=pos;i<32;i++)
                        LCD_write_char(i%16, i/16,' ');
                    pos=0;
                }
                break;
            }
            case '\b'://如果是\b, 则退格
            {
                if(pos>0)
                    pos--;
                LCD_write_char(pos%16, pos/16, ' ');
                break;
            }
            default:
            {
                if((*DData)<0x20) //小于 0x20 的显示不了
                {
                    *DData=' ';
                }
                LCD_write_char(pos%16, pos/16,*DData);
                pos++;
                break;
            }
        }
        DData++;
    }
    return(pos);
}
```

2）根据实验要求完成工程的设置。

3）编译工程，编译成功后进行程序的下载和调试。

4）程序下载后，将 CC2530 模块重新上电或者按下 CC2530 仿真器上的复位按键。

5）观察 LCD1602 的显示情况。

思考题

1．本实验中 LCD1602 采用的是几线接法？为什么要这样选择？

2．为了在 LCD1602 上显示字符，字符代码应送到哪里？它有多少字节？

3．LCD1602 的基本操作有几种？分别是哪几种？

4．在 LCD1602 上显示“Hello！ZigBee！”。

第 7 章　ZigBee 网络通信实验

7.1　ZigBee 网络通信实验之点播

实验目的

了解 TI 公司的 ZigBee 协议栈 ZStack 的结构和基本原理。
掌握利用 ZStack 的 API 功能实现无线通信的步骤和方法。
编程实现利用 ZStack 的 API 功能在节点间进行点播通信。

实验环境

硬件：PC 机，CC2530 模块，CC2530 仿真器。
软件：Windows 7，IAR 集成开发环境，串口调试助手。

实验内容

使用两个 CC2530 模块实现点播通信。

实验原理

本实验使用两个 CC2530 模块，一个作为协调器，另一个作为终端节点。协调器的主要作用是建立网络，将相同编号的终端（设备）连入网络，并向终端发送数据。协调器上电后，根据编译时给定的参数，选择合适的信道、网络号，建立 ZigBee 无线网络，这部分由 ZigBee 协议栈 ZStack 实现。终端节点上电后，会进行硬件的初始化，搜索是否有 ZigBee 无线网络，若有则自动加入，然后向协调器发送消息使 LED 闪烁。协调器流程图如图 7.1 所示，终端节点流程图如图 7.2 所示。

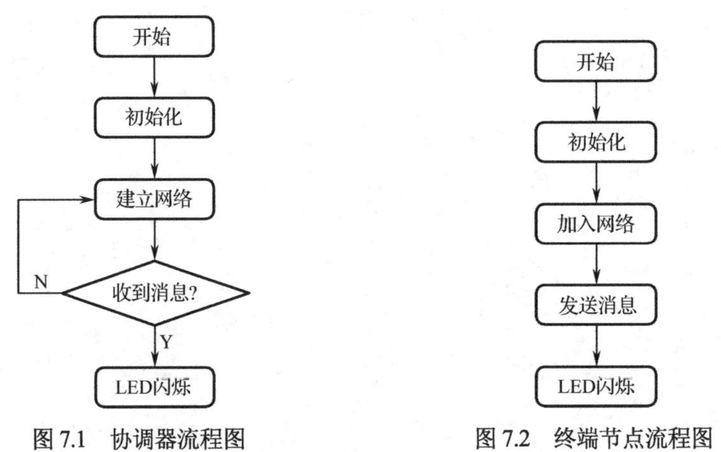

图 7.1　协调器流程图　　图 7.2　终端节点流程图

实验步骤

1）首先应安装 ZStack，安装的过程较为简单，如图 7.3 至图 7.7 所示。

图 7.3　安装步骤（1）

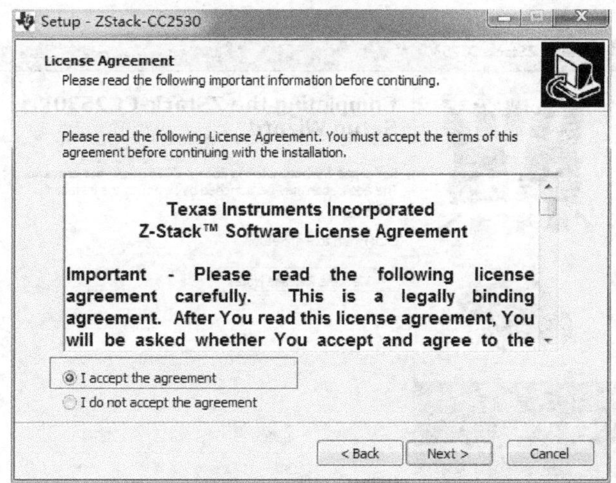

图 7.4　安装步骤（2）

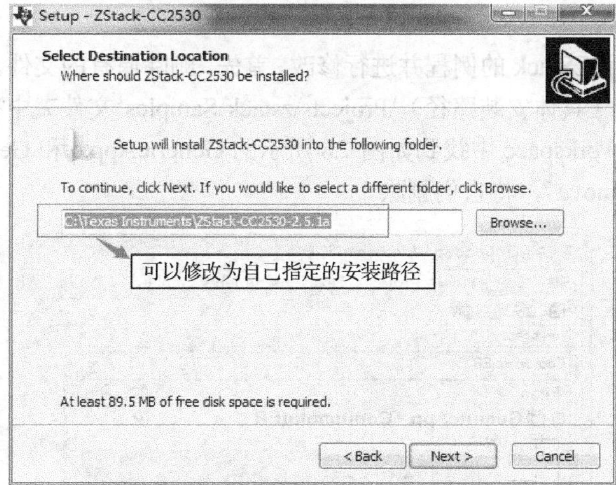

图 7.5　安装步骤（3）

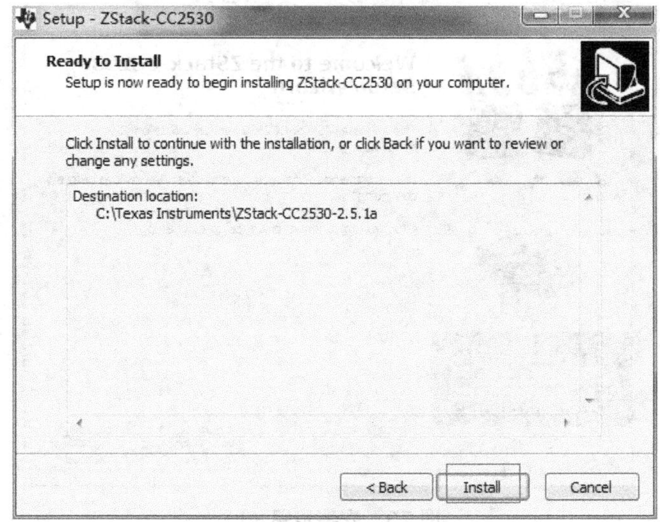

图 7.6　安装步骤（4）

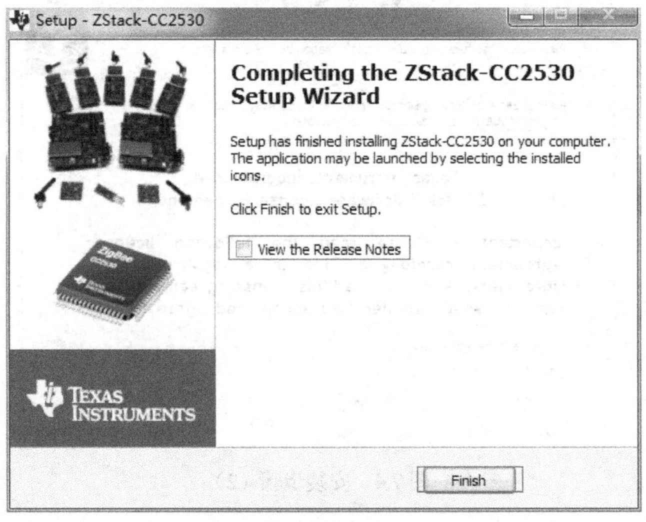

图 7.7　安装步骤（5）

2）进入 IAR，使用 ZStack 的例程并进行修改。首先，删除原有的文件。在 Texas Instruments\ZStack-CC2530-2.5.1a（具体安装路径）\Projects\zstack\Samples 文件夹中找到 GenericApp.eww 工程，并打开它，在 Workspace 中找到如图 7.8 所示的 GenericApp.c 和 GenericApp.h 两个文件，右击，选择菜单“Remove”，将它们删除。

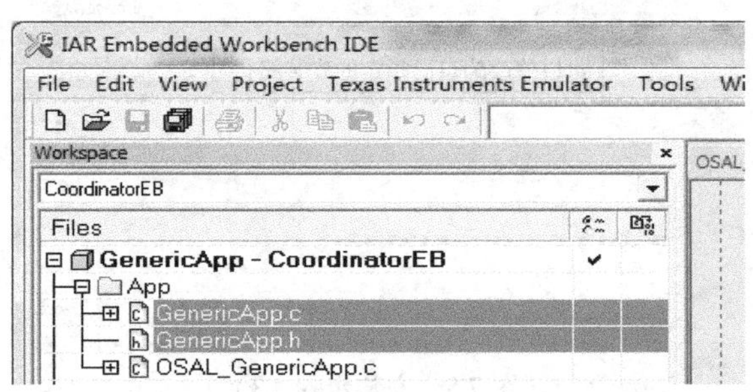

图 7.8　找到 GenericApp.c 和 GenericApp.h 文件

3）新建三个文件并添加到工程中。选择菜单“File→New→File”，新建一个文件，保存为Coordinator.h（协调器头文件），然后用同样的方法新建 Coordinator.c（协调器源程序）和EndDevice.c（终端节点源程序）。

将新建的文件添加到工程中。右击工程，选择菜单“Add→Add Files”，在对话框中选择需要添加的文件。添加完文件后，工程目录如图 7.9 所示。

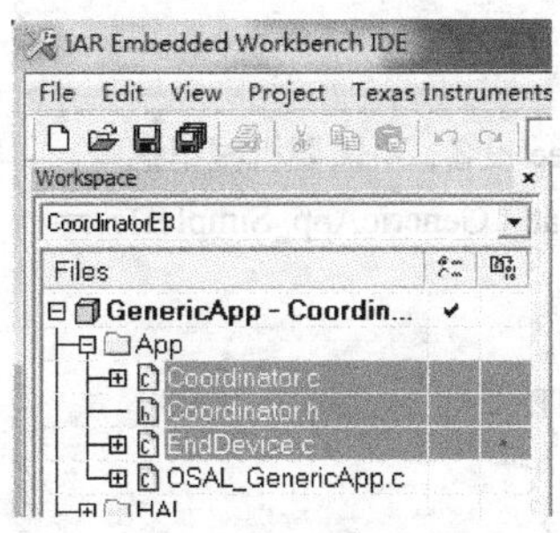

图 7.9　工程目录

4）编写 Coordinator.h 的代码如下：

```
#ifndef COORDINATOR_H
#define COORDINATOR_H
#include "zComDef.h"
#define GENERICAPP_ENDPOINT              10
#define GENERICAPP_PROFID                0x0f10
#define GENERICAPP_DEVICEID              0x0001
#define GENERICAPP_DEVICE_VERSION          0
#define GENERICAPP_FLAGS          0
#define GENERICAPP_MAX_CLUSTERS            1
#define GENERICAPP_CLUSTERID           1
#define Timer1                           0x0002
extern void GenericApp_Init( byte task_id );
extern UINT16 GenericApp_ProcessEvent( byte task_id, UINT16 events );
#endif
```

5）编写 Coordinator.c 的代码如下：

```
#include "OSAL.h"
#include "AF.h"
#include "ZDApp.h"
#include "ZDObject.h"
#include "ZDProfile.h"
#include <string.h>
#include "Coordinator.h"
#include "DebugTrace.h"
#if !defined(WIN32)
#include "OnBoard.h"
#endif
#include "hal_lcd.h"
#include "hal_led.h"
#include "hal_key.h"
```

```
#include "hal_uart.h"
unsigned char Timer1_count;
const cId_t GenericApp_ClusterList[GENERICAPP_MAX_CLUSTERS]=
{

  GENERICAPP_CLUSTERID

};
//以下结构体用于描述 ZigBee 设备，不需要机械记忆
const SimpleDescriptionFormat_t GenericApp_SimpleDesc=
{

  GENERICAPP_ENDPOINT,
  GENERICAPP_PROFID,
  GENERICAPP_DEVICEID,
  GENERICAPP_DEVICE_VERSION,
  GENERICAPP_FLAGS,
  GENERICAPP_MAX_CLUSTERS,
 (cId_t*)GenericApp_ClusterList,
  0,
  (cId_t *)NULL

};
devStates_t GenericApp_NwkState;                    //存储网络状态的变量
endPointDesc_t GenericApp_epDesc;                   //节点描述符
byte GenericApp_TaskID;                             //任务优先级
byte GenericApp_TransID;                            //数据发送序列号
void GenericApp_MessageMSGCB(afIncomingMSGPacket_t *pckt);//消息处理函数
void GenericApp_SendTheMessage(void);               //消息发送函数

//以下为任务初始化函数，格式较为固定
void GenericApp_Init(byte task_id){
   GenericApp_TaskID        =task_id;               //初始化任务优先级
   GenericApp_TransID       =0;                     //将发送数据包的序号初始化为 0
   //ZigBee 中每发送一个数据包,序号自动加 1，接收端可通过查看收到的数据包序号来计算丢包率
   GenericApp_epDesc.endPoint        =GENERICAPP_ENDPOINT;
   GenericApp_epDesc.task_id         =&GenericApp_TaskID;
   GenericApp_epDesc.simpleDesc      =(SimpleDescriptionFormat_t*)&GenericApp_SimpleDesc;
   GenericApp_epDesc.latencyReq    =noLatencyReqs;
   //以上 4 行对节点进行初始化，格式固定,一般不做修改
   afRegister(&GenericApp_epDesc); //进行注册，只有注册后才能使用 OSAL 提供的系统服务
}
//以下为事件处理函数，大部分代码是固定的，需要改变的是 case 里面的代码
UINT16 GenericApp_ProcessEvent(byte task_id,UINT16 events)
{
   afIncomingMSGPacket_t* MSGpkt; //定义了一个指向接收消息结构体的指针
   if(events&SYS_EVENT_MSG)
   {
```

```
        //使用 osal_msg_receive 函数从消息队列中接收消息，其中包含接收的无线数据包
        MSGpkt=(afIncomingMSGPacket_t*)osal_msg_receive(GenericApp_TaskID);
        while(MSGpkt)
        {
            switch(MSGpkt->hdr.event)
            {
                //对接收的消息进行判断，如果为无线数据则进入执行
                case AF_INCOMING_MSG_CMD:
                    GenericApp_MessageMSGCB(MSGpkt);
                    break;
                case ZDO_STATE_CHANGE:        //建立网络后，设置事件
                    GenericApp_NwkState=(devStates_t)(MSGpkt->hdr.status);
                    break;
                default:
                    break;
            }
            osal_msg_deallocate((uint8 *)MSGpkt);//处理完消息后释放内存
            //继续处理其他的接收消息
            MSGpkt=(afIncomingMSGPacket_t*)osal_msg_receive(GenericApp_TaskID);
        }
        return (events ^ SYS_EVENT_MSG);
    }
    if(events&Timer1)
    {
        HalLedSet(HAL_LED_1,HAL_LED_MODE_OFF);
        HalLedSet(HAL_LED_2,HAL_LED_MODE_OFF);//关 LED
        return (events^Timer1);
    }
    return 0;
}

//下述函数部分内容的格式是固定的
void GenericApp_MessageMSGCB(afIncomingMSGPacket_t *pkt)
{
    unsigned char buffer[4]= "      ";
    switch(pkt->clusterId)
    {
        case GENERICAPP_CLUSTERID:
            osal_memcpy(buffer,pkt->cmd.Data,3);//将接收到的数据包复制到缓冲区中
            if((buffer[0]=='L')&&(buffer[1]=='E')&&(buffer[2]=='D'))
            {//判断接收到的数据是不是"LED"
                //Timer1_count = 2;
                HalLedBlink(HAL_LED_1,0,50,500);        //D7 LED 闪烁
                HalLedBlink(HAL_LED_2,0,50,500);        //D6 LED 闪烁
                osal_start_timerEx(GenericApp_TaskID,Timer1,2000);
            }
            break;
    }
}
```

6）将 OSAL_GenericApp.c 文件中的语句“#include "GenericApp.h"”改成语句“#include "Coordinator.h"”。设置 EndDevice.c 不参与编译，右击 EndDevice.c，选择菜单“Options”，在打开的对话框中勾选 Exclude from build 选项，单击 OK 按钮，如图 7.10 所示。

7)在 Workspace 中选择 CoordinatorEB 进行编译，即设置为协调器模式，并设置 EndDevice.c 不参与编译，如图 7.11 所示。

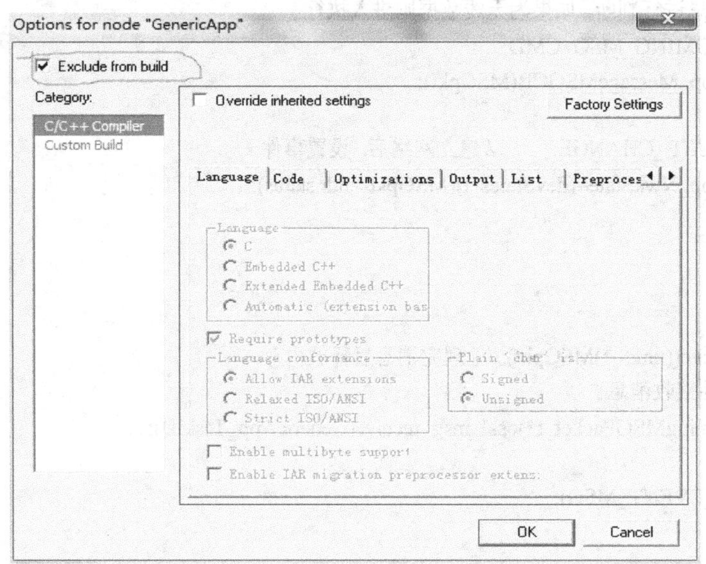

图 7.10　勾选 Exclude from build 选项

图 7.11　设为协调器模式

在下载程序前，需要确保自己设备的网络 ID 和别人的不一样，否则通信会出现相互干扰的现象甚至出现错误。

更改设备的网络 ID（PAN ID）的方法：打开协议栈工程文件夹 Tools 中的 f8wConfig.cfg 文件，找到第 59 行代码“-DZDAPP_CONFIG_PAN_ID=0xFFF2”，修改等号后面的值即可。

如果没显示行号，可在 IAR 中进行设置：选择菜单“Tools→Options”，在对话框左侧选择 Editor 项，在右侧勾选 Show line numbers 选项，如图 7.12 所示。

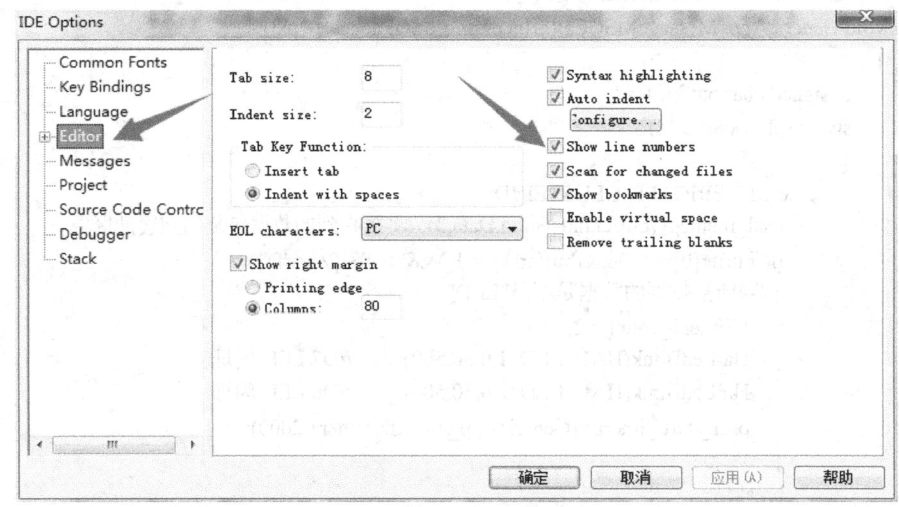

图 7.12　Editor 设置

注：PAN ID 普通的取值范围为 0x0000～0xfffe。特殊取值为 0xffff，当协调器设置为此值时，会建立一个随机 PAN ID 的网络；当路由/终端节点设置为此值时，会搜索并选择附近一个信号较强的 PAN ID 网络加入。

选择菜单"Project→Rebuild All"重新进行编译。编译成功后，选择菜单"Project→Download and Debug"（注：下载前要记得对芯片进行擦除操作），将程序下载到其中一个 CC2530 模块中。这个模块用作协调器。

8）编写 EndDevice.c 的代码如下：

```
#include "OSAL.h"
#include "AF.h"
#include "ZDApp.h"
#include "ZDObject.h"
#include "ZDProfile.h"
#include <string.h>
#include "Coordinator.h"
#include "DebugTrace.h"
#if !defined(WIN32)
#include "OnBoard.h"
#endif
#include "hal_lcd.h"
#include "hal_led.h"
#include "hal_key.h"
#include "hal_uart.h"
/*GENERICAPP_MAX_CLUSTERS 为 Coordinator 头文件定义的宏，
下述代码主要为了跟协议栈中的数据定义格式保持一致*/
const cId_t GenericApp_ClusterList[GENERICAPP_MAX_CLUSTERS]=
{
    GENERICAPP_CLUSTERID
};
//以下代码用于描述终端节点
const SimpleDescriptionFormat_t GenericApp_SimpleDesc=
{
    GENERICAPP_ENDPOINT,
    GENERICAPP_PROFID,
    GENERICAPP_DEVICEID,
    GENERICAPP_DEVICE_VERSION,
    GENERICAPP_FLAGS,
    0,
    (cId_t*)NULL,
    GENERICAPP_MAX_CLUSTERS,
    (cId_t*)GenericApp_ClusterList
};
endPointDesc_t GenericApp_epDesc;            //节点描述符
byte GenericApp_TaskID;                      //任务优先级
byte GenericApp_TransID;                     //发送数据包序号
devStates_t GenericApp_NwkState;             //节点状态保持变量
void GenericApp_MessageMSGCB(afIncomingMSGPacket_t* pckt);//消息处理函数
```

```
void GenericApp_SendTheMessage(void);    //消息发送函数
//任务初始化
void GenericApp_Init(byte task_id)
{
    GenericApp_TaskID = task_id;              //初始化任务优先级
    GenericApp_NwkState =DEV_INIT;            //设备初始化 DEV_INIT，表示该节点没有连接到网络上
    GenericApp_TransID =0;                    //发送数据包序号初始化为 0
    GenericApp_epDesc.endPoint=GENERICAPP_ENDPOINT;
    GenericApp_epDesc.task_id =&GenericApp_TaskID;
    GenericApp_epDesc.simpleDesc=(SimpleDescriptionFormat_t*)&GenericApp_SimpleDesc;
    GenericApp_epDesc.latencyReq=noLatencyReqs;
    //以上格式一般固定不变
    afRegister(&GenericApp_epDesc); //进行注册，只有注册后才能使用 OSAL 提供的系统服务
}

//事件处理函数代码大部分固定不变，如果是终端节点，则发送数据
UINT16 GenericApp_ProcessEvent(byte task_id,UINT16 events)
{
    afIncomingMSGPacket_t* MSGpkt;
    if(events&SYS_EVENT_MSG)
    {
        MSGpkt=(afIncomingMSGPacket_t*)osal_msg_receive(GenericApp_TaskID);
        while(MSGpkt)
        {
            switch(MSGpkt->hdr.event)
            {
                case ZDO_STATE_CHANGE:
                    GenericApp_NwkState=(devStates_t)(MSGpkt->hdr.status);
                    if(GenericApp_NwkState==DEV_END_DEVICE)
                    {
                        osal_start_timerEx(GenericApp_TaskID,Timer1,1000);
                    }
                    break;
                default:
                    break;
            }
            osal_msg_deallocate((uint8*)MSGpkt);
            MSGpkt=(afIncomingMSGPacket_t*)osal_msg_receive(GenericApp_TaskID);
        }
        return (events^SYS_EVENT_MSG);
    }
    if(events&Timer1)
    {
        GenericApp_SendTheMessage();
        osal_start_timerEx(GenericApp_TaskID,Timer1,1000);
        return (events^Timer1);
    }
```

```
        return 0;
    }

    //以下为消息发送函数
    void GenericApp_SendTheMessage(void)
    {
        //定义一个数组，用于存放要发送的消息，AF_DataRequest 的第一个参数就是类型变量
        unsigned char theMessageData[4]="LED";
        afAddrType_t my_DstAddr;                          //定义 afAddrTyp_t 类型的变量
        my_DstAddr.addrMode=(afAddrMode_t)Addr16Bit;      //将发送地址设为单播
        my_DstAddr.endPoint=GENERICAPP_ENDPOINT;          //初始化端口号
        my_DstAddr.addr.shortAddr=0x0000;                 //协调器地址固定为 0x0000
        AF_DataRequest(&my_DstAddr,
                       &GenericApp_epDesc,
                       GENERICAPP_CLUSTERID,
                       3,
                       theMessageData,
                       &GenericApp_TransID,
                       AF_DISCV_ROUTE,
                       AF_DEFAULT_RADIUS);       //调用消息发送函数进行无线发送
        AF_DataRequest(&my_DstAddr,
                       &GenericApp_epDesc,
                       1,
                       4,
                       theMessageData,
                       &GenericApp_TransID,
                       AF_DISCV_ROUTE,AF_DEFAULT_RADIUS);
        HalLedBlink(HAL_LED_1,0,50,500);
        HalLedBlink(HAL_LED_2,0,50,500);
    }
```

9）将 Workspace 设为终端模式（选择 EndDeviceEB），并设置 Coordinator.c 不参与编译，如图 7.13 所示。

图 7.13　设为终端模式

下载程序到作为终端节点的第 2 个 CC2530 模块中。

10）观察两个 CC2530 模块上的 LED 闪烁情况。

协调器先上电，建立网络（LED3 黄灯常亮），接着终端节点上电，加入网络（LED3 黄灯常亮），终端节点每隔 1s 向协调器发送一次数据，发送时 LED1、LED2 闪烁；协调器接收终端节点发来的数据，接收到时 LED1、LED2 闪烁；当关闭终端节点后，协调器接收不到数据，LED1、LED2 将停止闪烁。

11）生成可烧写的.hex 文件。

若要生成可烧写的.hex 文件，需要设置 Linker，如图 7.14 所示。

此外，还必须修改协议栈 Tools 文件夹中的 f8w2530.xcl 文件，找到第 209 和 210 行代码，如图 7.15 所示，在前面添加“//”使之不能执行（注释掉）。

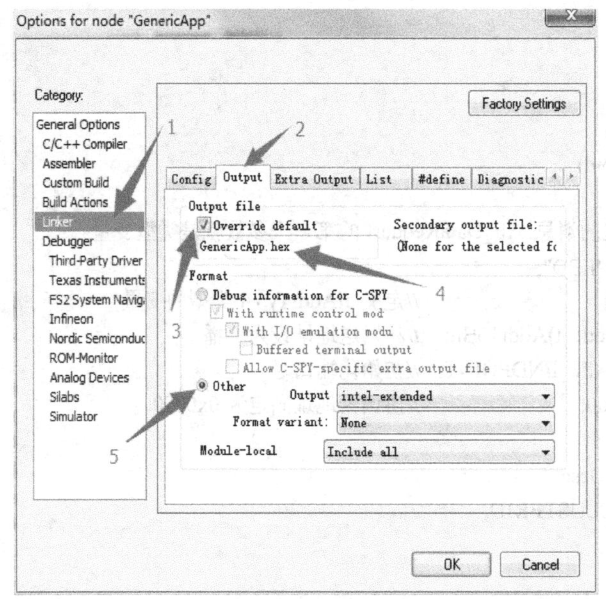

图 7.14　设置 Linker

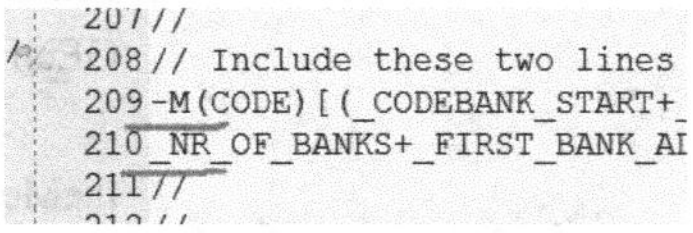

```
207//
208// Include these two lines
209-M(CODE)[(_CODEBANK_START+_
210_NR_OF_BANKS+_FIRST_BANK_AI
211//
```

图 7.15　第 209 和 210 行代码

这样就可以用 Flash Programmer 软件把生成的.hex 文件烧写到 CC2530 模块里面了。

思考题

1．ZigBee 网络中什么叫“点播”？

2．点播有何缺点？如何解决？

7.2　ZigBee 网络通信实验之组播

实验目的

进一步掌握利用 ZStack 的 API 功能实现无线通信的步骤和方法。

编程实现利用 ZStack 的 API 功能在节点间进行组播通信。

实验环境

硬件：PC 机，CC2530 模块，CC2530 仿真器。

软件：Windows 7，IAR 集成开发环境，串口调试助手。

实验内容

使用三个 CC2530 模块实现组播通信。

实验原理

本实验使用三个 CC2530 模块，一个作为协调器，另外两个作为路由节点。协调器以组播的形式循环向同一组中的路由节点 Router1 和 Router2 发送消息，路由节点收到消息后，改变其上 LED 的状态，同时向协调器发送“Router received!”消息，协调器接收到消息后，消息通过串口输出到 PC 机中。组播通信原理图如图 7.16 所示。

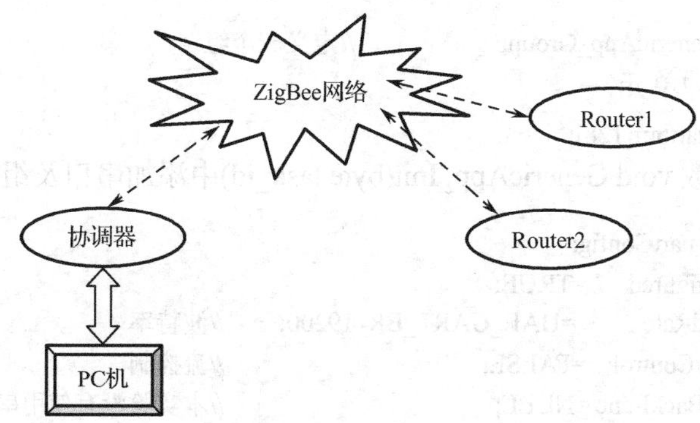

图 7.16　组播通信原理图

实验步骤

1）确认已安装 ZStack。

2）准备三个 CC2530 模块。

3）进入 IAR，打开 GenericApp.eww 工程。

4）删除原有文件。选择 GenericApp.c 和 GenericApp.h 文件，如图 7.17 所示，并将其删除。

5）新建三个文件，文件名分别为 Coordinator.h、Coordinator.c 和 Router.c。

6）将新建的三个文件添加到工程中，工程目录如图 7.18 所示。

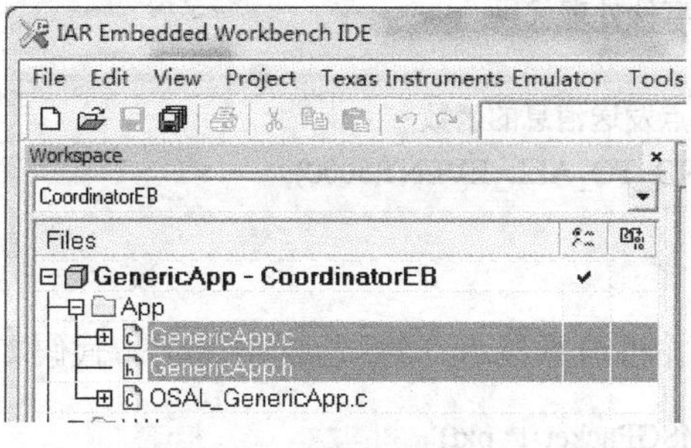

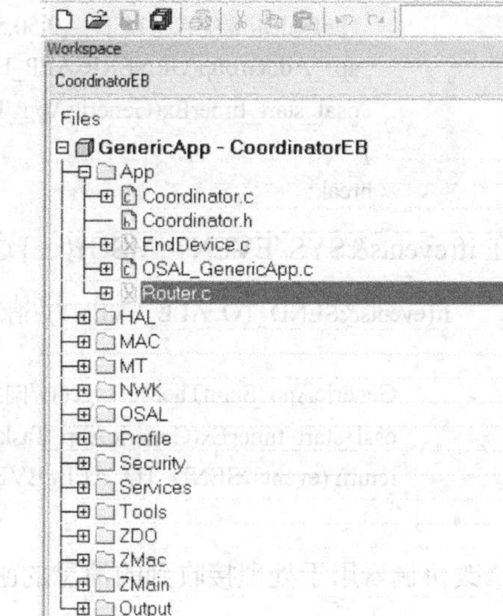

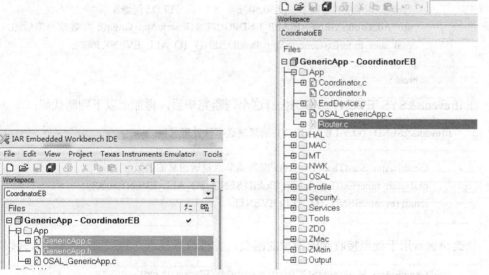

图 7.17　选择 GenericApp.c 和 GenericApp.h 文件

图 7.18　工程目录

7）Coordinator.h 的代码可参照 7.1 节的代码。Coordinator.c 的代码需要做较多修改。Coordinator.c 的代码修改如下。

添加需要用到组播的头文件：

```
#include "aps_groups.h"
```

添加发送事件定义：

```
#define SEND_TO_ALL_EVENT       0x01
```

添加组定义：

```
aps_Group_t GenericApp_Group;                    //定义一个组
```

定义串口收发缓冲单元：

```
unsigned char uartbuf[128];
```

在任务初始化函数 void GenericApp_Init(byte task_id)中添加串口及组的初始化代码：

```
halUARTCfg_t uartConfig;
uartConfig.configured    =TRUE;
uartConfig.baudRate      =HAL_UART_BR_19200;      //波特率
uartConfig.flowControl   =FALSE;                  //流控制
uartConfig.callBackFunc =NULL;                    //本实验没有使用串口的回调函数
HalUARTOpen(0,&uartConfig);                       //串口是否打开
GenericApp_Group.ID=0x0001;                       //初始化组号
GenericApp_Group.name[0]=6;                       //组名的长度
osal_memcpy(&(GenericApp_Group.name[1]),"Group1",6);//组名的写入
```

在协调器消息处理函数 GenericApp_ProcessEvent(byte task_id,UINT16 events)中添加以下代码，判断网络是否建立成功并加入组：

```
case AF_INCOMING_MSG_CMD:
        GenericApp_MessageMSGCB(MSGpkt);
case ZDO_STATE_CHANGE:                            //建立网络后，设置事件
      GenericApp_NwkState=(devStates_t)(MSGpkt->hdr.status);
      if(GenericApp_NwkState==DEV_ZB_COORD)    //该节点已被初始化为协调器
      {
       HalLedBlink(HAL_LED_2,0,50,500);            //LED2 闪烁
       aps_AddGroup(GENERICAPP_ENDPOINT,&GenericApp_Group);  //建立网络后加入组
       osal_start_timerEx(GenericApp_TaskID,SEND_TO_ALL_EVENT,5000);
      }
      break;
```

在 if(events&SYS_EVENT_MSG){…}这个判断完毕后，再加上以下判断代码：

```
if(events&SEND_TO_ALL_EVENT)//消息发送事件处理代码
  {
    GenericApp_SendTheMessage();//向终端节点发送消息的函数
    osal_start_timerEx(GenericApp_TaskID,SEND_TO_ALL_EVENT,5000);
    return (events^SEND_TO_ALL_EVENT);
  }
```

修改协调器用于处理接收到的消息的函数，并将消息显示到 PC 机的屏幕上，代码如下：

```
void GenericApp_MessageMSGCB(afIncomingMSGPacket_t* pkt)
{
  char buf[20];
  unsigned char buffer[2]={0x0a,0x0d};
  switch(pkt->clusterId)
  {
  case GENERICAPP_CLUSTERID:
    osal_memcpy(buf,pkt->cmd.Data,20);
    HalUARTWrite(0,buf,20);
    HalUARTWrite(0,buffer,2);
```

```
    }
}
```

添加协调器消息发送函数，代码如下：

```
void GenericApp_SendTheMessage(void)
{
  unsigned char* theMessageData ="Coordinator send!";
  afAddrType_t my_DstAddr;
  my_DstAddr.addrMode=(afAddrMode_t)AddrGroup;
  my_DstAddr.endPoint=GENERICAPP_ENDPOINT;
  my_DstAddr.addr.shortAddr=GenericApp_Group.ID;//网络地址填的是组 ID
  AF_DataRequest(&my_DstAddr,&GenericApp_epDesc,GENERICAPP_CLUSTERID,
   osal_strlen(theMessageData)+1,theMessageData,
      &GenericApp_TransID,AF_DISCV_ROUTE,AF_DEFAULT_RADIUS);
}
```

选择 Workspace 为协调器模式，然后重新编译工程。

8）将 CC2530 仿真器连接到其中一个 CC2530 模块上，CC2530 模块上电，然后下载程序到其中。此节点为协调器。

9）编写路由节点的代码。可以通过修改 7.1 节的 EndDevice.c 文件得到 Router.c 的代码，做如下修改。

增加需要用到的组函数头文件：

```
#include "aps_groups.h"
```

添加发送事件 ID：

```
#define SEND_DATA_EVENT 0x01
```

定义组变量：

```
aps_Group_t GenericApp_Group;
```

在任务初始化函数 void GenericApp_Init(byte task_id)中添加组的初始化代码：

```
GenericApp_Group.ID=0x0001;                                   //组号初始化
GenericApp_Group.name[0]=6;
osal_memcpy(&(GenericApp_Group.name[1]),"Group1",6);          //组名
```

添加接收判断代码，并将消息队列中的判断网络状态改成判断路由器状态，并将当前节点添加到组中，代码如下：

```
switch(MSGpkt->hdr.event)
{
   case AF_INCOMING_MSG_CMD:
      GenericApp_MessageMSGCB(MSGpkt);
   case ZDO_STATE_CHANGE:
      GenericApp_NwkState=(devStates_t)(MSGpkt->hdr.status);
      if(GenericApp_NwkState==DEV_ROUTER)
      {
         aps_AddGroup(GENERICAPP_ENDPOINT,&GenericApp_Group); //加入组中
      }
      break;
   default:
```

```
        break;
    }
```

添加接收消息判断函数，如果接收到协调器发送的消息，则调用 GenericApp_MessageMSGCB(afIncomingMSGPacket_t *pkt)，代码如下：

```
void GenericApp_MessageMSGCB(afIncomingMSGPacket_t *pkt)
{
    char* recvbuf;
    switch(pkt->clusterId)
    {
        case GENERICAPP_CLUSTERID:
            HalLedBlink(HAL_LED_1,0,50,500);            //LED1 闪烁
            osal_memcpy(recvbuf,pkt->cmd.Data,osal_strlen("Coordinator send!")+1);
            if(osal_memcmp(recvbuf,"Coordinator send!",osal_strlen("Coordinator send!")+1))
            {
                HalLedBlink(HAL_LED_2,0,50,500);        //LED2 闪烁
                GenericApp_SendTheMessage();
            }
            else
            {
                //other
                        ;
            }
        break;
    }
}
```

修改消息发送函数 GenericApp_SendTheMessage(void)如下：

```
void GenericApp_SendTheMessage(void)
{
    unsigned char *theMessageData="Router received!";//存放要发送的消息
    afAddrType_t my_DstAddr;
    //数据发送模式, 可选: 单播, 广播, 多播, 这里选 Addr16Bit 表示单播
    my_DstAddr.addrMode=(afAddrMode_t)Addr16Bit;
    my_DstAddr.endPoint=GENERICAPP_ENDPOINT;    //初始化端口函数
    //目的地址, 这里是协调器的地址
    my_DstAddr.addr.shortAddr=0x0000;
    //下面是消息发送函数
    AF_DataRequest(&my_DstAddr, &GenericApp_epDesc, GENERICAPP_CLUSTERID,
                osal_strlen(theMessageData)+1, theMessageData, &GenericApp_ TransID,
                AF_DISCV_ROUTE,AF_DEFAULT_RADIUS);
}
```

然后重新编译工程，注意选择 Workspace 为 RouterEB（路由器模式）。

10）将 CC2530 仿真器连接到第 2 个 CC2530 模块上，CC2530 模块上电，然后下载程序到其中。此节点为路由节点 Router1。

11）修改 Router.c 的代码将消息队列中判断网络状态后执行的代码注释掉：

```
aps_AddGroup(GENERICAPP_ENDPOINT,&GenericApp_Group);
```

然后重新进行编译。

12）将 CC2530 仿真器连接到第 3 个 CC2530 模块上，CC2530 模块上电，然后下载程序到其中。此节点为路由节点 Router2。

13）用串口线将协调器与 PC 机连接起来。

14）协调器的 LED0 开始闪烁，当建立好网络后，LED0 和 LED1 都会闪烁。

15）当有数据包进行收发时，协调器和 Router1 的 LED0 和 LED1 会闪烁，Router2 的 LED2 不亮。

16）启动串口调试助手，设置波特率为 19200bps，设置 8 位数据位、1 位停止位，无硬件流控。观察串口输出的广播给路由节点后接收到的路由节点发送的消息是否为“Router received!”。

17）本实验里跟协调器进行组播通信的角色是路由节点，若想用终端节点来进行组播通信，需要修改协议栈 Tools 文件夹中的 f8wConfig.cfg 文件里面的代码，把第 163 行代码“-DRFD_RCVC_ALWAYS_ON=FALSE”中的 FALSE 改为 TRUE 即可。

思考题

1．ZigBee 网络中什么叫组播？

2．组播相比于点播有何优点？

7.3　ZigBee 网络通信实验之广播

实验目的

进一步掌握利用 ZStack 的 API 功能实现无线通信的步骤和方法。

编程实现利用 ZStack 的 API 功能在节点间进行广播通信。

实验环境

硬件：PC 机，CC2530 模块，CC2530 仿真器。

软件：Windows 7，IAR 集成开发环境，串口调试助手。

实验内容

利用三个 CC2530 模块实现广播通信。

实验原理

本实验使用三个 CC2530 模块，一个作为协调器，另外两个作为终端节点。协调器周期性地以广播的形式向终端节点 EndDevice1 和 EndDevice2 发送消息，终端节点接到消息后，改变其 LED 的状态，同时向协调器发送字符串“EndDevice received!”；协调器接收到终端节点发回的消息后，通过串口输出到 PC 机中。广播通信原理图如图 7.19 所示。

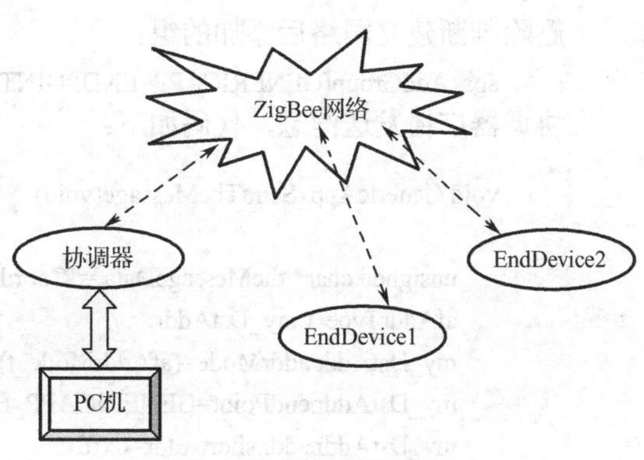

图 7.19　广播通信原理图

实验步骤

1）确认已安装 ZStack。

2）准备三个 CC2530 模块。

3）进入 IAR，打开 GenericApp.eww 工程。

4）删除 GenericApp.c 和 GenericApp.h 两个原有的文件。

5）新建三个文件，文件名分别为 Coordinator.h、Coordinator.c 和 EndDevice.c。

6）将创建好的文件添加到工程中，工程目录如图 7.20 所示。

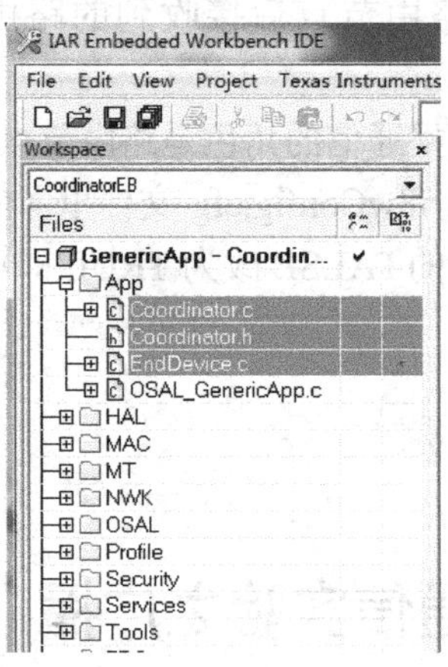

图 7.20　工程目录

7）Coordinator.h 的代码参照 7.2 节的代码，Coordinator.c 的代码需要做较多修改。Coordinator.c 的代码具体修改如下。

删除包含的头文件：

```
#include "aps_groups.h"
```

删除组定义：

```
aps_Group_t GenericApp_Group;
```

删除初始化代码：

```
GenericApp_Group.ID=0x0001;
GenericApp_Group.name[0]=6;
osal_memcpy(&(GenericApp_Group.name[1]),"Group1",6);
```

删除判断建立网络后添加的组：

```
aps_AddGroup(GENERICAPP_ENDPOINT,&GenericApp_Group);
```

协调器广播发送消息，代码如下：

```
void GenericApp_SendTheMessage(void)
{
    unsigned char* theMessageData ="Coordinator send!";
    afAddrType_t my_DstAddr;
    my_DstAddr.addrMode=(afAddrMode_t)AddrBroadcast;
    my_DstAddr.endPoint=GENERICAPP_ENDPOINT;
    my_DstAddr.addr.shortAddr=0xffff;
    AF_DataRequest(&my_DstAddr,&GenericApp_epDesc,GENERICAPP_CLUSTERID,
                   osal_strlen(theMessageData)+1,theMessageData,
```

```
        &GenericApp_TransID,AF_DISCV_ROUTE,AF_DEFAULT_RADIUS);
}
```

8）将 CC2530 仿真器连接到其中一个 CC2530 模块上，CC2530 模块上电，注意选择协调器模式，EndDevice.c 不参与编译，如图 7.21 所示。

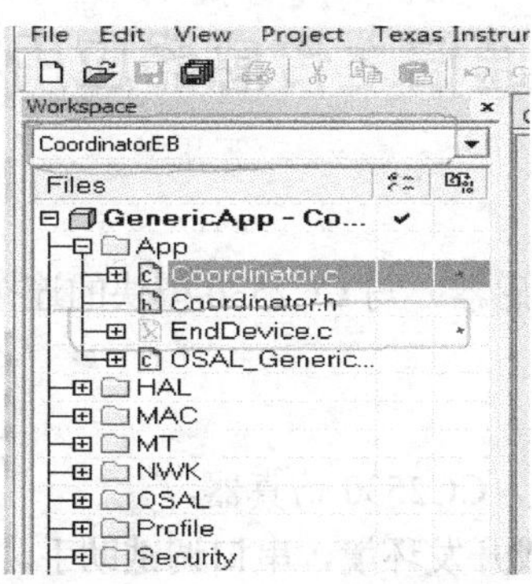

图 7.21　选择协调器模式

然后进行编译，编译完成后，下载程序到 CC2530 模块上。此节点为协调器。

9）参照 7.2 节的代码对 EndDevice.c 的代码做如下修改。

修改消息发送函数如下：

```
void GenericApp_SendTheMessage(void)
{
    unsigned char *theMessageData="EndDevice received!";//存放要发送的消息
    afAddrType_t my_DstAddr;
    my_DstAddr.addrMode=(afAddrMode_t)Addr16Bit;//消息发送模式，这里选择 Addr16Bit
    my_DstAddr.endPoint=GENERICAPP_ENDPOINT;//初始化端口函数
    my_DstAddr.addr.shortAddr=0x0000;  //目的地址，这里是协调器的地址
    //消息发送函数
    AF_DataRequest(&my_DstAddr,&GenericApp_epDesc,GENERICAPP_CLUSTERID,
                   osal_strlen(theMessageData)+1,theMessageData,&GenericApp_TransID,
                   AF_DISCV_ROUTE,AF_DEFAULT_RADIUS);
}
```

EndDevice.c 的代码修改完毕，重新进行编译。

选择终端模式，Coordinator.c 不参与编译，如图 7.22 所示。

将 CC2530 仿真器连接到第 2 个 CC2530 模块上，CC2530 模块上电，然后下载程序到其中。此节点为终端节点 EndDevice1。

10）用相同方法连接第 3 个 CC2530 模块，并下载程序到其中，此节点为终端节点 EndDevice2。

11）用串口线将协调器与 PC 机连接起来。

12）当建立好网络后，协调器的 LED2 会闪烁。

13）当有数据包进行收发时，协调器的 LED1 会闪烁。

14）启动串口调试助手，设置波特率为 19200bps，设置 8 位数据位、1 位停止位，无硬件流控。观察串口输出的广播给终端节点后接收到终端节点发送的消息是否为“EndDevice received!”。

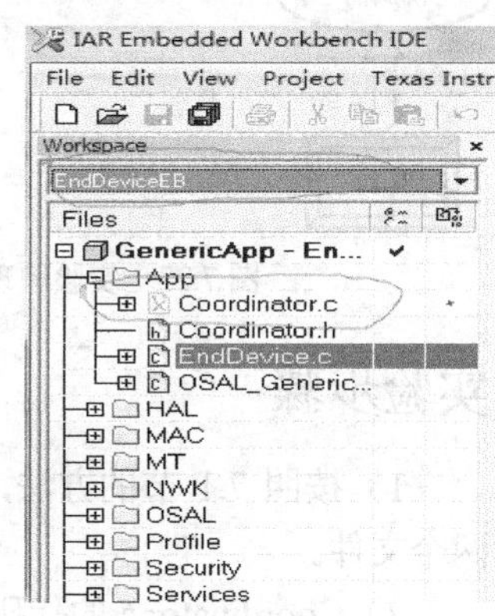

图 7.22　选择终端模式

思考题

1. ZigBee 网络中什么叫广播?

2. 广播有何缺点?

7.4 ZigBee 网络通信之传感器应用实验

实验目的

掌握常用传感器（温湿度传感器）与 CC2530 模块的连接方法。

实验环境

硬件：PC 机，CC2530 模块，CC2530 仿真器。

软件：Windows 7，IAR 集成开发环境，串口调试助手。

实验内容

编程实现 CC2530 模块利用传感器获取温度、湿度数据。

编程实现把获取的物理量（传感器采集到的温度、湿度数据）通过无线网络以单播的方式传给协调器，而协调器通过串口把数据传给 PC 机。

实验原理

协调器建立 ZigBee 网络，终端节点自动加入该网络中，终端节点通过温湿度传感器循环采集温度、湿度数据并将其发送给协调器，协调器收到数据后通过串口将其输出到 PC 机中，如图 7.23 所示。

协调器流程图如图 7.24 所示，终端节点流程图如图 7.25 所示。

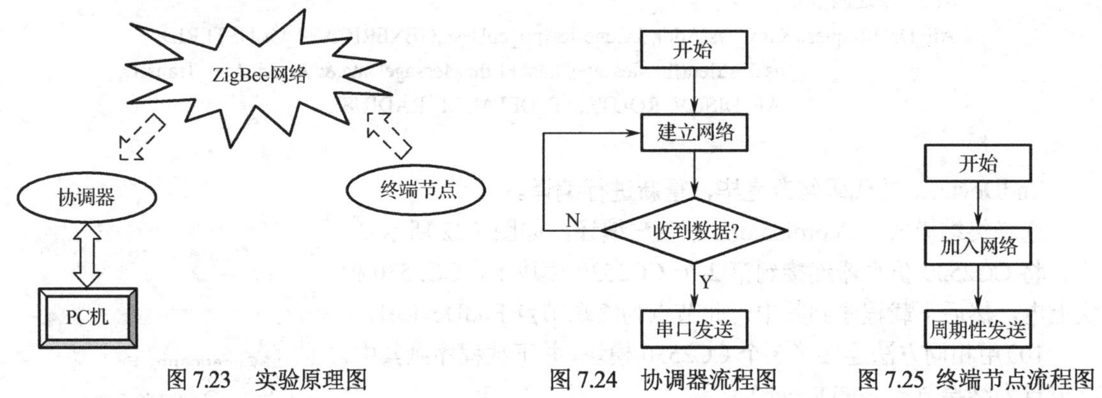

图 7.23　实验原理图　　图 7.24　协调器流程图　　图 7.25 终端节点流程图

实验步骤

1）按照 7.1 节的方法，打开 GenericApp.eww 工程，并新建 Coordinator.c 和 EndDevice.c 两个文件。

2）Coordinator.c 的代码如下：

```
#include "OSAL.h"
#include "AF.h"
```

```
#include "ZDApp.h"
#include "ZDObject.h"
#include "ZDProfile.h"
#include <string.h>
#include "Coordinator.h"
#include "DebugTrace.h"
#if !defined(WIN32)
#include "OnBoard.h"
#endif
#include "hal_led.h"
#include "hal_uart.h"
#define LED1      P1_0
#define LED2      P1_1
#define LED1ON  {P1_0 = 1;}
#define LED1OFF {P1_0 = 0;}
#define LED2ON  {P1_1 = 1;}
#define LED2OFF {P1_1 = 0;}
const cId_t GenericApp_ClusterList[GENERICAPP_MAX_CLUSTERS]=
{
  GENERICAPP_CLUSTERID
};
//以下结构体用于描述 ZigBee 设备，不需要机械记忆
const SimpleDescriptionFormat_t GenericApp_SimpleDesc=
{
  GENERICAPP_ENDPOINT,
  GENERICAPP_PROFID,
  GENERICAPP_DEVICEID,
  GENERICAPP_DEVICE_VERSION,
  GENERICAPP_FLAGS,
  GENERICAPP_MAX_CLUSTERS,
 (cId_t*)GenericApp_ClusterList,
  0,
  (cId_t *)NULL
};
devStates_t GenericApp_NwkState;            //存储网络状态的变量
endPointDesc_t GenericApp_epDesc;           //节点描述符
byte GenericApp_TaskID;                     //任务优先级
byte GenericApp_TransID;                    //发送数据包序号
void GenericApp_MessageMSGCB(afIncomingMSGPacket_t *pckt);//消息处理函数
void GenericApp_SendTheMessage(void);       //消息发送函数
//以下为任务初始化函数，格式较为固定
void GenericApp_Init(byte task_id){
   GenericApp_TaskID       =task_id;        //初始化任务优先级
   //每发送一个数据包,序号自动加 1，接收端可通过查看收到的序号来计算丢包率
   GenericApp_TransID      =0;
   GenericApp_epDesc.endPoint      =GENERICAPP_ENDPOINT;
   GenericApp_epDesc.task_id       =&GenericApp_TaskID;
   GenericApp_epDesc.simpleDesc    =(SimpleDescriptionFormat_t*)&GenericApp_SimpleDesc;
```

```
    GenericApp_epDesc.latencyReq    =noLatencyReqs;
    //以上 4 行对节点进行初始化，格式固定,一般不做修改
    afRegister(&GenericApp_epDesc); //进行注册，只有注册后才能使用 OSAL 提供的系统服务
    halUARTCfg_t uartConfig;
    uartConfig.configured      =TRUE;
    uartConfig.baudRate        =HAL_UART_BR_115200;        //波特率
    uartConfig.flowControl     =FALSE;                     //流控制
    uartConfig.callBackFunc =NULL;                         //本实验没有使用串口的回调函数
    HalUARTOpen(0,&uartConfig);                            //串口打开
}
//消息处理函数
UINT16 GenericApp_ProcessEvent(byte task_id,UINT16 events)
{
    afIncomingMSGPacket_t* MSGpkt; //定义一个指向接收消息结构体的指针
    if(events&SYS_EVENT_MSG)
    {//使用 osal_msg_receive 函数从消息队列上接收消息，该消息中包含了接收到的无线数据包
        MSGpkt=(afIncomingMSGPacket_t*)osal_msg_receive(GenericApp_TaskID);
        while(MSGpkt)
        {
            switch(MSGpkt->hdr.event)
            {
                case AF_INCOMING_MSG_CMD://如果为无线数据包则进入执行
                    LED1ON;
                    GenericApp_MessageMSGCB(MSGpkt);
                    break;
                case ZDO_STATE_CHANGE:   //建立网络后设置事件
                    GenericApp_NwkState=(devStates_t)(MSGpkt->hdr.status);
                    break;
                default:
                    break;
            }
            osal_msg_deallocate((uint8 *)MSGpkt);//处理完消息后释放内存
            //继续处理其他接收的消息
            MSGpkt=(afIncomingMSGPacket_t*)osal_msg_receive(GenericApp_TaskID);
        }
      return (events ^ SYS_EVENT_MSG);
    }
    return 0;
}

//下述函数格式是固定的
void GenericApp_MessageMSGCB(afIncomingMSGPacket_t *pkt)
{
    unsigned char buffer[4]= "    ";
    switch(pkt->clusterId)
    {
      case GENERICAPP_CLUSTERID:
        osal_memcpy(buffer,pkt->cmd.Data,4);   //将接收到的数据包复制到缓冲区中
```

```
            HalUARTWrite(0,"Tem:",4);
            HalUARTWrite(0,buffer,2);                    //往串口发送温度数据
            HalUARTWrite(0," ℃   ",4);
            HalUARTWrite(0,"Hum:",4);
            HalUARTWrite(0,&buffer[2],2);                //往串口发送湿度数据
            HalUARTWrite(0," %   ",4);
            HalUARTWrite(0,"\r\n",2);
            break;
        }
        LED1OFF;
    }
```

在工程 App 文件夹中新建两个文件：dht11.c 和 dht11.h。传感器获取温度、湿度数据的方法可以参考 3.2 节，本实验关注的是怎么将数据从终端节点发送给协调器。在 dht11.h 中主要定义引脚、串口和实现函数，代码如下：

```
#include <ioCC2530.h>
#include <stdio.h>
#define        PIN_OUT         (P0DIR |= 0x40)        //定义 P0_6 口方向输出
#define        PIN_IN          (P0DIR &=  ~0x40)      //定义 P0_6 口方向输入
#define        PIN_CLR         (P0_6 = 0)             //定义清除引脚
#define        PIN_SET         (P0_6 = 1)             //定义设置引脚
#define        PIN_R           (P0_6)                 //定义重设引脚
#define        COM_IN              PIN_IN             //端口输入
#define        COM_OUT             PIN_OUT            //端口输出
#define        COM_CLR             PIN_CLR            //端口清除
#define        COM_SET             PIN_SET            //端口设置
#define        COM_R               PIN_R              //端口重置
#define CLKSPD1    ( CLKCONCMD & 0x07 ) //CLKCONCMD 的第 7 位置 1，否则将第 7 位清零
static char dht11_read_bit(void);                     //读取位的方法
static unsigned char dht11_read_byte(void);           //读取 8 位（1 字节）
void dht11_io_init(void);                             //I/O 口初始化
unsigned char dht11_temp(void);                       //返回温度数据
unsigned char dht11_humidity(void);                   //返回湿度数据
void dht11_update(void);                              //更新数据
void halWait(unsigned char wait);                     //延时
```

dht11.c 中主要实现 dht11.h 中所定义的函数，代码如下：

```
#include "dht11.h"
unsigned char sTemp;
unsigned char sHumidity;
void halWait(unsigned char wait)
{
    unsigned long largeWait;
    if(wait == 0)   {return;}
    largeWait = ((unsigned short) (wait << 7));
    largeWait += 114*wait;
    largeWait = (largeWait >> CLKSPD1);
    while(largeWait--);
```

```
    return;
}
//根据电平的高或低返回 0 或 1，小于 30 微秒的为低电平
#pragma optimize=none
static char dht11_read_bit(void)
{
    int i = 0;
    while (!COM_R);
    for (i=0; i<200; i++) {
        if (COM_R == 0) break;
    }
    if (i<30)return 0;   //30us
    return 1;
}
//读取 8 位
#pragma optimize=none
static unsigned char dht11_read_byte(void)
{
    unsigned char v = 0, b;
    int i;
    for (i=7; i>=0; i--) {
        b = dht11_read_bit();
        v |= b<<i;
    }
    return v;
}
void dht11_io_init(void)
{
    P0SEL   &=  ~0x20;          //P1 为普通 I/O 口
    COM_OUT;
    COM_SET;
}
//返回温度数据
unsigned char dht11_temp(void)
{
    return sTemp;
}
//返回湿度数据
unsigned char dht11_humidity(void)
{
    return sHumidity;
}
void dht11_update(void)
{
    int flag = 1;
    unsigned char dat1, dat2, dat3, dat4, dat5, ck;
    dht11_io_init();
    //主机拉低 18 毫秒
```

```
        COM_CLR;
        halWait(18);
        COM_SET;
        flag = 0;
        while (COM_R && ++flag);
        if (flag == 0) return;
        //总线由上拉电阻拉高，主机延时 20 微秒
        //主机设为输入，判断从机的响应信号
        //判断从机是否有低电平的响应信号，若无则跳出，若有则继续执行
        flag = 0;
        while (!COM_R && ++flag);
        if (flag == 0) return;
        flag = 0;
        while (COM_R && ++flag);
        if (flag == 0) return;
        dat1 = dht11_read_byte(); //第 1 组 8bit 湿度整数数据
        dat2 = dht11_read_byte(); //第 2 组 8bit 湿度小数数据
        dat3 = dht11_read_byte(); //第 3 组 8bit 温度整数数据
        dat4 = dht11_read_byte(); //第 4 组 8bit 温度小数数据
        dat5 = dht11_read_byte(); //第 5 组校验和，数据传送正确时校验和等于前面 4 组之和
        ck = dat1 + dat2 + dat3 + dat4;
        //验证第 5 组校验和是否与前 4 组之和相等
        //如果相等，则将温度和湿度进行赋值
        if (ck == dat5) {
            sTemp = dat3;
            sHumidity = dat1;
        }
        //printf("湿度: %u%%  温度: %u℃  \r\n", dat1, dat3);
    }
```

获取温度、湿度数据的代码已经编写完毕，只要在终端中进行调用即可。EndDevice.c 的代码如下：

```
    #include "OSAL.h"
    #include "AF.h"
    #include "ZDApp.h"
    #include "ZDObject.h"
    #include "ZDProfile.h"
    #include <string.h>
    #include "Coordinator.h"
    #include "DebugTrace.h"
    #if !defined(WIN32)
    #include "OnBoard.h"
    #endif
    #include "hal_led.h"
    #include "hal_uart.h"
    #include "dht11.h"
    #define Timer1    0x0001
    #define LED1ON    {P1_0 = 1;}
```

```
#define LED1OFF {P1_0 = 0;}
#define LED2ON   {P1_1 = 1;}
#define LED2OFF {P1_1 = 0;}
//GENERICAPP_MAX_CLUSTERS 为 Coordinator 头文件中定义的宏
//下述代码主要为了跟栈协议中的数据定义格式保持一致
const cId_t GenericApp_ClusterList[GENERICAPP_MAX_CLUSTERS]=
{
   GENERICAPP_CLUSTERID
};
//下述代码用于描述终端节点
const SimpleDescriptionFormat_t GenericApp_SimpleDesc=
{
   GENERICAPP_ENDPOINT,
   GENERICAPP_PROFID,
   GENERICAPP_DEVICEID,
   GENERICAPP_DEVICE_VERSION,
   GENERICAPP_FLAGS,
   0,
   (cId_t*)NULL,
   GENERICAPP_MAX_CLUSTERS,
   (cId_t*)GenericApp_ClusterList
};
endPointDesc_t GenericApp_epDesc;           //节点描述符
byte GenericApp_TaskID;                     //任务优先级
byte GenericApp_TransID;                    //发送数据包序号
devStates_t GenericApp_NwkState;            //节点状态保持变量
void GenericApp_MessageMSGCB(afIncomingMSGPacket_t* pckt);//消息处理函数
void GenericApp_SendTheMessage(void);       //消息发送函数
//任务初始化函数
void GenericApp_Init(byte task_id)
{
   GenericApp_TaskID       = task_id;        //初始化任务优先级
   GenericApp_NwkState     =DEV_INIT;        //设备初始化 DEV_INIT，表示该节点没有连接到网络中
   GenericApp_TransID      =0;               //发送数据包序号初始化为 0
   GenericApp_epDesc.endPoint=GENERICAPP_ENDPOINT;
   GenericApp_epDesc.task_id =&GenericApp_TaskID;
   GenericApp_epDesc.simpleDesc=(SimpleDescriptionFormat_t*)&GenericApp_SimpleDesc;
   GenericApp_epDesc.latencyReq=noLatencyReqs;
   //以上内容一般固定不变
   afRegister(&GenericApp_epDesc); //进行注册，只有注册后才能使用 OSAL 提供的系统服务
}
//事件处理函数代码大部分固定不变
UINT16 GenericApp_ProcessEvent(byte task_id,UINT16 events)
{
   afIncomingMSGPacket_t* MSGpkt;
   if(events&SYS_EVENT_MSG)
   {
      MSGpkt=(afIncomingMSGPacket_t*)osal_msg_receive(GenericApp_TaskID);
```

```
        while(MSGpkt)
        {
            switch(MSGpkt->hdr.event)
            {
                case ZDO_STATE_CHANGE:
                    GenericApp_NwkState=(devStates_t)(MSGpkt->hdr.status);
                    if(GenericApp_NwkState==DEV_END_DEVICE)
                    {
                        osal_start_timerEx(GenericApp_TaskID,Timer1,1000);
                    }
                    break;
                default:
                    break;
            }
            osal_msg_deallocate((uint8*)MSGpkt);
            MSGpkt=(afIncomingMSGPacket_t*)osal_msg_receive(GenericApp_TaskID);
        }
        return (events^SYS_EVENT_MSG);
    }
    if(events&Timer1)
    {
        GenericApp_SendTheMessage();
        osal_start_timerEx(GenericApp_TaskID,Timer1,1000);
        return (events^Timer1);
    }
    return 0;
}
//以下为消息发送函数
void GenericApp_SendTheMessage(void)
{
    unsigned char theMessageData[4];//数组用于存放 AF_DataRequest 的第一个参数
    int8 tvalue;
    int8 hvalue;
    LED1ON;
    dht11_update();
    tvalue= dht11_temp();
    hvalue = dht11_humidity();
    theMessageData[0]= tvalue/10+'0';
    theMessageData[1]= tvalue%10+'0';
    theMessageData[2]= hvalue/10+'0';
    theMessageData[3]= hvalue%10+'0';
    afAddrType_t my_DstAddr; //定义 afAddrTyp_t 类型的变量
    my_DstAddr.addrMode=(afAddrMode_t)Addr16Bit;   //设为单播
    my_DstAddr.endPoint=GENERICAPP_ENDPOINT;  //初始化端口号
    my_DstAddr.addr.shortAddr=0x0000;          //协调器地址固定为 0x0000
    AF_DataRequest(&my_DstAddr,
                    &GenericApp_epDesc,
                    1,
```

```
                    4,
                    theMessageData,
                    &GenericApp_TransID,
                    AF_DISCV_ROUTE,AF_DEFAULT_RADIUS);
    LED1OFF;
  }
```

3）将 CC2530 仿真器连接到其中一个 CC2530 模块上，CC2530 模块上电，注意选择协调器模式进行编译并且使 EndDevice.c 不参与编译，如图 7.26 所示。

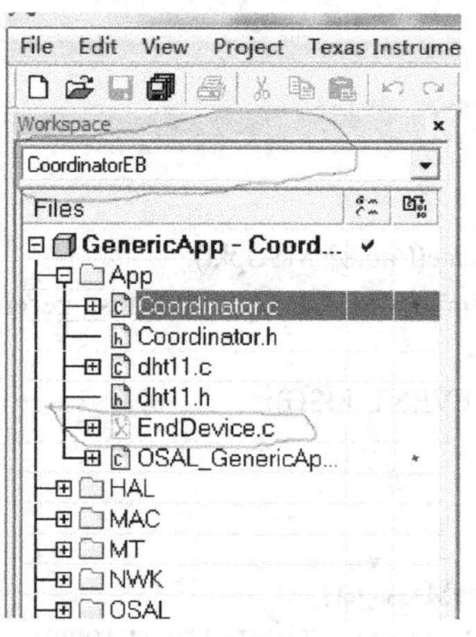

图 7.26　选择协调器模式

然后重新编译工程，编译完成后，下载程序到 CC2530 模块上。此节点为协调器节点。

4）选择终端模式进行编译并且使 Coordinator.c 不参与编译，如图 7.27 所示。

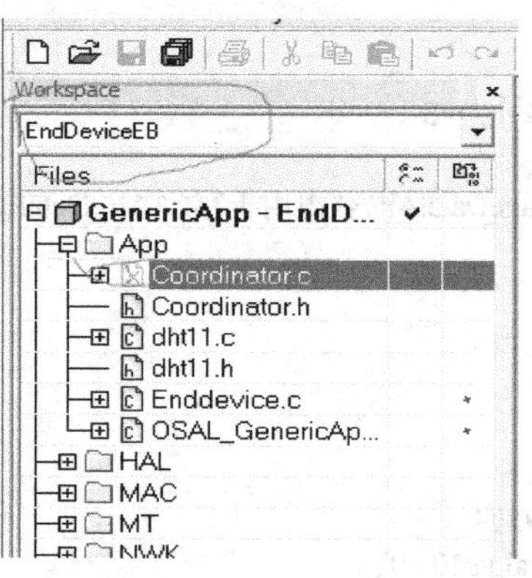

图 7.27　选择终端模式

然后重新编译工程。

5）将 CC2530 仿真器连接到第 2 个 CC2530 模块上，其上插有 DHT11 温度传感器，CC2530 模块上电，然后下载程序到其中。此节点为终端节点。

6）用串口线将协调器与 PC 机连接起来。

7）当协调器建立好网络后，LED3 常亮。当有数据包进行收发时，协调器和终端节点的 LED1 会闪烁。

8）启动串口调试助手，设置波特率为 19200bps，设置 8 位数据位、1 位停止位，无硬件流控；观察串口的数据，是否能看到温度、湿度数据，如图 7.28 所示。

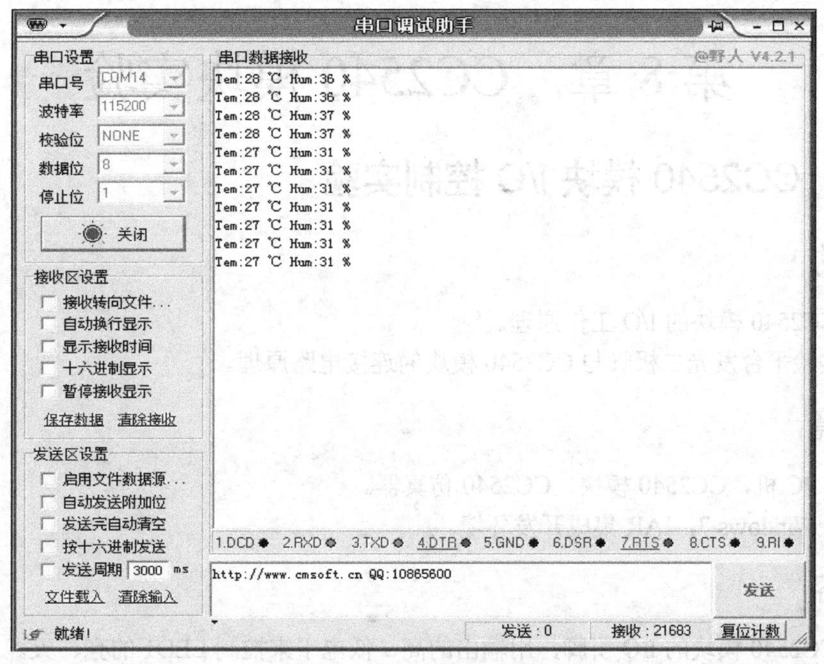

图 7.28 显示温度、湿度数据

思考题

1. 请思考协调器在本实验中的作用。

第 8 章　CC2540 模块实验

8.1　CC2540 模块 I/O 控制实验

实验目的

掌握 CC2540 模块的 I/O 工作原理。

理解实验平台发光二极管与 CC2540 模块的连接电路原理。

实验环境

硬件：PC 机，CC2540 模块，CC2540 仿真器。

软件：Windows 7，IAR 集成开发环境。

实验内容

通过 CC2540 模块的 I/O 引脚，用输出的高、低电平来控制 LED1 的亮、灭。

实验原理

LED 的驱动电路如图 8.1 所示。

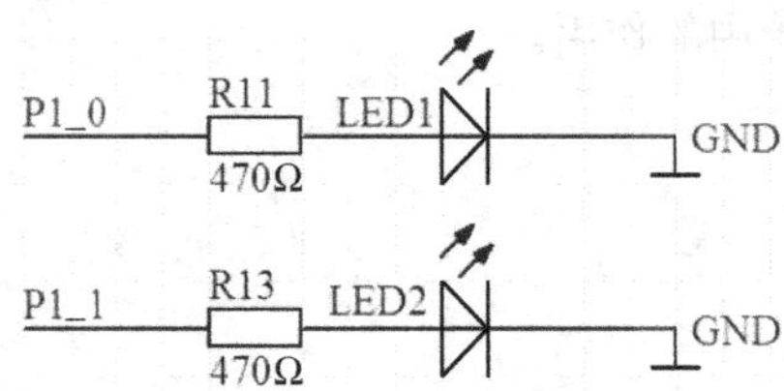

图 8.1　LED 的驱动电路

下面介绍实验用到的寄存器的功能。

P1DIR 为 P1 口方向寄存器，P0DIR 同理，功能表见第 3 章。

P1SEL 为 P1 口功能选择寄存器，P0SEL 同理，功能表见第 3 章。

CC2540 模块的 I/O 口设置：需要设置三个寄存器 P1SEL、P1DIR 和 P1INP。I/O 口功能表见表 8.1。

表 8.1　I/O 口功能表

P0SEL(0xf3)	P0[7:0]功能设置寄存器，默认设置为普通 I/O 口
P0INP（0x8f）	P0[7:0]作为输入口时的电路模式寄存器
P0(0x80)	P0[7:0]可位寻址的 I/O 寄存器
P0DIR(0xfd)	P0 口输入、输出设置寄存器，0 为输入，1 为输出

按照寄存器功能，对 LED1，也就是 P1_0 口进行设置。当 P1_0 口输出低电平时，LED1 被点亮。用以下代码实现：

```
P1SEL&=~0x01;        //作为普通 I/O
P1DIR|=0x01;         //P1_0 定义为输出
P1INP&=~0x01;        //打开上拉
```

以上三行代码可简化成下面一行代码：

```
P1DIR|=0x01;         //P1_0 定义为输出
```

实验步骤

1）打开 IAR，新建一个工程 BluetoothDemo。

2）新建源文件 main.c 并将其添加到工程中（与 CC2530 模块的步骤类似）。

3）设置工程：右击 BluetoothDemo 工程，选择菜单“Options”。

General Options 设置：单击 Target 选项卡，Device 选择 CC2540F256（单击“浏览”按钮，在打开的对话框中，从 Texas Instruments 文件夹中选择 CC2540F256.i51 文件），如图 8.2 所示。

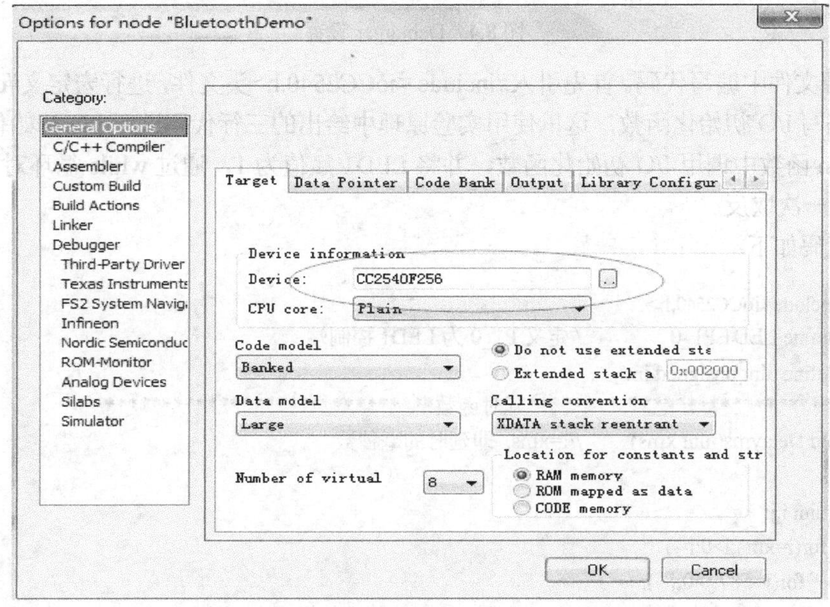

图 8.2　General Options 设置

Linker 设置：单击 Extra Options 选项卡，勾选“Use command line options”复选框，在下面的文本框中输入“-Ointel-extended,(CODE)=.hex”，这样 Make 后可生成.hex 文件，如图 8.3 所示。

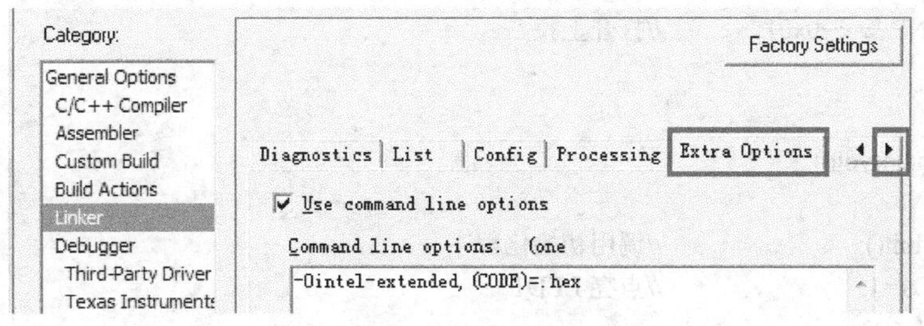

图 8.3　Linker 设置

Debugger 设置：单击 Setup 选项卡，Driver 选择 Texas Instruments，如图 8.4 所示。

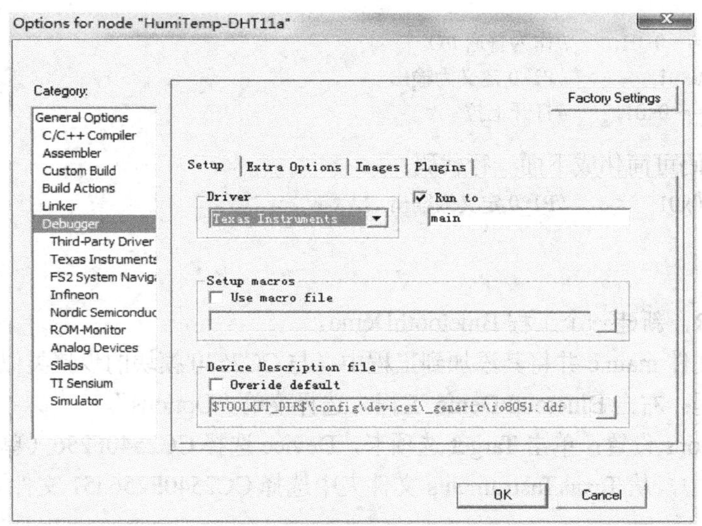

图 8.4　Debugger 设置

4）在源文件中编写代码。首先引入#include <ioCC2540.h>头文件，进行宏定义#define LED1 P1_0，并编写 I/O 初始化函数，这里使用实验原理中给出的三行代码进行 I/O 初始化。

在 main 函数中调用 I/O 初始化函数，并将 LED1 赋值为 1，通过 while 循环对 LED1 每隔 500ms 进行一次取反。

主要代码如下：

```
#include<ioCC2540.h>
#define LED1 P1_0              //定义 P1_0 为 LED1 控制端
#define uint unsigned int
/****************************延时函数*****************************/
void Delayms(uint xms)         //i=xms，即延时的毫秒数
{
  uint i,j;
  for(i=xms;i>0;i--)
    for(j=587;j>0;j--);
}

void IO_Init(void)
{
  P1SEL &=~0x01;               //作为普通 I/O
  P1DIR |= 0x01;               //P1_0 定义为输出
  P1INP &=~0x01;               //打开上拉
}

void main(void)
{
  IO_Init();                   //调用初始化程序
  LED1=1;                      //点亮 LED1
  while(1){
    Delayms(500);
    LED1 = !LED1;
```

```
        }
    }
```

保存文件并将其添加到工程中。

5）编译工程：如果已经编译过，则选择菜单“Project→Rebuild All”。

6）下载和调试：正确连接 CC2540 仿真器到 PC 机上，CC2540 模块上电，按下 CC2540 仿真器上的复位按键，选择菜单“Project→Download and Debug”，将程序下载到 CC2540 模块中。

7）程序下载后，将 CC2540 模块重新上电或者按下 CC2540 仿真器上的复位按键，观察 LED 的闪烁情况。

8）修改延时函数，可以改变 LED 闪烁的时间间隔。

思考题

1. CC2540 模块的 I/O 工作原理是怎样的？
2. 用 IAR 调试 CC2540 模块时，程序是否导入芯片的 Flash 中了？
3. 为什么用 IAR 调试时有很多变量无法查看它们的值？

8.2　CC2540 模块外部中断实验

实验目的

掌握 CC2540 模块的中断机制及编程方法。

掌握 CC2540 模块外部中断的使用方法。

实验环境

硬件：PC 机，CC2540 模块，CC2540 仿真器。

软件：Windows 7，IAR 集成开发环境。

实验内容

编程实现利用外部中断对 LED 进行亮、灭控制。

实验原理

CC2540 模块为蓝牙实验平台，其上的 LED 和 KEY 电路原理图如图 8.5 所示。

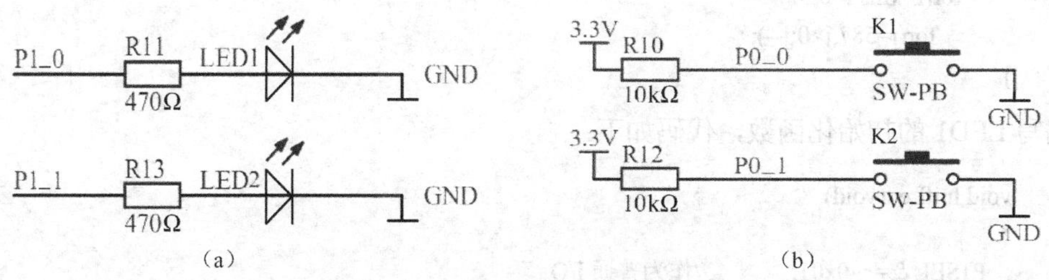

图 8.5　LED 和 KEY 电路原理图

CC2540 模块的外部中断需要设置三个寄存器 P0IEN、PICTL 和 P0IFG。I/O 口根据前面实验进行设置。各寄存器功能见表 8.2。

表 8.2　寄存器功能表

P0IEN(0xab)	P0[7:0]中断掩码寄存器，0 为关中断，1 为开中断
PICTL（0x8c）	P0 口的中断触发控制寄存器，bit0 为 P0[0:7]的中断触发设置，0 为上升沿触发，1 为下降沿触发
P0IFG(0x89)	P0[7:0]为中断标志位，在中断发生时，相应位置 1
IEN1（0xb8）	bit5 为 P0[7:0]中断使能，0 为关中断，1 为开中断

按照寄存器功能，对 LED1 和按键 K1，也就是 P1_0 口和 P0_0 口进行设置，当 P1_0 口输出高电平时 LED1 被点亮，当 K1 被按下时，P0_0 口产生外部中断，从而控制 LED1 的亮、灭。

LED1 初始化：

```
P1SEL &=~0x01;      //作为普通 I/O
P1DIR |= 0x01;      //P1_0 定义为输出
P1INP &=~0x01;      //打开上拉
```

外部中断初始化：

```
P0IEN |= 0x01;      //P0_0 设置为中断方式
PICTL |= 0x01;      //下降沿触发
IEN1 |= 0x20;       //允许 P0 中断
P0IFG = 0x00;       //初始化中断标志位
```

实验步骤

1）新建一个工程，并按照 8.1 节进行设置。

2）编写 main.c 的代码。

首先引入#include <ioCC2540.h>头文件，然后进行如下宏定义：

```
#define uint unsigned int
#define uchar unsigned char
//定义控制 LED 的端口
#define LED1 P1_0           //定义 LED1 为 P1_0 控制
#define KEY1 P0_0           //中断口
```

编写延时函数，代码如下：

```
void Delayms(uint xms)      //延时
{
  uint i,j;
    for(i=xms;i>0;i--)
      for(j=587;j>0;j--);
}
```

编写 LED1 的初始化函数，代码如下：

```
void InitLed(void)
{
  P1SEL &=~0x01;            //作为普通 I/O
  P1DIR |= 0x01;            //P1_0 定义为输出
  P1INP &=~0x01;            //打开上拉
  LED1 = 0;                 //LED1 熄灭
}
```

编写外部按键中断方式函数，代码如下：

```
void InitKey()
{
  P0IEN |= 0x01;                //P0_4 设置为中断方式
  PICTL &=～ 0x01;              //下降沿触发
  IEN1 |= 0x20;                 //允许 P0 中断
  P0IFG = 0x00;                 //初始化中断标志位
  EA = 1;
}
```

编写中断处理函数，代码如下：

```
#pragma vector = P0INT_VECTOR      //格式: #pragma vector =中断向量, 紧接着是中断处理程序
__interrupt void P0_ISR(void)
{
   Delayms(10);                //去除抖动
   LED1=～LED1;                //改变 LED1 状态
   P0IFG = 0;                  //清中断标志位
   P0IF = 0;                   //清中断标志位
}
```

在 main 函数中调用 LED1 的初始化函数和外部按键中断方式函数，代码如下：

```
   InitLed();                  //调用初始化函数
   InitKey();
   while(1)
   {
   }
```

3）编译工程。

4）下载和调试：正确连接 CC2540 仿真器到 PC 机上，CC2540 模块上电，按下 CC2540 仿真器上的复位按键，选择菜单“Project→Download and Debug”，将程序下载到 CC2540 模块中。

5）程序下载后，将 CC2540 模块重新上电或者按下 CC2540 仿真器上的复位按键，按下 K1 按键观察 LED1 的状态。

思考题

1．设置 I/O 口的工作模式（P1SEL）是普通的 GPIO 还是其他？

2．如何设置中断优先级？

8.3　CC2540 模块串口通信实验 1

实验目的

掌握串口通信的一般原理。

掌握 CC2540 模块串口设置的一般步骤。

掌握 CC2540 模块串口相关寄存器的使用方法。

实验环境

硬件：PC 机，CC2540 模块。

软件：Windows 7，IAR 集成开发环境。

实验内容

编程实现 CC2540 模块和 PC 机之间的串口通信。

实验原理

本实验需要使用 CH340 芯片的功能，把 USB 电平转为 TTL 串口电平。USB 电平转串口电平电路如图 8.6 所示。

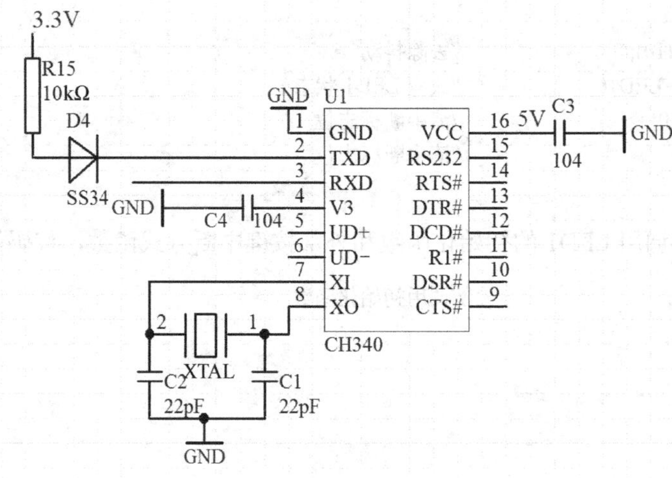

图 8.6 USB 电平转串口电平电路

UART0 对应的外部设备 I/O 引脚关系为：P0_2——RX，P0_3——TX。

UART1 对应的外部设备 I/O 引脚关系为：P0_5——RX，P0_4——TX。

在 CC2540 模块中，USART0 和 USART1 是串口，它们能够分别运行于异步 USART 模式或者同步 SPI 模式下。两个 USART 口的功能是一样的，可以设置在单独的 I/O 引脚上。

USART 模式的操作具有以下特点。

① 8 位或者 9 位负载数据。

② 奇校验、偶校验或者无奇偶校验。

③ 设置起始位和停止位电平。

④ 设置 LSB 或者 MSB 首先传送。

⑤ 独立收发中断。

⑥ 独立收发 DMA 触发。

CC2540 模块设置串口的一般步骤如下。

① 设置 I/O 口，使用外部设备功能。此处设置 P0_2 口和 P0_3 口用作串口 UART0。

② 设置相应串口的控制和状态寄存器。此处设置 UART0 的工作寄存器。

③ 设置串口工作的波特率。此处设置波特率为 115200bps。

本次实验串口相关的寄存器或者标志位有 U0CSR、U0GCR、U0BAUD、U0DBUF、UTX0IF，其功能表见第 3 章。

实验步骤

1）新建一个工程。

2）新建 sys_init.h 和 sys_init.c 两个文件，将系统初始化函数放到这两个文件中。

首先编写 sys_init.h 的代码，主要进行变量声明、宏定义和函数声明，导入 CC2540 系统文件：

```
#include <ioCC2540.h>
```

定义无符号的整型和字符型：

```
#define    uint    unsigned int
#define    uchar unsigned char
```

定义 LED 口：

```
#define LED1 P1_0
#define LED2 P1_1
```

还需要定义系统时钟初始化、I/O 初始化、延时、串口初始化函数：

```
void initCLK();
void IO_Init();
void Delay_ms(uint);
void initUART(void);
```

3）在 sys_init.c 中首先导入头文件 sys_inti.h：

```
#include "sys_init.h"
```

实现 sys_init.h 中定义的函数，代码如下：

```
void initCLK(){
  CLKCONCMD &=  ～0x40;            //设置系统时钟源为 32MHz 晶振
  while(CLKCONSTA & 0x40);         //等待晶振稳定为 32MHz
  CLKCONCMD &=  ～0x47;            //设置系统主时钟频率为 32MHz
}
//延时函数
void Delay_ms(uint n)
{
  uint i,j;
  for(i=0;i<n;i++)
    for(j=0;j<1774;j++);
}
void IO_Init()
{
  P1DIR = 0x01;                    //P1_0 和 P1_1, I/O 方向输出
  LED1 = 0;
  LED2 = 0;
}
//串口初始化函数
void initUART(void)
{
  PERCFG = 0x00;                   //位置 1, P0
```

```
    P0SEL = 0x0c;            //P0_2 和 P0_3 用作串口（外部设备功能）
    P2DIR &=  ~0xc0;         //P0 优先作为 UART0
    U0CSR |= 0x80;           //设置为 UART 方式
    U0GCR |= 11;
    U0BAUD |= 216;           //波特率设为 115200bps
    UTX0IF = 0;              //UART0 TX 中断标志初始时置 0
}
```

4）新建 uart.h 和 uart.c 文件，用于编写串口通信函数。这里只编写串口发送字符串函数。在 uart.h 中导入 CC2540 模块的系统文件："#include<ioCC2540.h>"，声明串口发送字符串函数："void UartSend_String(char *Data,int len);"。在 uart.c 中导入头文件 uart.h："#include "uart.h""。

编写串口发送字符串函数，代码如下：

```
void UartSend_String(char *Data,int len)
{
  int j;
  for(j=0;j<len;j++)
  {
    U0DBUF = *Data++;
    while(UTX0IF == 0);
    UTX0IF = 0;
  }
}
```

通过上述步骤，已基本实现 CC2540 模块将数据发送到 PC 机串口上的功能，下面只需编写 main 函数进行函数调用和设置即可。

5）新建 main.c 文件，导入上述编写的头文件和 CC2540 模块的系统文件，以及需要用到的 C 头文件：

```
#include <ioCC2540.h>
#include "sys_init.h"
#include "uart.h"
#include <string.h>
```

声明一个字符数组用于存放需要发送的数据：

```
char Txdata[19];
```

编写 main 函数，在其中进行各种初始化，代码如下：

```
void main(void)
{
  initCLK();
  IO_Init();
  initUART();
  strcpy(Txdata,"Hello BlueTooth4.0\n");                        //将发送内容 copy 到 Txdata 中
  while(1)
  {
     UartSend_String(Txdata,sizeof("Hello BlueTooth4.0\n"));    //串口发送数据
     Delay_ms(500);                                             //延时
     LED1=!LED1;                                                //标志发送状态
  }
}
```

6）完成代码的编写，将上述文件添加到工程中，并编译工程。

7）下载和调试：正确连接 CC2540 仿真器到 PC 机上，CC2540 模块上电，按下 CC2540 仿真器上的复位按键，选择菜单“Project→Download and Debug”，将程序下载到 CC2540 模块中。

8）用 USB 串口线将 CC2540 仿真器与 PC 机相连，打开串口调试助手，设置波特率为 19200bps，设置 8 位数据位、1 位停止位，观察串口调试助手中的输出情况。

思考题

1．什么是串口通信？

2．串口通信与 USB 接口有什么区别？

8.4 CC2540 模块串口通信实验 2

实验目的

掌握串口通信的一般原理。

掌握 CC2540 模块串口设置的一般步骤。

掌握 CC2540 模块串口相关寄存器的使用方法。

实验环境

硬件：PC 机，CC2540 模块，CC2540 仿真器。

软件：Windows 7，IAR 集成开发环境。

实验内容

编程实现 CC2540 模块和 PC 机之间的双向串口通信。

实验原理

参照 8.3 节实验。

实验步骤

1）新建 BLE-base-uart2 工程，按 8.1 节进行设置，在 8.3 节代码基础上进行修改。

2）将 8.3 节的 sys_init.h、sys_init.c、uart.h 和 uart.c 这 4 个文件添加到 BLE-base-uart2 工程中。

3）修改 sys_init.c 中的串口初始化函数，在函数最后添加允许串口接收、接收中断的代码：

```
U0CSR |= 0x40;    //允许接收
IEN0 |= 0x84;     //开总中断，接收中断
```

4）新建 main.c 文件，导入上述编写的头文件和 CC2540 模块的系统文件，以及需要用到的头文件：

```
#include <ioCC2540.h>
#include "sys_init.h"
#include "uart.h"
#include <string.h>
```

声明一个字符数组用于存放需要发送的数据：

```
char Rxdata[50];
```

声明发送接收标志：

```
uchar RXTXflag = 1;
```

声明存储串口发送信息的临时变量：

```
char temp;
```

设置发送数据的字符长度，代码如下：

```
uchar   datanumber = 0;
```

编写 main 函数，在其中进行各种初始化，代码如下：

```
void main(void)
{
    initCLK();
    IO_Init();
    initUART();
    while(1)
    {
        if(RXTXflag == 1)                    //接收状态
        {
            LED1=1;                          //接收状态指示
            if( temp != 0)
            {
                if((temp!='#')&&(datanumber<50))
                //'#'被定义为结束字符, 最多能接收 50 个字符
                    Rxdata[datanumber++] = temp;
                else
                {
                    RXTXflag = 3;            //进入发送状态
                    LED1=0;                  //关 LED1
                }
                temp = 0;
            }
        }
        if(RXTXflag == 3)                    //发送状态
        {
            LED2= 1;
            U0CSR &= ~0x40                   //禁止接收
            Uart_Send_String(Rxdata,datanumber); //发送已记录的字符串
            U0CSR |= 0x40;                   //允许接收
            RXTXflag = 1;                    //恢复到接收状态
            datanumber = 0;                  //指针归 0
            LED2 = 0;                        //关发送指示
        }
    }
}
```

5）编写串口接收字符函数，代码如下：

```
#pragma vector = URX0_VECTOR
```

```
__interrupt void UART0_ISR(void)
{
    URX0IF = 0;                                //清中断标志
    temp = U0DBUF;
}
```

6）完成代码的编写，并将上述文件添加到工程中，然后编译工程。

7）下载和调试：正确连接 CC2540 仿真器到 PC 机上，CC2540 模块上电，按下 CC2540 仿真器上的复位按键，选择菜单“Project→Download and Debug”，将程序下载到 CC2540 模块中。

8）用 USB 串口线将 CC2540 仿真器与 PC 机相连。打开串口调试助手，设置波特率为 19200bps，设置 8 位数据位、1 位停止位，在串口调试助手发送窗口中输入一段字符以“#”结束，观察串口是否有输出。

思考题

1．主节点和从节点是怎样通信的？

2．通信中两个节点如何交换数据？

8.5 CC2540 模块定时器实验

实验目的

掌握 CC2540 模块定时器的工作原理及使用方法。

掌握采用查询方式和中断方式对发光二极管（LED）进行预定周期的亮、灭控制的方法。

实验环境

硬件：PC 机，CC2540 模块，CC2540 仿真器。

软件：Windows 7，IAR 集成开发环境。

实验内容

编程实现定时一定时间，并分别采用查询方式和中断方式对发光二极管进行预定周期的亮、灭控制。

实验原理

CC2540 模块的定时器 T1（16 位）需要设置三个寄存器 T1CTL、T1STAT 和 IRCON。

系统工作频率默认为 2 分频，即 32MHz/2=16MHz，定时器每次溢出时间为 T=1/(16MHz/128)×65536=0.5s。

实验步骤

1）新建一个工程。

2）新建 sys_init.h 和 sys_init.c 两个文件，将需要用到的初始化函数和宏定义分别写到这两个文件中。在 sys_init.h 文件中引入 CC2540 模块的系统文件。宏定义如下：

```
#define uint unsigned int
#define uchar unsigned char
```

定义控制 LED 的端口：

```
#define LED1 P1_0
```

分别定义 LED 的 I/O 口初始化和定时器初始化函数：

```
void InitLed(void);            //初始化 P1
void InitT1();                 //初始化定时器 T1
```

然后在 sys_init.c 中导入头文件 sys_init.h。

sys_init.h 中的函数如下：

```
/****************************
//初始化程序
******************************/
void InitLed(void)
{
  P1DIR |= 0x01;               //P1_0 定义为输出
  LED1 = 0;                    //LED1 的初始化，熄灭
}
//定时器初始化
void InitT1()                  //默认为 2 分频，即 16MHz
{
  T1CTL = 0x0d;                //128 分频，自动重装 0x0000~0xffff
  T1STAT= 0x21;                //通道 0，中断有效
}
```

3）新建 main.c 文件，导入头文件 sys_init.h。在 main 函数中定义一个计数变量 count，调用初始化函数，通过 while 循环进行轮循，若轮循到中断标志位，则执行“++count”，让 LED 周期性地闪烁。代码如下：

```
#include "sys_init.h"
/***************************
//主函数
***************************/
void main(void)
{
  uchar count;
  InitLed();                        //调用初始化函数
  InitT1();
  while(1)
  {
    if(IRCON>0)
    {
      IRCON=0;
      if(++count>=1)                //约 1 秒间隔周期性闪烁
      {
        count=0;
        LED1 = !LED1;               //LED1 闪烁
      }
    }
  }
}
```

4）将以上三个文件添加到工程中，并编译工程。

5）下载和调试：正确连接 CC2540 仿真器到 PC 机上，CC2540 模块上电，按下 CC2540 仿真器上的复位按键，选择菜单“Project→Download and Debug”，将程序下载到 CC2540 模块中。

6）下载完后将 CC2540 模块重新上电或者按下 CC2540 仿真器上的复位按键，观察 LED1 的状态。

思考题

1．CC2540 模块的定时器 T3 有哪几种工作模式？

8.6 BLE 协议栈的串口通信实验

实验目的

了解 BLE 协议栈的基本原理及结构。

掌握在协议栈中加入串口读、写功能的方法。

掌握在协议栈中加入串口功能实现 CC2540 模块和 PC 机之间串口通信的方法。

实验环境

硬件：PC 机，CC2540 模块，CC2540 仿真器。

软件：Windows 7，IAR 集成开发环境。

实验内容

在协议栈中加入串口功能实现 CC2540 模块和 PC 机之间的串口通信。

实验原理

协议是一系列的通信标准，通信双方需要共同按照这一标准进行数据的正常发送和接收。协议栈是指具体的实现形式，通俗来讲，就是协议和用户之间的一个接口，开发人员通过协议栈来使用协议，进而实现无线数据的收发。

CC2540 模块集成了增强型的 8051 内核，TI 为 BLE 协议栈搭建了一个简单的操作系统，即一种任务轮询机制。它帮用户做好了底层和蓝牙协议栈的内容，将复杂部分屏蔽掉，让用户通过 API 函数就可以轻易使用蓝牙 4.0，开发起来更加方便，开发周期也可以相应缩短。

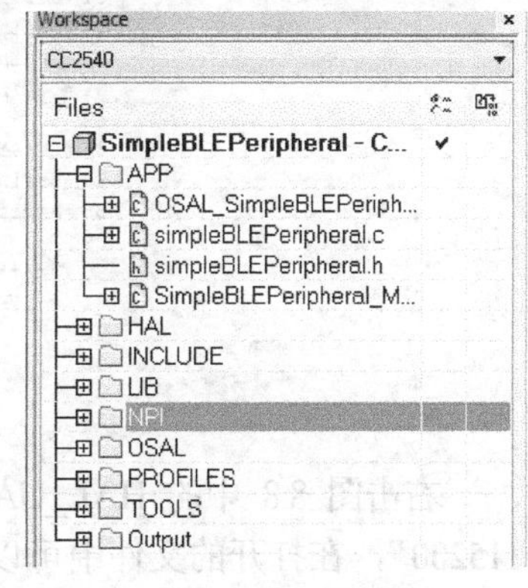

图 8.7 目录结构

实验步骤

1）首先，安装好 BLE-CC254x-1.3.2 协议栈，在 E:\WorkSpace\BLE-CC254x-1.3.2\Projects\ble\SimpleBLEPeripheral\CC2540DB 文件夹中找到 SimpleBLEPeripheral.eww 工程，并打开它。打开工程后，可看到如图 8.7 所示的目录结构。

2）打开 NPI 下的 npi.c 文件，找到 void NPI_InitTransport (npiCBack_t npiCBack)函数，修

改其中的串口初始化信息，代码如下：

```
void NPI_InitTransport( npiCBack_t npiCBack )
{
    halUARTCfg_t uartConfig;
    //configure UART
    uartConfig.configured             = TRUE;
    uartConfig.baudRate               = NPI_UART_BR;
    uartConfig.flowControl            = NPI_UART_FC;
    uartConfig.flowControlThreshold = NPI_UART_FC_THRESHOLD;
    uartConfig.rx.maxBufSize          = NPI_UART_RX_BUF_SIZE;
    uartConfig.tx.maxBufSize          = NPI_UART_TX_BUF_SIZE;
    uartConfig.idleTimeout            = NPI_UART_IDLE_TIMEOUT;
    uartConfig.intEnable              = NPI_UART_INT_ENABLE;
    uartConfig.callBackFunc           = (halUARTCBack_t)npiCBack;
    //start UART
    //Note: Assumes no issue opening UART port.
    (void)HalUARTOpen( NPI_UART_PORT, &uartConfig );
    return;
}
```

“uartConfig.baudRate = NPI_UART_BR;”语句用于设置串口的波特率。在 IAR 软件中定位到#define NPI_UART_BR，右击 NPI_UART_BR，选择菜单“go to definition of NPI_UART_BR”，在打开的文件中可以看到，波特率为 115200bps，如图 8.8 所示。

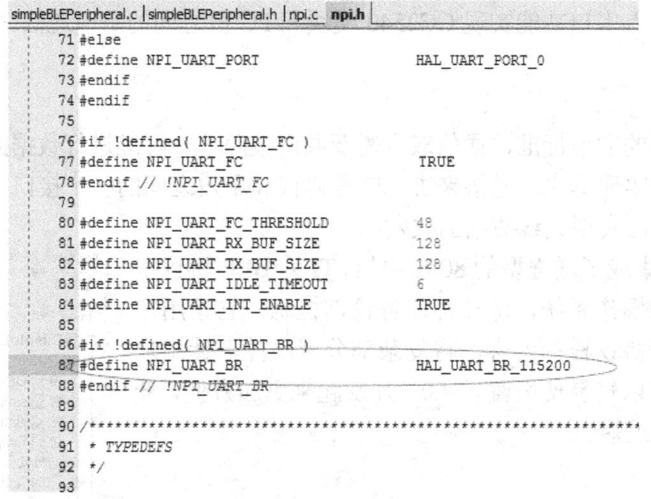
simpleBLEPeripheral.c | simpleBLEPeripheral.h | npi.c | npi.h
71 #else
72 #define NPI_UART_PORT HAL_UART_PORT_0
73 #endif
74 #endif
75
76 #if !defined(NPI_UART_FC)
77 #define NPI_UART_FC TRUE
78 #endif // !NPI_UART_FC
79
80 #define NPI_UART_FC_THRESHOLD 48
81 #define NPI_UART_RX_BUF_SIZE 128
82 #define NPI_UART_TX_BUF_SIZE 128
83 #define NPI_UART_IDLE_TIMEOUT 6
84 #define NPI_UART_INT_ENABLE TRUE
85
86 #if !defined(NPI_UART_BR)
87 #define NPI_UART_BR HAL_UART_BR_115200
88 #endif // !NPI_UART_BR
89
90 /***
91 * TYPEDEFS
92 */
93

图 8.8　设置波特率

右击图 8.8 中的 HAL_UART_BR_115200，选择菜单“go to definition of HAL_UART_BR_115200”，在打开的文件中可以看到定义的所有波特率，如图 8.9 所示。只要将语句“#define NPI_UART_BR HAL_UART_BR_115200”中的 HAL_UART_BR_115200 修改成其中任意一个波特率，即可修改串口的波特率。

```
simpleBLEPeripheral.c | simpleBLEPeripheral.h | npi.c | npi.h | hal_uart.h

/*****************************************************************
 *                                                      CONSTANTS
 *****************************************************************

/* UART Ports */

/*
  Serial Port Baudrate Settings
  Have to match with baudrate table
*/
#define HAL_UART_BR_9600    0x00
#define HAL_UART_BR_19200   0x01
#define HAL_UART_BR_38400   0x02
#define HAL_UART_BR_57600   0x03
#define HAL_UART_BR_115200  0x04

/* Frame Format constant */
```

图 8.9 所有波特率

3)关闭流控。右击图 8.8 中的 NPI_UART_FC，选择菜单“go to definition of NPI_UART_FC”，打开的文件如图 8.10 所示。

```
simpleBLEPeripheral.c | simpleBLEPeripheral.h | npi.c | npi.h
61  */
62
63 /*****************************************************************
64  * CONSTANTS
65  */
66
67 /* UART port */
68 #if !defined NPI_UART_PORT
69 #if ((defined HAL_UART_SPI) && (HAL_UART_SPI != 0))
70 #define NPI_UART_PORT                  HAL_UART_PORT_1
71 #else
72 #define NPI_UART_PORT                  HAL_UART_PORT_0
73 #endif
74 #endif
75
76 #if !defined( NPI_UART_FC )
77 #define NPI_UART_FC                    TRUE
78 #endif // !NPI_UART_FC
79
```

图 8.10 设置流控制

将代码第 77 行后面的 TRUE 改为 FALSE。使用两根线进行串口通信一定要关闭流控，不然永远不能收发信息。

4）通过以上步骤，把串口初始化设置好了，接下来需要修改预编译选项。右击工程，选择菜单“Options”，在打开的对话框中选择 C/C++的 Compiler Preprocessor，在 Defined symbols 中可看到以下选项：

```
INT_HEAP_LEN=3072
HALNODEBUG
OSAL_CBTIMER_NUM_TASKS=1
HAL_AES_DMA=TRUE
HAL_DMA=TRUE
POWER_SAVING
xPLUS_BROADCASTER
HAL_LCD=TRUE
HAL_LED=FALSE
```

添加 HAL_UART=TRUE，并将 POWER_SAVING 注释掉，否则不能使用串口。

5）接下来，打开 simpleBLEPeripheral.c 文件，在其中添加语句“#include "npi.h"”。然后找到初始化函数 void impleBLEPeripheral_Init(uint8 task_id)，在其中添加串口初始化函数 NPI_InitTransport(NULL)，可进行串口数据的发送；调用 NPI_WriteTransport("Hello World\n",12)函数可向串口发送“Hello World”信息。编译工程，将程序下载到 CC2540 模块中运行，可在串口调试助手中看到该信息。

6）通过串口初始化函数可知，要发送数据，需要设置串口回调函数 uartConfig.callBackFunc=(halUARTCBack_t)npiCBack，即将第 5）步中调用串口初始化函数传回的 NULL 传入一个回调函数即可。

7）编写串口回调函数，代码如下：

```
static void NpiSerialCallback( uint8 port, uint8 events )
{
  (void)port;
  uint8 numBytes = 0;
  uint8 buf[128];
  if (events & HAL_UART_RX_TIMEOUT)          //串口有数据
  {
    numBytes = NPI_RxBufLen();               //读出串口缓冲区有多少字节
    if(numBytes)
    {
      //从串口缓冲区读出 numBytes 字节数据
      NPI_ReadTransport(buf,numBytes);
      //把串口接收到的数据再打印出来
      NPI_WriteTransport(buf,numBytes);
    }
  }
}
```

通过 HAL_UART_RX_TIMEOUT 可以判断串口是否接收到数据。将串口接收到的数据通过语句“NPI_WriteTransport(buf,numBytes);”打印出来。

8）选择 Workspace 为 CC2540 模式，如图 8.11 所示，并编译工程。

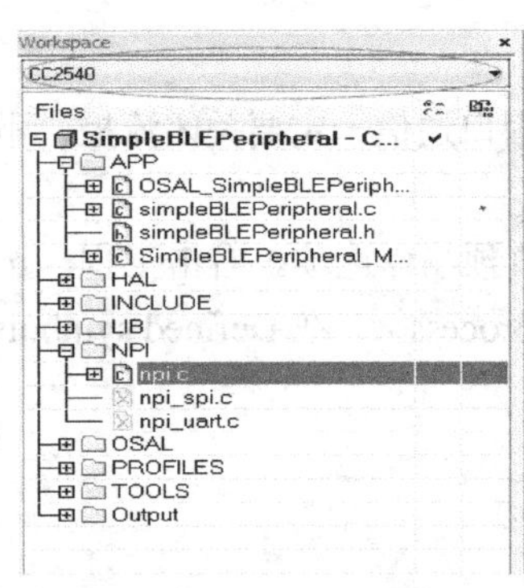

图 8.11　选择 CC2540 模式

9）下载和调试：正确连接 CC2540 仿真器和 PC 机，将 USB 串口线正确连接到 PC 机与 CC2540 模块中，CC2540 模块上电，按下 CC2540 仿真器上的复位按键，选择菜单“Project→Download and Debug”，将程序下载到 CC2540 模块中。

10）打开串口调试助手，设置波特率为 19200bps，设置 8 位数据位、1 位停止位，运行 IAR 软件，观察串口是否输出以下内容：

```
"Hello World
BLE Peripheral
Texas Instruments
0x84EB1877B971
Initialized
Advertising"
```

通过串口发送一串字符串，观察串口是否能输出对应的一模一样的字符串。

思考题

1．协议栈的串口默认使用的是查询方式，还是中断方式？

2．低功耗下是否能使用串口？

3．两根线的串口通信为什么一定要关闭流控？

8.7　蓝牙无线数据传输实验

实验目的

掌握两个 CC2540 模块的简单搜索、连接方法并实现串口测试的方法。

实验环境

硬件：PC 机，CC2540 模块，CC2540 仿真器。

软件：Windows 7，IAR 集成开发环境。

实验内容

编程实现利用 CC2540 模块协议栈 API 进行无线数据传送。

实验原理

作为主机的设备发起扫描请求，扫描正在发送广播的从机（节点设备），如果 GAP 服务的 UUID 相匹配则建立连接。主机发起连接请求，从机响应后，进入连接状态。流程图如图 8.12 所示。

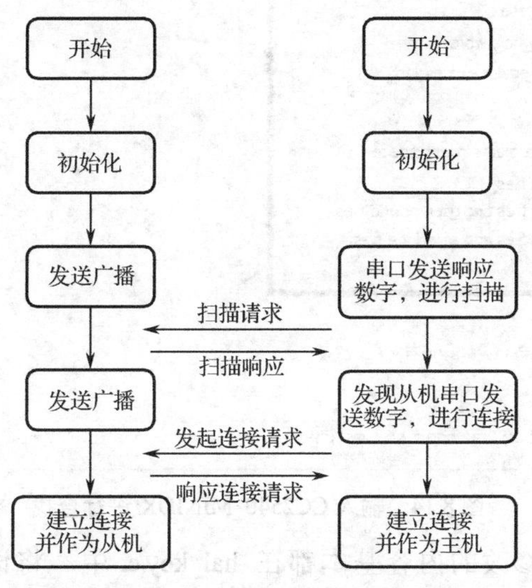

图 8.12　建立连接流程图

实验步骤

1）打开 SimpleBLECentral.eww 工程，其目录结构见图 8.7。

2）因为该工程使用的不是 CC2540_MINIDK 硬件平台，如果直接在预编译中添加

CC2540_MINIDK，则会把 CC2540_MINIDK 硬件平台其他东西也编译进去，对工程会有一定的影响，因此需要添加其所使用的硬件平台。在预编译（C/C++Compiler）中加入宏定义 WEBEE_BOARD，如图 8.13 所示。

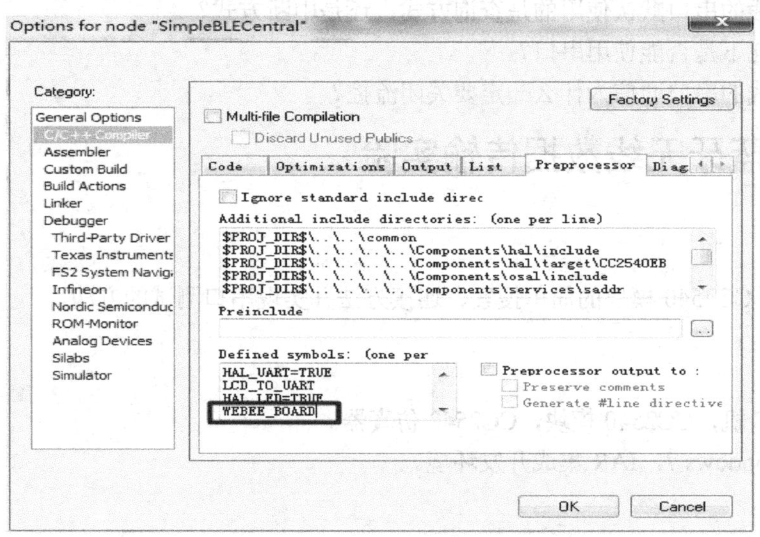

图 8.13　在预编译中加入宏定义 WEBEE_BOARD

接下来修改 hal_key.c 中的按键设置操作，通过 Ctrl+Shift+F 组合键可实现快速查找，在弹出的对话框中输入 CC2540_MINIDK，其他选项设置如图 8.14 所示。

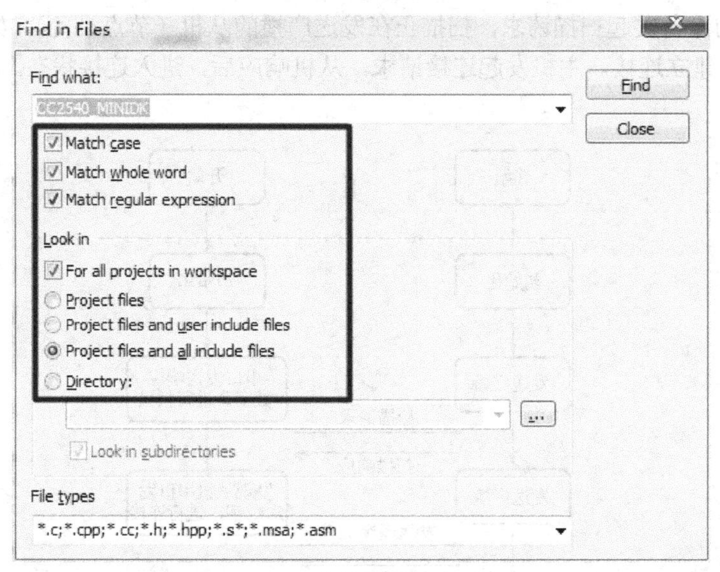

图 8.14　输入 CC2540_MINIDK 进行查找

通过查找发现需要修改的内容基本都在 hal_key.c 中。将语句“#if defined(CC2540_MINIDK)”改成“#if defined(CC2540_MINIDK)||(WEBEE_BOARD)”，将语句“#if !defined (CC2540_MINIDK)”改成“#if !defined(CC2540_MINIDK)&&! defined(WEBEE_BOARD)”，即可使用开发板上的按键。

3）TI 示例文件已经可以实现蓝牙连接和数据传输了，但由于其使用 LCD 进行输出，因此需要将其更改成串口输出数据。方法是：找到 HAL\Target\CC2540EB\Drivers\hal_lcd.c 文件，在其中添加语句“#include "npi.h"”。在 HalLcdWriteString 函数中添加以下代码：

```
#ifdef LCD_TO_UART
  NPI_WriteTransport ( (uint8*)str,osal_strlen(str));
  NPI_WriteTransport ("\n",1);
#endif
```

在预编译中设置 HAL_LCD=TRUE，添加“LCD_TO_UART=TRUE,HAL_UART=TRUE”，并注释掉“POWER_SAVING”，如图 8.15 所示。

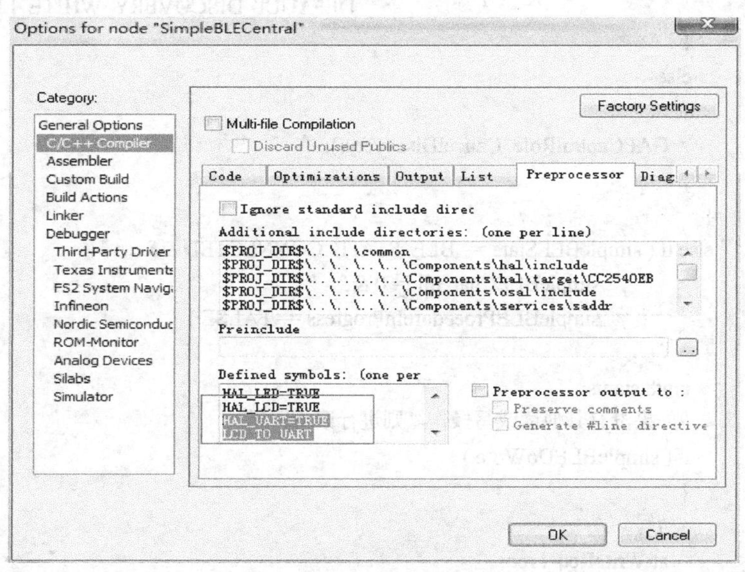

图 8.15　预编译设置

4）编写串口回调函数，从串口输入数字 1~5 代替按键进行蓝牙间的连接，代码如下：

```
static void NpiSerialCallback( uint8 port, uint8 events )
{
  (void)port;
  uint8 numBytes = 0;
  uint8 buf[128];

  if (events & HAL_UART_RX_TIMEOUT)          //串口有数据
  {
    numBytes = NPI_RxBufLen();               //读出串口缓冲区中有多少字节
    if(numBytes)
    {
      //从串口缓冲区中读出 numBytes 字节数据
      NPI_ReadTransport(buf,numBytes);
      //把串口接收到的数据再打印出来
      //NPI_WriteTransport(buf,numBytes);
      if ( buf[0] == '1' )
      {
        //Start or stop discovery
        if ( simpleBLEState != BLE_STATE_CONNECTED )
        {
```

```
        if ( !simpleBLEScanning )
        {
          simpleBLEScanning = TRUE;
          simpleBLEScanRes = 0;
          LCD_WRITE_STRING( "Discovering...", HAL_LCD_LINE_1 );
          LCD_WRITE_STRING( "", HAL_LCD_LINE_2 );
          GAPCentralRole_StartDiscovery(DEFAULT_DISCOVERY_MODE,
                                        DEFAULT_DISCOVERY_ACTIVE_SCAN,
                                        DEFAULT_DISCOVERY_WHITE_LIST);
        }
        else
        {
          GAPCentralRole_CancelDiscovery();
        }
      }
      else if ( simpleBLEState == BLE_STATE_CONNECTED &&
                simpleBLECharHdl != 0 &&
                simpleBLEProcedureInProgress == FALSE )
      {
        uint8 status;
        //如果没有其他读或写操作，则进行读或写操作
        if ( simpleBLEDoWrite )
        {
          //写
          attWriteReq_t req;
          req.handle = simpleBLECharHdl;
          req.len = 1;
          req.value[0] = simpleBLECharVal;
          req.sig = 0;
          req.cmd = 0;
          status = GATT_WriteCharValue( simpleBLEConnHandle, &req, simpleBLETaskId );
        }
        else
        {
          //读
          attReadReq_t req;
          req.handle = simpleBLECharHdl;
          status = GATT_ReadCharValue( simpleBLEConnHandle, &req,simpleBLETaskId );
        }

        if ( status == SUCCESS )
        {
          simpleBLEProcedureInProgress = TRUE;
          simpleBLEDoWrite = !simpleBLEDoWrite;
        }
      }
    }
```

```
if ( buf[0] == '2' )
{
  //显示结果
  if ( !simpleBLEScanning && simpleBLEScanRes > 0 )
  {
      //Increment index of current result (with wraparound)
      simpleBLEScanIdx++;
      if ( simpleBLEScanIdx >= simpleBLEScanRes )
      {
        simpleBLEScanIdx = 0;
      }

      LCD_WRITE_STRING_VALUE( "Device", simpleBLEScanIdx + 1,
                                              10, HAL_LCD_LINE_1 );
      LCD_WRITE_STRING( bdAddr2Str( simpleBLEDevList[simpleBLEScanIdx].addr ),
                                                    HAL_LCD_LINE_2 );
  }
}
if ( buf[0] == '3' )
{
  //刷新
  if ( simpleBLEState == BLE_STATE_CONNECTED )
  {
    GAPCentralRole_UpdateLink( simpleBLEConnHandle,
                                        DEFAULT_UPDATE_MIN_CONN_INTERVAL,
                                        DEFAULT_UPDATE_MAX_CONN_INTERVAL,
                                        DEFAULT_UPDATE_SLAVE_LATENCY,
                                        DEFAULT_UPDATE_CONN_TIMEOUT );
  }
}
if ( buf[0] == '4' )
{
  uint8 addrType;
  uint8 *peerAddr;
  //Connect or disconnect
  if ( simpleBLEState == BLE_STATE_IDLE )
  {
    //如果有扫描结果
    if ( simpleBLEScanRes > 0 )
    {
      //连接设备
      peerAddr = simpleBLEDevList[simpleBLEScanIdx].addr;
      addrType = simpleBLEDevList[simpleBLEScanIdx].addrType;
      simpleBLEState = BLE_STATE_CONNECTING;
      GAPCentralRole_EstablishLink( DEFAULT_LINK_HIGH_DUTY_CYCLE,
                                    DEFAULT_LINK_WHITE_LIST,
                                    addrType, peerAddr );
      LCD_WRITE_STRING("Connecting", HAL_LCD_LINE_1);
```

```
                LCD_WRITE_STRING(bdAddr2Str(peerAddr), HAL_LCD_LINE_2);
            }
          }
          else if ( simpleBLEState == BLE_STATE_CONNECTING ||
                    simpleBLEState == BLE_STATE_CONNECTED )
          {
            //断开连接
            simpleBLEState = BLE_STATE_DISCONNECTING;
            gStatus = GAPCentralRole_TerminateLink( simpleBLEConnHandle );
            LCD_WRITE_STRING( "Disconnecting", HAL_LCD_LINE_1 );
          }
        }
        if ( buf[0] == '5' )
        {
          //开始或中断 RSSI
          if ( simpleBLEState == BLE_STATE_CONNECTED )
          {
            if ( !simpleBLERssi )
            {
              simpleBLERssi = TRUE;
              GAPCentralRole_StartRssi( simpleBLEConnHandle, DEFAULT_RSSI_PERIOD );
            }
            else
            {
              simpleBLERssi = FALSE;
              GAPCentralRole_CancelRssi( simpleBLEConnHandle );
              LCD_WRITE_STRING( "RSSI Cancelled", HAL_LCD_LINE_1 );
            }
          }
        }
      }
    }
```

5）在初始化函数中调用串口初始化函数 NPI_InitTransport(NpiSerialCallback)，如图 8.16 所示。

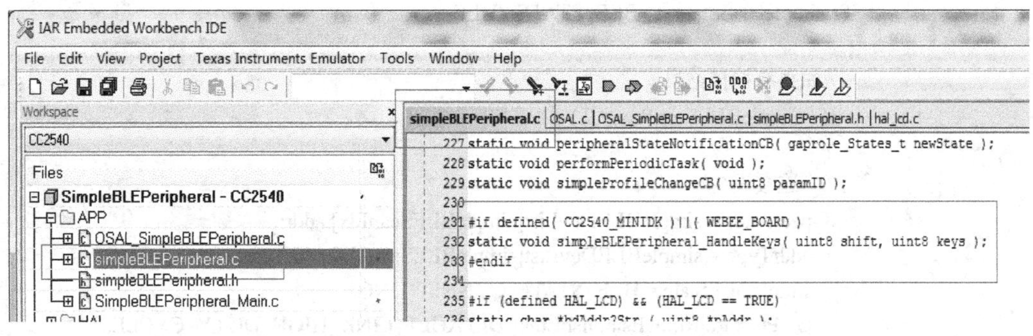

图 8.16　调用串口初始化函数

6）修改 static void simpleBLEPeripheral_ProcessOSALMsg(osal_event_hdr_t *pMsg)函数，如图 8.17 所示。

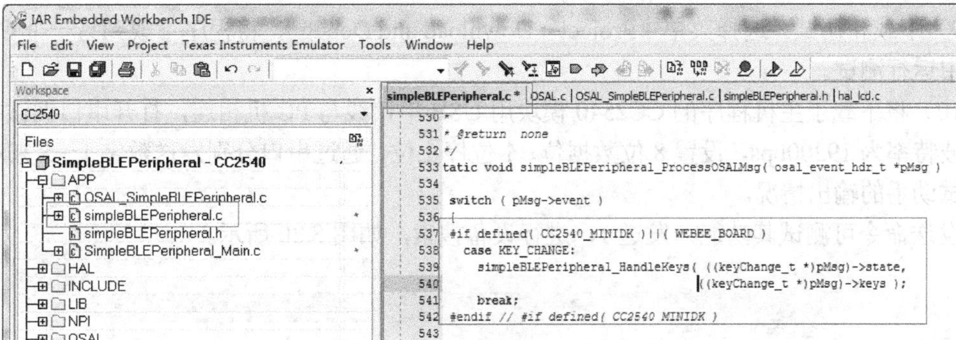

图 8.17　修改函数

7）修改 static void simpleBLEPeripheral_HandleKeys(uint8 shift, uint8 keys)函数，并添加对应的硬件平台，如图 8.18 所示。

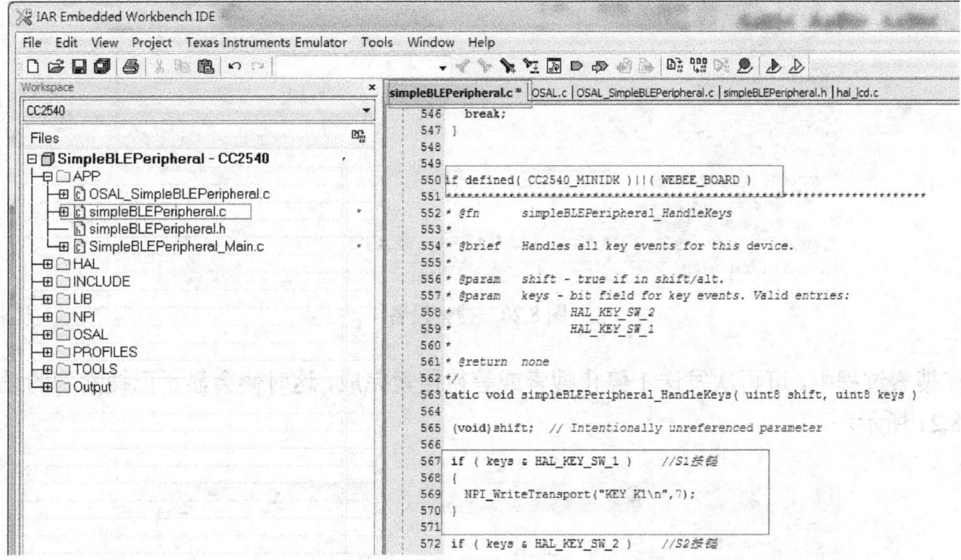

图 8.18　修改函数并添加对应的硬件平台

8）使用串口回调函数，加入相应的头文件，在 void SimpleBLEPeripheral_Init (uint8 task_id)函数中添加串口输出和按键注册代码，如图 8.19 所示。

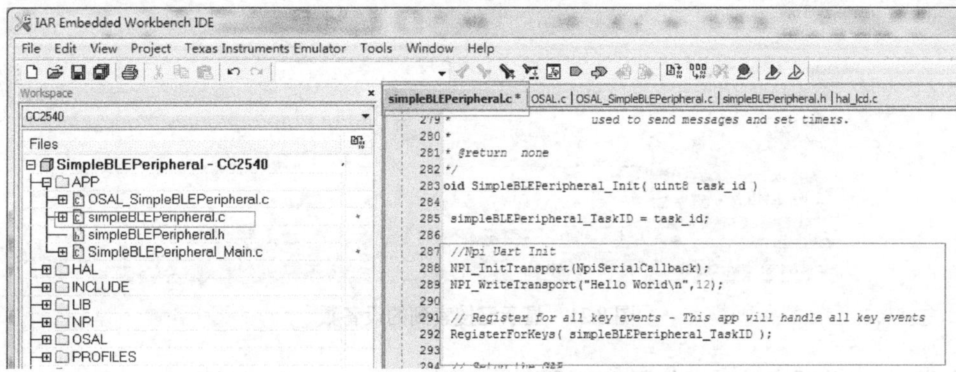

图 8.19　添加串口输出和按键注册代码

9）下载和调试：选择菜单“Project→Download and Debug”，将程序下载到另一个 CC2540 模块中运行测试。

10）将下载了主机程序的 CC2540 模块用 USB 串口线与 PC 机相连，打开串口调试助手，设置波特率为 19200bps，设置 8 位数据位、1 位停止位，通过串口分别发送数字 1～5 来观察串口调试助手的输出情况。

发送命令可测试其功能：发送 1，进行设备搜索，如图 8.20 所示。

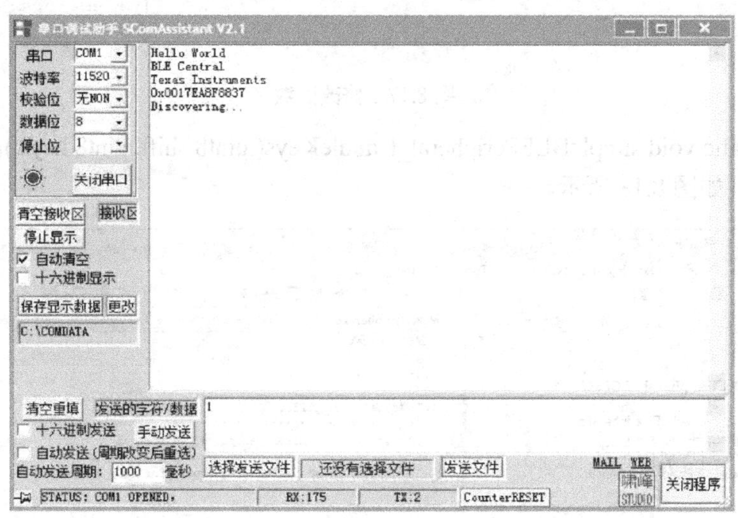

图 8.20　搜索设备

在搜索过程中，可再次发送 1 停止搜索或等待搜索完成，这时候会显示已搜索到的设备数，如图 8.21 所示。

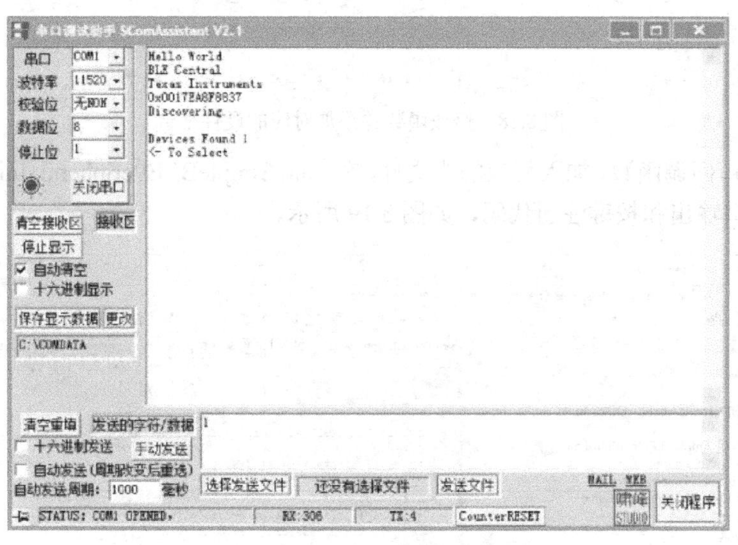

图 8.21　显示已搜索到的设备数

发送 2，查询设备地址，如图 8.22 所示。

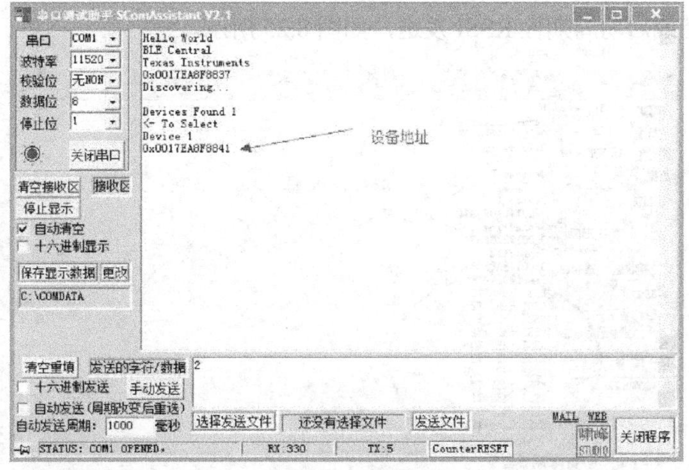

图 8.22　设备地址

发送 4，与当前选中的设备进行连接，连接成功后，显示如图 8.23 所示。

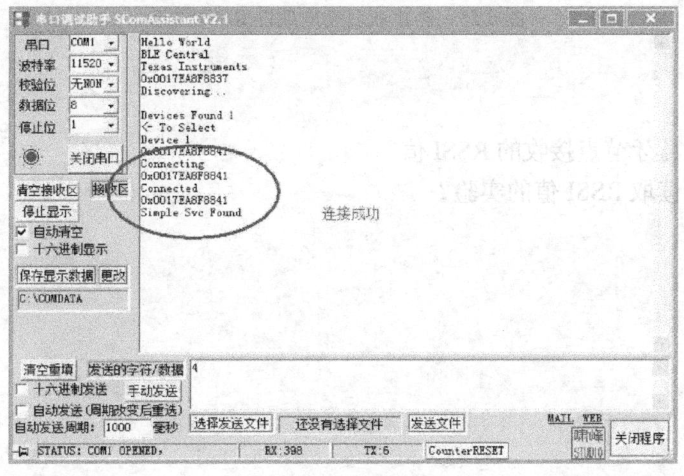

图 8.23　连接成功

切换到 COM2（Peripheral）可以看到显示 Connected（已连接），如图 8.24 所示。

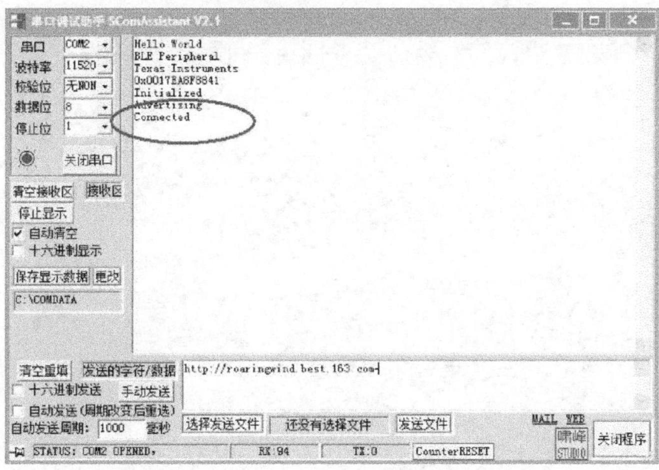

图 8.24　显示连接状态

发送 5，停止或启动周期性 RSSI 发送，如图 8.25 所示。

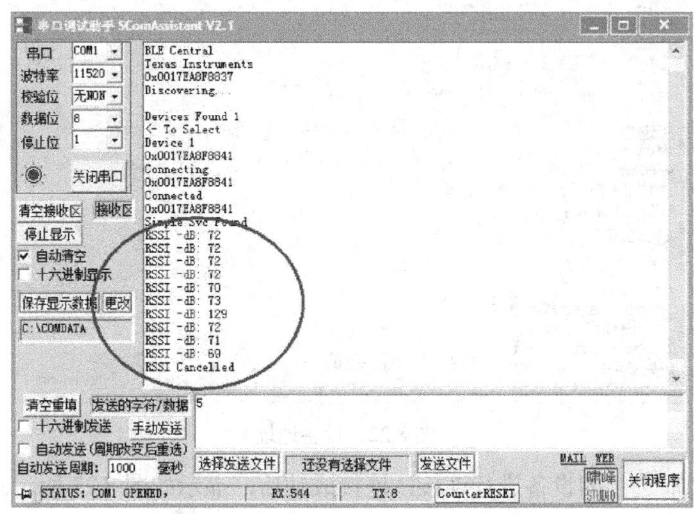

图 8.25　停止或启动周期性 RSSI 发送

思考题

1. 如何获取蓝牙节点接收的 RSSI 值？
2. 如何开展读取 RSSI 值的实验？

第 9 章　蜂窝式无线网络实验

9.1　4G 模块驱动实验 1

实验目的

熟悉 4G 模块拨打、挂断及接听电话相关的 AT 指令。

掌握利用相关的 AT 指令实现 4G 模块拨打、挂断以及接听电话的方法和步骤。

实验环境

硬件：4G 模块和华智 4G 模块开发板，JTAG 下载器，PC 机。

软件：ARM MDK5 集成开发环境，SEGGER J-Flash 烧录软件。

实验内容

将 4G 模块的串口（非开发板的串口）连接 PC 机。通过 PC 机中的串口调试助手发送 AT 指令来控制 4G 模块进行拨打、挂断以及接听电话的操作。

实验原理

1．4G 模块及开发板介绍

4G 模块是对用硬件加载到指定频段，软件支持标准的 LTE（长期演进）协议，软硬件高度集成、模组化的一种产品的统称。硬件将射频、基带集成在一块 PCB 上，完成无线接收、发射、基带信号处理功能，软件支持语音拨号、短信收发、拨号联网等功能。

本实验采用的 4G 模块为芯讯通无线（上海）有限公司生产的 SIM7600CE 模块，它是一款 SMT（表面贴装）封装的模块，支持 TDD-LTE/FDD-LTE/HSPA+/TD-SCDMA/EVDO 和 GSM/GPRS/EDGE 等频段，支持 LTE CAT4（下行速度为 150Mbps）。其性能稳定，外观小巧，性价比高，可以低功耗实现 SMS（短信服务）和数据信息的传输。

图 9.1　4G 模块

4G 模块如图 9.1 所示。

4G 模块驱动底板采用济南华欧公司生产的 SIM7600CE 开发板，如图 9.2 所示。

物联网综合实验箱上的 4G 模块驱动底板也采用济南华欧公司生产的华智 4G 模块开发板，如图 9.3 所示。

2．AT 指令简介

AT（Attention）指令是指用于终端设备与 PC 机应用之间的连接与通信的指令。每个 AT 指令行中只能包含一条 AT 指令。对于 AT 指令，除“AT”两个字符外，最多可以接收 1056 个字符（包括最后的空字符）。

AT 指令是以“AT”作为头部、以回车符作为结束符的字符串。每条指令执行成功与否都有相应的返回结果（成功则返回“OK”字符串）。对于其他一些非预期的信息（如有人拨号进来、线路无信号等），模块也有对应的信息提示，接收端可做相应的处理。

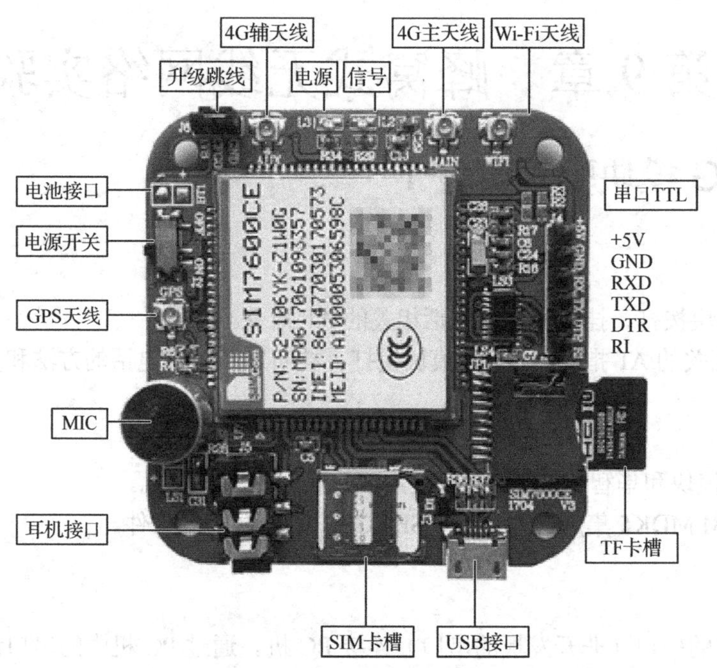

图 9.2　SIM7600CE 开发板

图 9.3　华智 4G 模块开发板

如果想通过 4G 模块打电话，只要向 4G 模块的串口发送相应的 AT 指令即可，相应的 AT 指令为："ATDxxxxxxxxxxx;（回车符）"，其中，xxxxxxxxxxx 为电话号码，位数可变，后面跟着分号。

当 4G 模块接收到来电时，会通过串口输出相应的字符串"RING"来作为提示。然后可通过向 4G 模块的串口发送接电话的相应 AT 指令，完成电话的接听，相应的 AT 指令为："ATA（回车符）"。

当通话的对方挂断通话时，4G 模块会自动结束通话，回到待机状态；当 4G 模块想主动挂断通话时，可以向 4G 模块的串口发送相应的 AT 指令，相应的 AT 指令为："AT+CHUP（回车符）"。

实验步骤

1）对 4G 模块所在的开发板上的 STM32 芯片进行擦除操作。

① 在 PC 机上安装 J-Link 调试下载软件，文件名为 Setup_JLink_V490.exe。双击运行该软

件，开始安装，安装许可页面如图 9.4 所示。

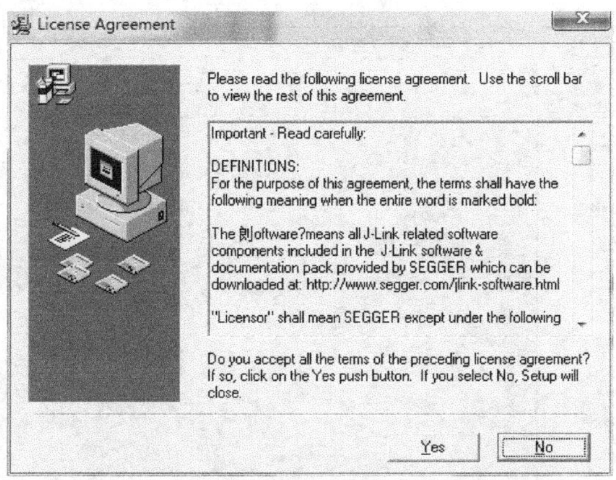

图 9.4　安装许可页面

按照提示单击“Yes”或“Next”按钮，直到出现选择 MDK 环境的页面，如图 9.5 所示。

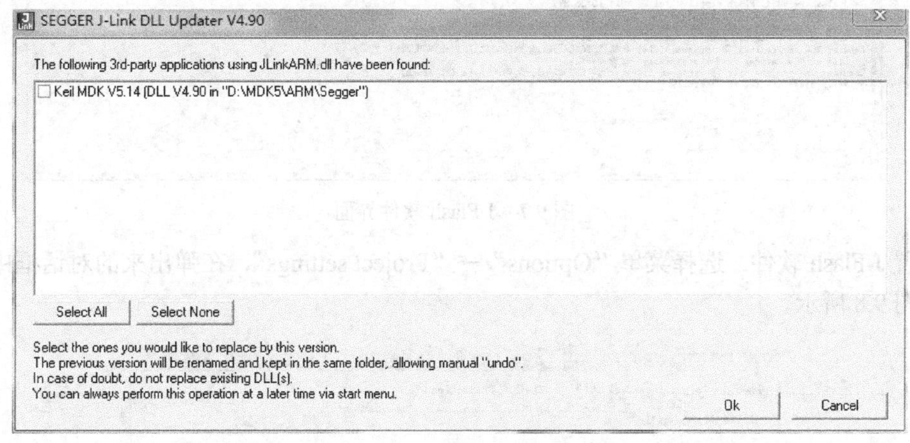

图 9.5　选择 MDK 环境

在此页面中会列出之前已经安装成功的 MDK 环境，在该选项前打勾，单击 Ok 按钮。最后单击 Finish 按钮即可。

② 连接 J-Link 下载器，其 JTAG 口接 4G 模块，USB 接口接 PC 机，然后把图 9.6 中 4G 模块的两个开关都打开。

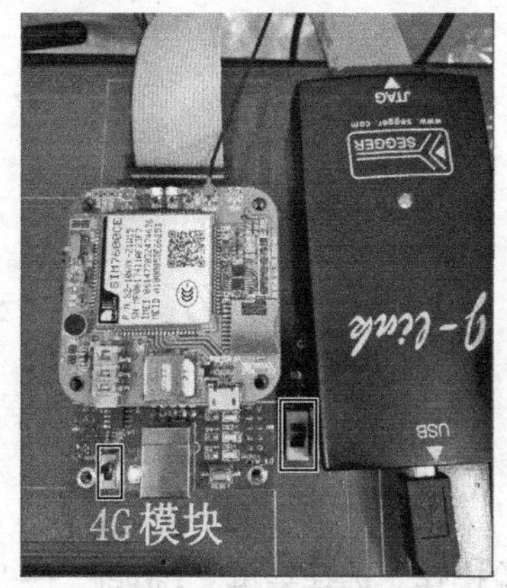

图 9.6　连接 J-Link 下载器并打开开关

③ 打开 J-Flash 软件，界面如图 9.7 所示。

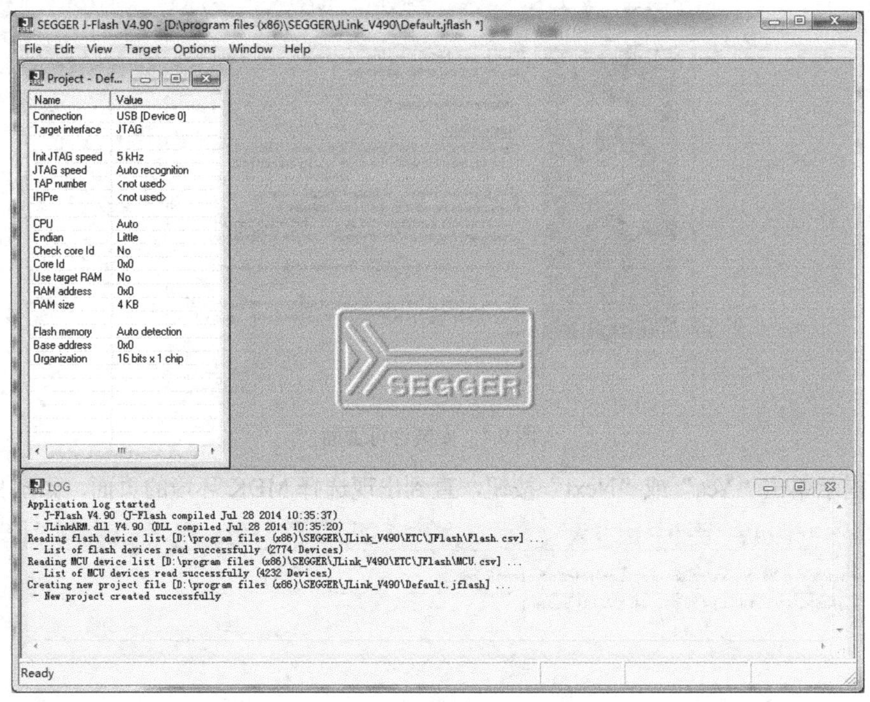

图 9.7　J-Flash 软件界面

设置 J-Flash 软件：选择菜单“Options”→“Project settings”，在弹出来的对话框中进行设置，如图 9.8 所示。

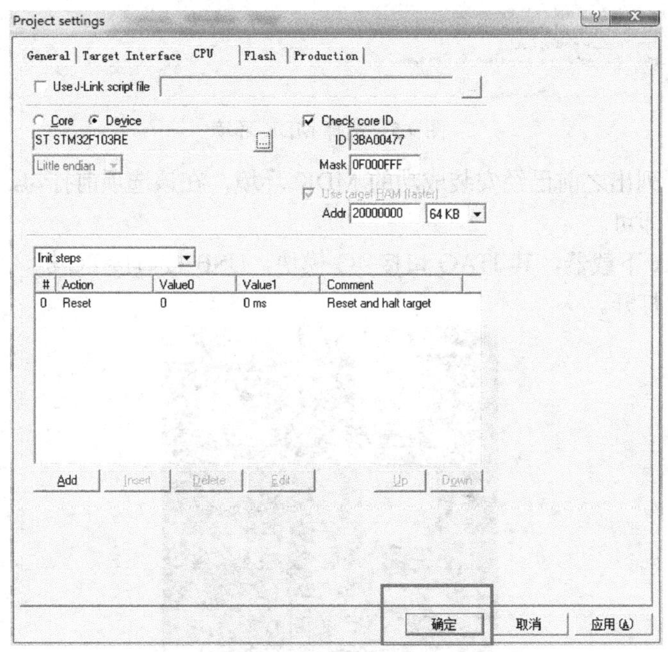

图 9.8　Project settings 设置完成

④ 对 STM32 芯片进行擦除操作。选择菜单“Target”→“Erase chip”，进行擦除操作。擦除完毕，将出现提示框，单击“确定”按钮即可。

2）将4G模块连接PC机，并且在PC机上安装4G模块的驱动程序。

① 用迷你USB线把4G模块的USB接口和PC机的USB接口连接起来，最好接PC机的USB3.0接口，供电电流会大些，同时，建议把实验箱其他设备的电源都关掉，这样模块运行会更稳定。这里为了操作方便，接在PC机机箱前面板的USB2.0接口上。

② 右击桌面上的“我的电脑”图标，选择菜单“管理”，打开计算机管理窗口，选择“设备管理器”项，如图9.9所示。会发现有几个设备是没有驱动程序的，其图标上有黄色的感叹号，如图9.10所示，这表示我们要手动安装驱动程序。

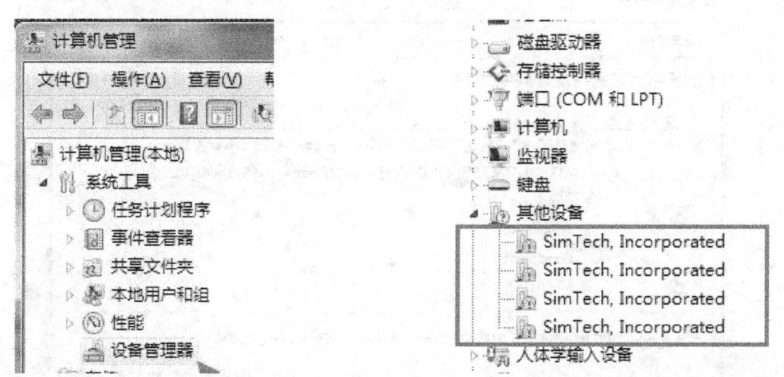

图9.9 选择“设备管理器”项　　　　图9.10 图标上有黄色的感叹号

③ 找到相关驱动程序文件（可向实验室管理员咨询获取方法），如图9.11所示。

图9.11 相关驱动程序文件

把该文件解压到相应的文件夹中。

④ 返回设备管理器，右击带黄色感叹号的设备，选择菜单“更新驱动程序软件”。进入“更新驱动程序软件”向导页面，按图9.12进行选择。

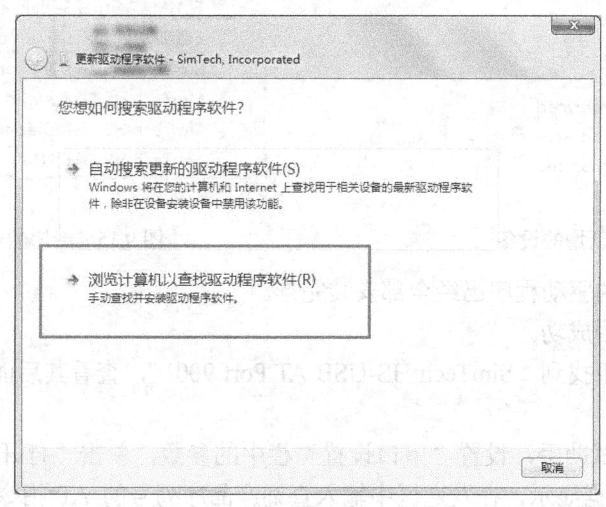

图9.12 搜索驱动程序软件

在下一个页面中，在打开的对话框中按图 9.13 定位驱动程序所在的文件夹。

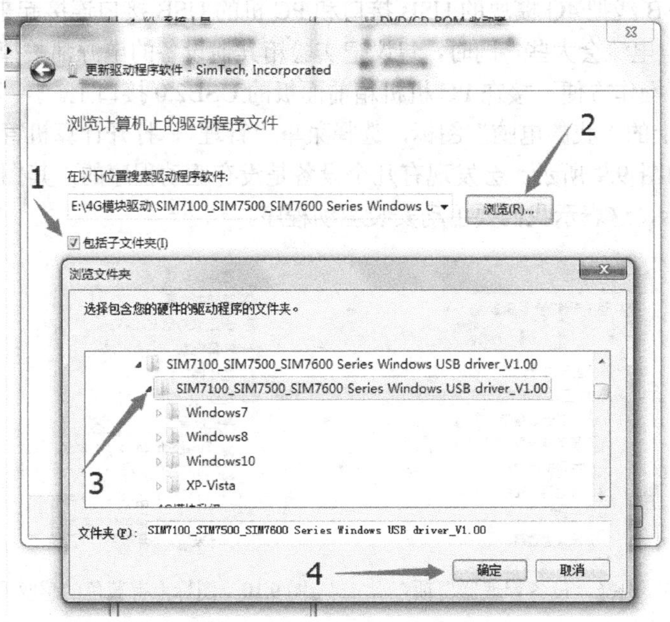

图 9.13　定位驱动程序所在的文件夹

单击“下一步”按钮，开始安装驱动程序。驱动程序安装完成后，将显示成功更新驱动程序页面，单击“关闭”按钮即可。

⑤ 再次返回设备管理器，可以在“端口”下面看到新增了一个设备，后面还带有 COM 号，如图 9.14 所示。

⑥ 为其他三个设备安装驱动程序，结果如图 9.15 所示。

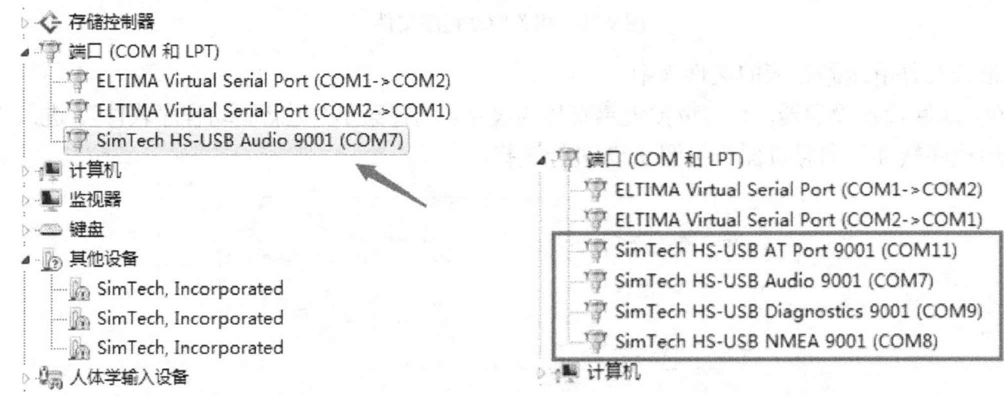

图 9.14　新增的设备　　　　图 9.15　新增的 4 个设备

这时，4G 模块的驱动程序已经全部安装完毕。

3）测试连接是否成功。

① 在“端口”下找到“SimTech HS-USB AT Port 9001”，查看其后面的 COM 号，这里是 COM11。

② 打开串口调试助手，设置“串口设置”栏中的参数，单击“打开”按钮，串口数据接收区一般会有几行数据显示，在发送区中输入查询产品序列号的 AT 指令：“AT+CGSN（回车符）”，单击“发送”按钮，即可在串口数据接收区中收到相应的序列号，下面一般显示“OK”

字符串，如图 9.16 所示。

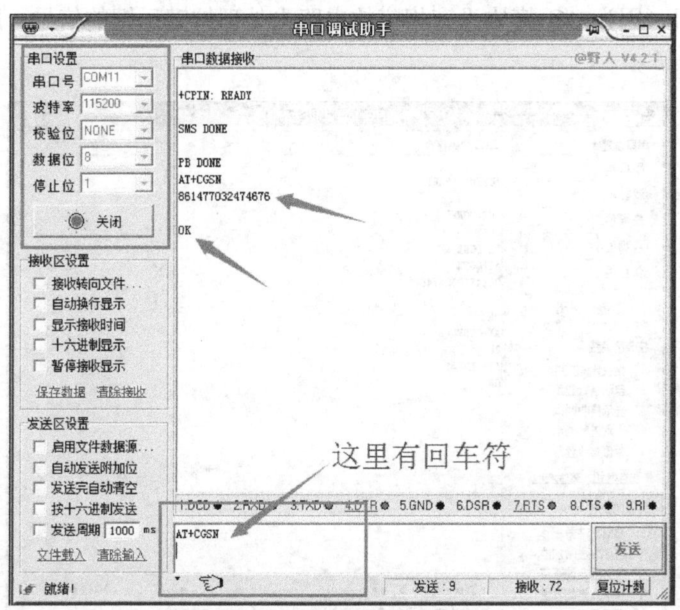

图 9.16　查询产品序列号

成功收到产品序列号，证明 4G 模块和 PC 机之间已经连接成功。

4）用串口调试助手直接发送 10086 或 10010 电话的拨打、挂断以及接听指令。

① 在发送拨打电话指令前，需先发送两条指令，分别设置语音通过耳机输出（默认为扬声器接口输出）和设置音量。

设置语音通过耳机输出的指令为："AT+CSDVC=3（回车符）"，发送后接收到"OK"字符串，表示设置成功，如图 9.17 所示。

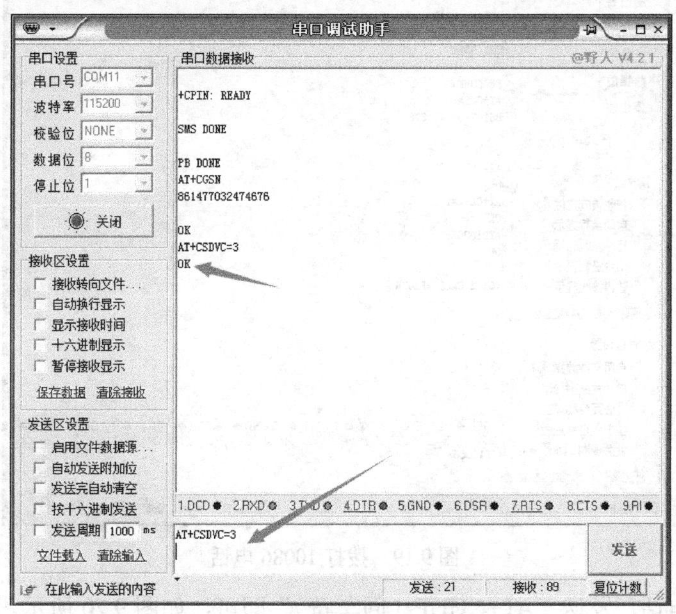

图 9.17　设置语音通过耳机输出

设置音量的指令为："AT+CLVL=1（回车符）"，如图 9.18 所示，1 为音量的最小等级，可取值为 1～5。但在实际应用中，即使设置为最小音量，音量可能还是很大，所以最好配上带物理音量调节的耳机（因为 4G 模块没有相应的电路去处理按键反馈的信号，所以不能是用按键调节音量的耳机）。

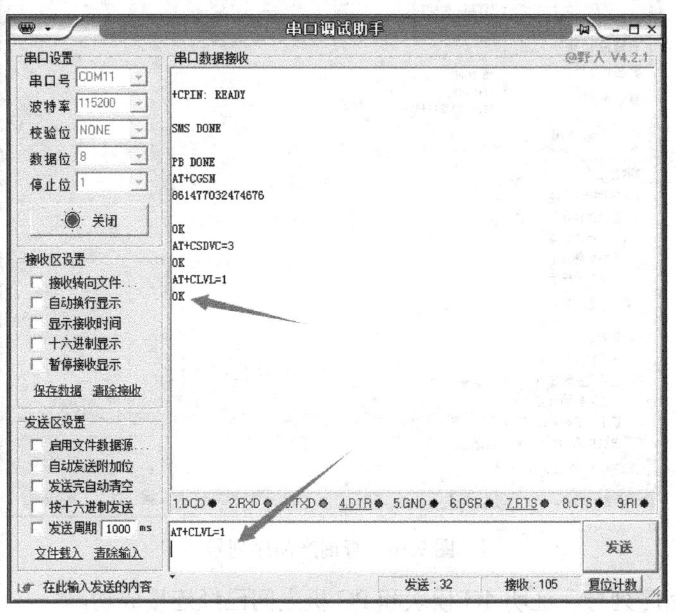

图 9.18 设置音量

② 插上耳机，发送拨打 10086 电话的指令：“ATD10086;（回车符）”，稍等片刻，即可拨通 10086 电话，如图 9.19 所示。

图 9.19 拨打 10086 电话

如果想挂断电话，发送“AT+CHUP（回车符）”即可，如图 9.20 所示。

③ 当有来电时，4G 模块会通过串口发出“RING”字符串，此时，发送“ATA（回车符）”给 4G 模块，就可以接听此来电了，如图 9.21 所示。

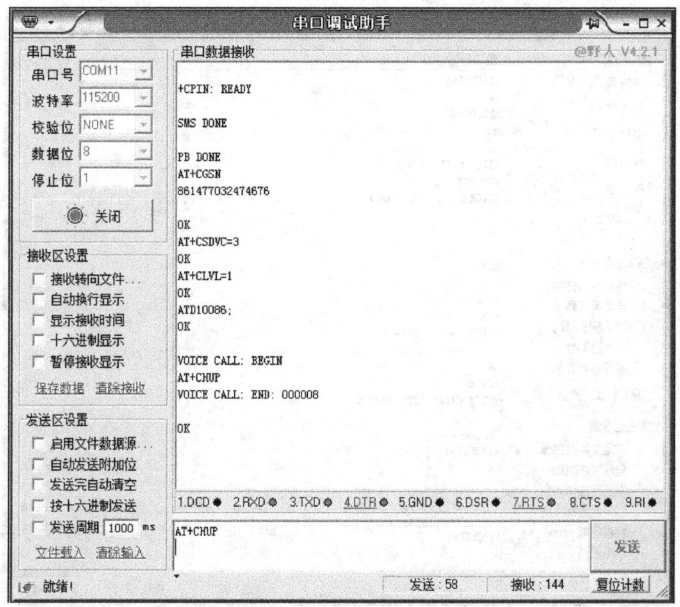

图 9.20　挂断电话

图 9.21　接听来电

再次发送“AT+CHUP（回车符）”即可挂断电话。另外，从图 9.21 中可看到，虽然提示有来电了，但是来电的号码并没有显示出来，那是因为我们并没有发送显示来电号码的指令“AT+CLIP=1（回车符）”，所以我们需补发此指令，如图 9.22 所示。

之后如果再有来电，就可以显示来电号码了，如图 9.23 所示。

综上所述，在使用 4G 模块进行电话通信时，需首先发送设置指令进行设置，才能正常使用 4G 模块。设置指令说明如下。

① 设置显示来电号码指令：AT+CLIP=1（回车符）

② 设置语音通过耳机输出指令：AT+CSDVC=3（回车符）

图 9.22　显示来电号码的指令

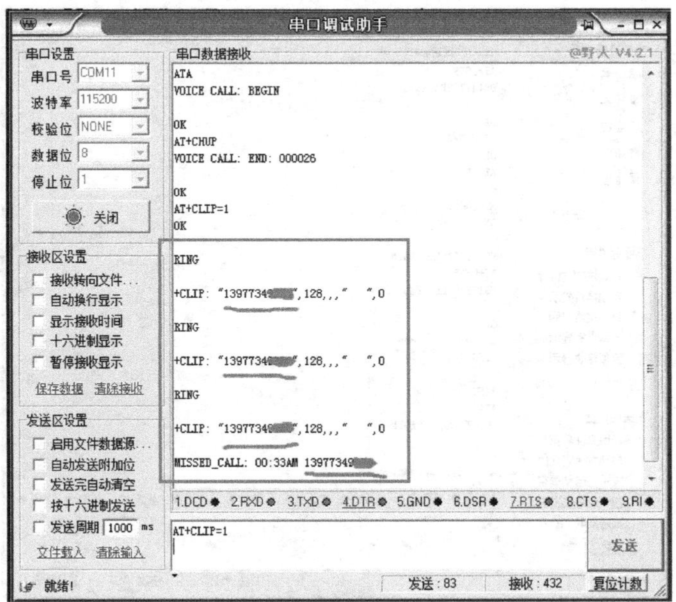

图 9.23　显示来电号码

③ 设置音量指令：AT+CLVL=1（回车符）

设置好后，方可使用以下指令实现电话通信功能。

① 拨打电话指令：ATDxxxxxxxxxxx;（回车符）

② 接听电话指令：ATA（回车符）

③ 挂断通话指令：AT+CHUP（回车符）

思考题

1．如何给自己的手机拨打电话、挂断电话？

9.2 4G 模块驱动实验 2

实验目的

熟悉 4G 模块拨打、挂断及接听电话相关的 AT 指令。

掌握利用单片机发送 AT 指令实现 4G 模块拨打、挂断以及接听电话的方法和步骤。

实验环境

硬件：4G 模块和华智 4G 模块开发板，JTAG 下载器，PC 机。

软件：ARM MDK5 集成开发环境。

实验内容

编写程序，可通过按键控制 STM32 芯片发送 AT 指令给 4G 模块进行拨打、挂断和接听电话等操作，同时将开发板的串口连接 PC 机，通过串口调试助手来查看串口输出的提示信息。

实验原理

可以用 PC 机的串口发送 AT 指令直接控制 4G 模块，但是每次只能发送一条 AT 指令，既费时又费力（见 9.1 节）。使用开发板可以发送一系列的 AT 指令，这样既方便又省时间。

将 4G 模块插在开发板上，模块上的串口连接开发板上的 STM32 芯片相应的串口，编写程序让 STM32 芯片通过串口发送相应的 AT 指令，并且接收并处理 4G 模块返回的相应指令，这样即可方便地实现 4G 模块的相应功能（打电话、接电话、发短信、网络通信等）。

实验步骤

1）打开原来建好的 STM32 工程模板，把工程的文件名字更改成自己想要的名字（这里改成了 Call）。

2）打开并且配置工程。打开 Call 工程，然后单击“配置”按钮，进入选项对话框。单击 Device 选项卡，选择相应型号的芯片，如图 9.24 所示。

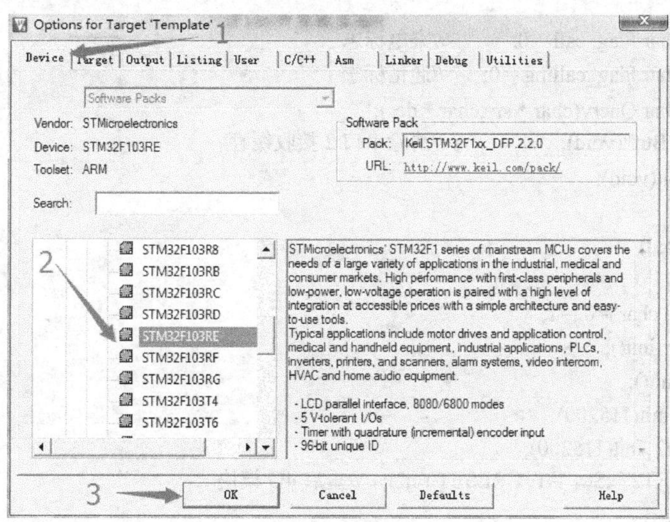

图 9.24　配置工程

如果需要更改生成的.hex 文件的文件名，可在 Output 选项卡中进行修改，如图 9.25 所示。

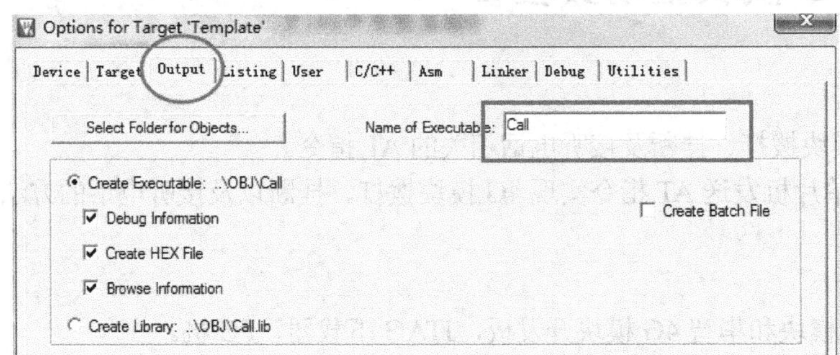

图 9.25　在 Output 中更改.hex 文件名

3）将 USER 工程文件夹下的 main.c 文件的代码替换为以下代码：

```
#include "stm32f10x.h"
#include "usart.h"
#include "delay.h"
#define LED1            PCout(8)
#define LED2            PCout(7)
#define LED3            PCout(6)
#define LED1_ON         (PCout(8) = 0)
#define LED1_OFF        (PCout(8) = 1)
#define LED2_ON         (PCout(7) = 0)
#define LED2_OFF        (PCout(7) = 1)
#define LED3_ON         (PCout(6) = 0)
#define LED3_OFF        (PCout(6) = 1)
#define KEY1            PCin(13)
#define KEY2            PCin(14)
extern char USART2_RX_BUF[USART_REC_LEN];//接收缓冲
extern u16 USART2_RX_STA;

char *Phone = "ATD10086;\r\n";   //这里可以修改为自己想要拨打的电话

unsigned char Flag_call = 0;       //来电标志
unsigned char Flag_calling = 0;    //通话标志
unsigned char Query(char * src,char * des);
void CLR_Buf2(void);               //清除串口 2 接收缓存
void LedInit(void);

int main(void)
{
  unsigned char i=0,j=1;
     delay_init();
     LedInit();
     uart_init(115200);
     Usart2_Init(115200);
     USART2TxStr("AT+CRESET\r\n");  //重启 4G 模块
     while(j)
     {
```

```
            LED1_ON;
            LED3_OFF;
            delay_ms(300);
            LED1_OFF;
            LED3_ON;
            delay_ms(300);
            if(Query(USART2_RX_BUF,"PB DONE"))//查询是否包含该串，是则返回 1，否则返回 0
            {//当串口 2 接收到“PB DONE”字符串时，说明 4G 模块已经准备好
                CLR_Buf2();                              //清除串口 2 接收缓存
                UART1_Send_Str("4G 模块准备就绪！\r\n"); //串口 1 输出提示信息
                LED3_OFF;
                for(i = 0;i < 5;i ++)                    //LED1 灯闪烁
                {
                    LED2_ON;
                    delay_ms(200);
                    LED2_OFF;
                    delay_ms(200);
                }
                j = 0;
            }
        }
        while(1)
        {
            if(!KEY1)                                    //拨打/接听电话按键按下
            {
                delay_ms(100);                           //消抖延时
                if(!KEY1)
                {
                    delay_ms(100);                       //消抖延时
                    while(!KEY1);                        //松手检测
                    if(Flag_call)                        //如果有来电就接电话
                    {
                        Flag_call = 0;                   //来电标志清零
                        USART2TxStr("ATA\r\n");          //发送接听电话指令
                        Flag_calling = 1;                //通话标志置位
                    }
                    else                                 //如果没有来电就打电话
                    {
                        USART2TxStr("AT+CSDVC=3\r\n");          //设置语音通过耳机输出
                        UART1_Send_Str("设置耳机输出！\r\n");   //串口 1 输出提示信息
                        for(i = 0;i < 2;i ++)                   //LED2 闪烁，并且延时
                        {
                            LED3_ON;
                            delay_ms(500);
                            LED3_OFF;
                            delay_ms(500);
                        }
                        USART2TxStr("AT+CLVL=1\r\n");   //发送设置音量指令
                        UART1_Send_Str("设置音量！\r\n");   //串口 1 输出提示信息
```

```
				for(i = 0;i < 2;i ++)							//LED3 闪烁，并且延时
				{
					LED3_ON;
					delay_ms(500);
					LED3_OFF;
					delay_ms(500);
				}
				USART2TxStr(Phone);							//发送拨打电话指令
				UART1_Send_Str("拨打电话中...\r\n");	//串口 1 输出提示信息
				LED3_ON;									//LED3 亮起
			}
		}
	}
	if(!KEY2)												//挂断电话按键按下
	{
		delay_ms(100);										//消抖延时
		if(!KEY2)
		{
			delay_ms(100);									//消抖延时
			while(!KEY2);									//松手检测
			USART2TxStr("AT+CHUP\r\n");						//发送挂断电话指令
			LED3_OFF;
			Flag_calling = 0;								//通话标志清零
		}
	}
	if(Query(USART2_RX_BUF,"RING"))							//4G 模块返回接收到来电提示
	{
		CLR_Buf2();											//清除串口 2 接收缓存
		UART1_Send_Str("有来电！ \r\n");					//串口 1 输出提示信息
		LED1_ON;											//LED1 亮起，提示有来电
		Flag_call = 1;										//来电标志置位
	}
	if(Query(USART2_RX_BUF,"VOICE CALL: BEGIN"))	//4G 模块返回正在通话提示
	{
		CLR_Buf2();											//清除串口 2 接收缓存
		UART1_Send_Str("正在通话中...\r\n");				//串口 1 输出提示信息
		LED2_ON;											//LED2 亮起
		Flag_calling = 1;									//通话标志置位
	}
	if(Query(USART2_RX_BUF,"VOICE CALL: END"))		//4G 模块返回通话结束提示
	{
		CLR_Buf2();											//清除串口 2 接收缓存
		UART1_Send_Str("通话结束！ \r\n");					//串口 1 输出提示信息
		LED2_OFF;
		LED3_OFF;
		Flag_calling = 0;									//通话标志清零
	}
	if(Query(USART2_RX_BUF,"MISSED_CALL"))				//4G 模块返回有未接来电提示
	{
```

```
				CLR_Buf2();								//清除串口 2 接收缓存
				UART1_Send_Str("有未接来电！ \r\n");			//串口 1 输出提示信息
				LED1_OFF;								//LED1 熄灭
				Flag_call = 0;							//来电标志清零
			}
			if(Query(USART2_RX_BUF,"NO CARRIER"))			//4G 模块返回空闲状态提示
			{
				CLR_Buf2();								//清除串口 2 接收缓存
				Flag_call = 0;							//来电标志清零
				Flag_calling = 0;						//通话标志清零
				LED1_OFF;
				LED2_OFF;
				LED3_OFF;
			}
		}
	}
	unsigned char Query(char * src,char * des)//查询有无包含该字符串，有则返回 1，无则返回 0
	{
		unsigned int y= 0,strlen= 0,n= 0;
		unsigned char Result = 0;
		char * i;
		i = des;
		for(; *i != '\0';i ++,strlen ++){}				//判断需要检测的字符的长度
		for(y = 0; y < USART_REC_LEN - strlen;y ++)	//开始检测，次数为总长度减去字符长度的字节数
		{
			for(n = 0;n < strlen;n ++)
			{
				//开始检测双方的第一字节，若相等则结果为 1，继续检测双方的第二字节
				if(*(src + y + n) == *(des + n))
				{
					Result = 1;
				}
				else
				{
					//若不相等则结果为 0
					//并且退出此次循环，开始检测数组的第二字节和字符的第一字节
					Result = 0;
					break;
				}
			}
			if(n == strlen)
			{
				return Result;
			}
		}
		return Result;
	}
	void LedInit()
	{
```

```
    GPIO_InitTypeDef   Led_Str;
    RCC_APB2PeriphClockCmd(RCC_APB2Periph_GPIOC, ENABLE); //使能 PC 机端口时钟
    Led_Str.GPIO_Pin = GPIO_Pin_6;                        //LED0->PB.5 口配置
    Led_Str.GPIO_Mode = GPIO_Mode_Out_PP;                 //推挽输出
    Led_Str.GPIO_Speed = GPIO_Speed_50MHz;                //I/O 口频率为 50MHz
    GPIO_Init(GPIOC, &Led_Str);

    Led_Str.GPIO_Pin = GPIO_Pin_7;                        //LED0->PB.5 口配置
    Led_Str.GPIO_Mode = GPIO_Mode_Out_PP;                 //推挽输出
    Led_Str.GPIO_Speed = GPIO_Speed_50MHz;                //I/O 口频率为 50MHz
    GPIO_Init(GPIOC, &Led_Str);

  Led_Str.GPIO_Pin = GPIO_Pin_8;                          //LED0->PB.5 口配置
  Led_Str.GPIO_Mode = GPIO_Mode_Out_PP;                   //推挽输出
  Led_Str.GPIO_Speed = GPIO_Speed_50MHz;                  //I/O 口频率为 50MHz
  GPIO_Init(GPIOC, &Led_Str);

  GPIO_SetBits(GPIOC,GPIO_Pin_6);                         //PC6 输出高电平
  GPIO_SetBits(GPIOC,GPIO_Pin_7);                         //PC7 输出高电平
    GPIO_SetBits(GPIOC,GPIO_Pin_8);                       //PC8 输出高电平
  LED1_OFF;
  LED2_OFF;
    LED3_OFF;
}
void KeyInit()
{
    GPIO_InitTypeDef   Key_Str;
    RCC_APB2PeriphClockCmd(RCC_APB2Periph_GPIOC,ENABLE); //使能 PC 机端口时钟

  Key_Str.GPIO_Pin = GPIO_Pin_13|GPIO_Pin_14;
  Key_Str.GPIO_Mode = GPIO_Mode_IPU;
  //Key_Str.GPIO_Speed = GPIO_Speed_50MHz;
  GPIO_Init(GPIOC,&Key_Str);
}
void CLR_Buf2(void)                                       //清除串口 2 接收缓存
{
    unsigned int y=0;
    for( y= 0;y < USART_REC_LEN;y ++)
    {
         USART2_RX_BUF[y] = '\0';
    }
    USART2_RX_STA =0;
}
```

4）打开 SYSTEM 工程文件夹下的 usart.c 文件，将以下代码添加到文件的最后：

```
/////////////////串口 1 发送字符串////////////////////////////////
void UART1_Send_Str(char *s)           //发送字符串函数，应用指针方法
{
    unsigned int i=0;                  //定义一个局部变量用来发送字符串，++运算
```

```
        while(s[i]!='\0')                   // 每个字符串结尾都是以\0 结尾的
        {
            USART_SendData(USART1,s[i]);        //通过库函数发送数据
            while( USART_GetFlagStatus(USART1,USART_FLAG_TC)!= SET);
            //等待发送完成，检测 USART_FLAG_TC 是否置 1
            i++;                                //i++一次
        }
}
/////////////////////////串口 2 初始化////////////////////////////////////////
char USART2_RX_BUF[USART_REC_LEN];                  //接收缓冲，最大 USART_REC_LEN 字节
u16 USART2_RX_STA=0;                                //接收状态标志
static void USART2_RCC_Configuration(void)          //初始化 USART2 的时钟
{
    RCC_APB2PeriphClockCmd(RCC_APB2Periph_GPIOA | RCC_APB2Periph_AFIO, ENABLE);
    RCC_APB1PeriphClockCmd(RCC_APB1Periph_USART2 , ENABLE);
}
//配置 USART2 的工作模式
static void USART2_GPIO_Configuration(void)
{
    /*定义 GPIO 初始化结构体*/
    GPIO_InitTypeDef GPIO_InitStructure;
    /*初始化结构体*/
    GPIO_StructInit(&GPIO_InitStructure);
    /*配置 USART2 的接收端口*/
    GPIO_InitStructure.GPIO_Pin = GPIO_Pin_3;       //PA.3
    GPIO_InitStructure.GPIO_Mode = GPIO_Mode_IN_FLOATING;
    GPIO_Init(GPIOA, &GPIO_InitStructure);          //初始化 PA.3
    /*配置 USART2 的发送端口*/
    GPIO_InitStructure.GPIO_Pin = GPIO_Pin_2;       //PA.2
    GPIO_InitStructure.GPIO_Speed = GPIO_Speed_50MHz;
    GPIO_InitStructure.GPIO_Mode = GPIO_Mode_AF_PP;  //复用推挽输出
    GPIO_Init(GPIOA, &GPIO_InitStructure);          //初始化 PA.2
}
//配置 USART2 的工作参数
static void USART2_Configuration(u32 bound)
{
    USART_InitTypeDef USART_InitStructure;
    /*USART 相关时钟初始化配置*/
    USART2_RCC_Configuration();
    /*USART 相关 GPIO 初始化配置*/
    USART2_GPIO_Configuration();
    USART_InitStructure.USART_BaudRate = bound;
    USART_InitStructure.USART_WordLength = USART_WordLength_8b;
    USART_InitStructure.USART_StopBits = USART_StopBits_1;
    USART_InitStructure.USART_Parity = USART_Parity_No;
    USART_InitStructure.USART_HardwareFlowControl = USART_HardwareFlowControl_None;
    USART_InitStructure.USART_Mode = USART_Mode_Rx | USART_Mode_Tx;
    /*配置 USART2 的异步双工串行工作模式*/
    USART_Init(USART2, &USART_InitStructure);
```

```
        /*使能 USART2 的接收中断 */
        USART_ITConfig(USART2, USART_IT_RXNE, ENABLE);
        /*关闭 USART2 的发送中断*/
        USART_ITConfig(USART2, USART_IT_TXE, DISABLE);
        /*使能 USART2*/
        USART_Cmd(USART2, ENABLE);
}
//配置中断优先级函数
static void USART2_NVIC_Configuration(void)
{
        NVIC_InitTypeDef NVIC_InitStructure;
        /* 配置 NVIC 抢占优先位*/
        NVIC_PriorityGroupConfig(NVIC_PriorityGroup_0);
        /* USART2 中断优先级*/
        NVIC_InitStructure.NVIC_IRQChannel = USART2_IRQn;
        NVIC_InitStructure.NVIC_IRQChannelSubPriority = 1;
        NVIC_InitStructure.NVIC_IRQChannelCmd = ENABLE;
        NVIC_Init(&NVIC_InitStructure);
}
void Usart2_Init(u32 bound)
{
        USART2_RCC_Configuration();
        USART2_GPIO_Configuration();
        USART2_Configuration(bound);
        USART2_NVIC_Configuration();
}
/* USART2 发送一个字符 */
void USART2TxChar(int ch)
{
        USART_SendData(USART2,(u8) ch);
        while(USART_GetFlagStatus(USART2, USART_FLAG_TXE) == RESET)
        {}
}
/* USART2 发送一个字符串 */
void USART2TxStr(char *pt)
{
                while(*pt != '\0')
                {
                        USART2TxChar(*pt);
                        pt++;
                }
}
void USART2_IRQHandler(void)                                                    //串口 2 中断服务程序
{
        u8 Res;
                if(USART_GetITStatus(USART2, USART_IT_RXNE) != RESET)     //接收中断
                {
                        Res =USART_ReceiveData(USART2);                          //读取接收到的数据
                        USART2_RX_BUF[USART2_RX_STA&0x3fff]=Res;
```

```
            USART2_RX_STA++;
        }
    }
```

在代码中找到“#include "usart.h"”语句，在该语句上右击，选择菜单“Open document "usart.h"”，打开 usart.h 文件。在 usart.h 文件中添加代码，如图 9.26 所示。

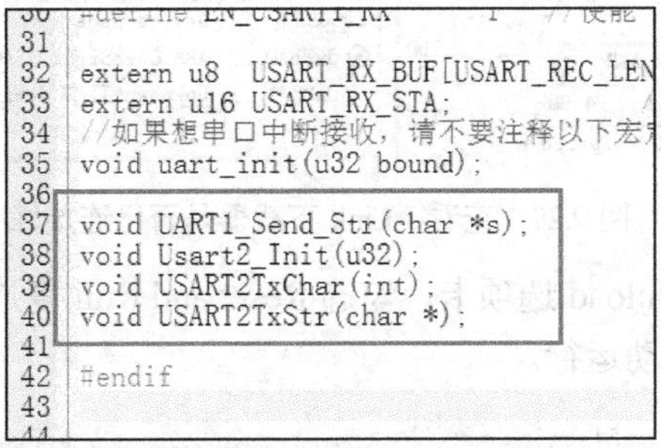

```
#define EN_USART1_RX        1   //使能

extern u8  USART_RX_BUF[USART_REC_LEN
extern u16 USART_RX_STA;
//如果想串口中断接收，请不要注释以下宏
void uart_init(u32 bound);

void UART1_Send_Str(char *s);
void Usart2_Init(u32);
void USART2TxChar(int);
void USART2TxStr(char *);

#endif
```

图 9.26　在 usart.h 文件中添加代码

5）编译程序。编译完成应该无警告、无错误，如图 9.27 所示。

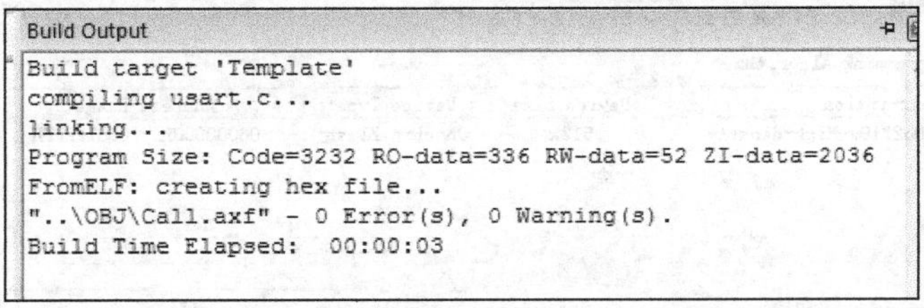

```
Build Output
Build target 'Template'
compiling usart.c...
linking...
Program Size: Code=3232 RO-data=336 RW-data=52 ZI-data=2036
FromELF: creating hex file...
"..\OBJ\Call.axf" - 0 Error(s), 0 Warning(s).
Build Time Elapsed:  00:00:03
```

图 9.27　编译完成

6）下载程序。

① 连接好 J-Link 下载器后，按照图 9.28 进行配置。

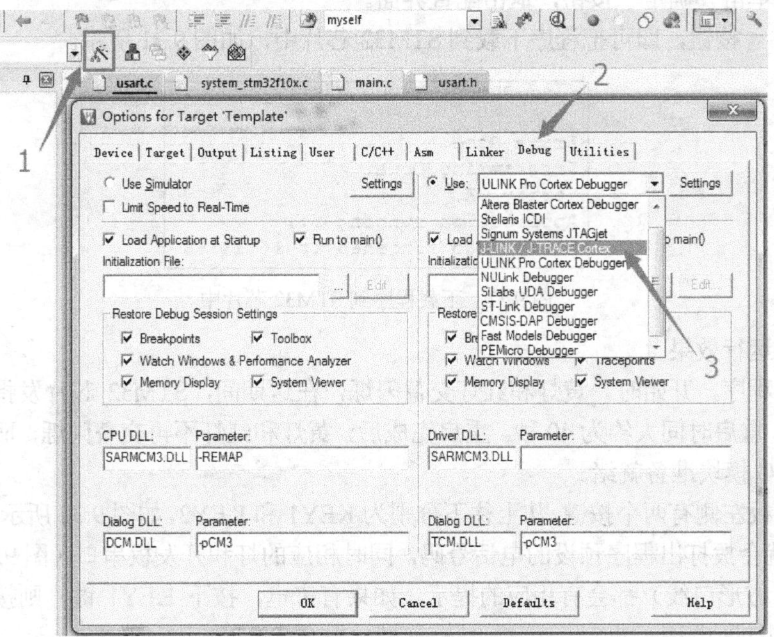

图 9.28　配置 J-Link

② 然后单击 Settings 按钮，在打开的对话框中，如果 JTAG Device Chain 栏内有选项，则证明 J-Link 下载器已连接好，如图 9.29 所示。

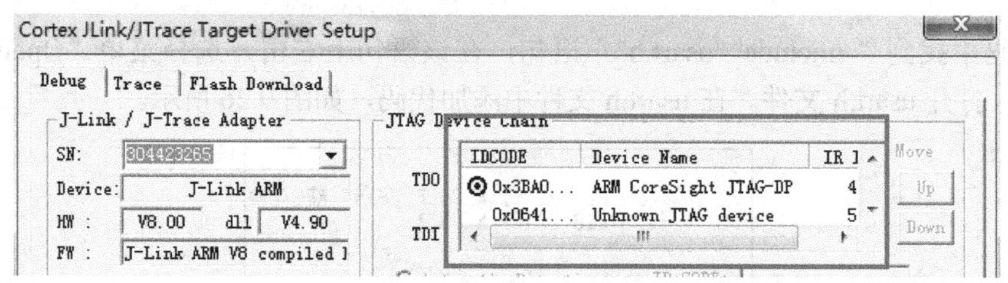

图 9.29　查看 J-Link 下载器是否已连接好

③ 然后单击 Flash Download 选项卡，勾选 Reset and Run 复选框，如图 9.30 所示，目的是让单片机在下载完程序后自动运行。

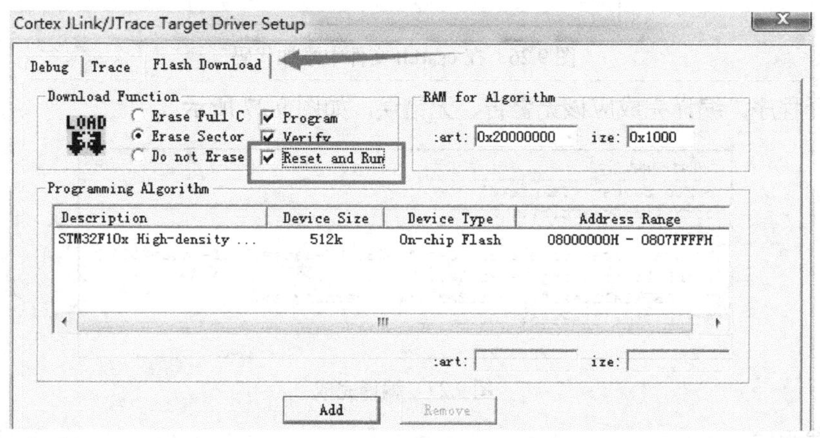

图 9.30　Flash Download 选项卡

④ 最后单击“确定”按钮，退出配置界面。

⑤ 单击按钮，即可把程序下载到 STM32 芯片中，如图 9.31 所示。

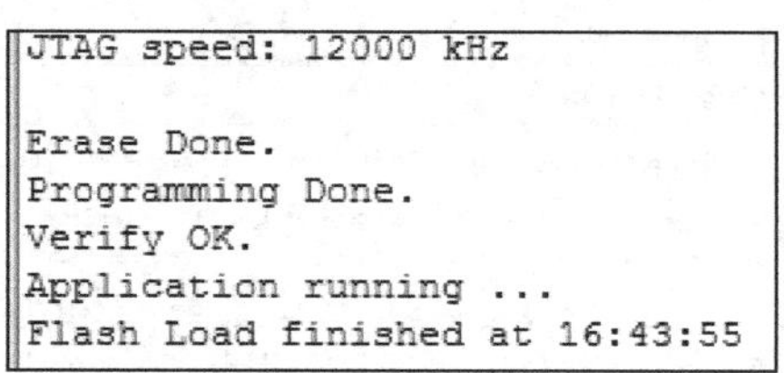

```
JTAG speed: 12000 kHz

Erase Done.
Programming Done.
Verify OK.
Application running ...
Flash Load finished at 16:43:55
```

图 9.31　下载程序到 STM32 芯片中

7）程序运行效果。

① 运行程序，开始时，黄灯和红灯交替闪烁，在这期间，STM32 芯片发指令控制 4G 模块进行重启，重启时间大约为 40 秒。重启完成后，黄灯和红灯不再交替闪烁，而后绿灯会闪烁 5 次，提示 4G 模块准备就绪。

② 开发板左侧有两个按键，从上往下分别为 KEY1 和 KEY2，如图 9.32 所示。当按下 KEY1 键时，模块就会拨打出程序预设的电话号码，同时相应的灯和开发板串口（图 9.32 中标注 2 处需插上 USB 方形口线）都会有相应的提示。如果有来电，按下 KEY1 键，则接听电话；按下 KEY2 键，则挂断电话。

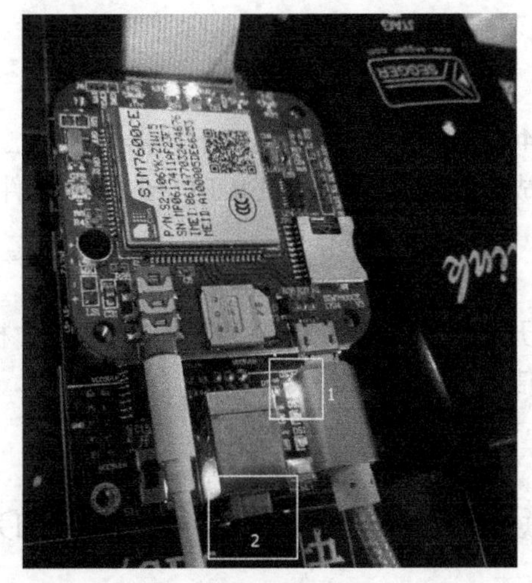

图 9.32　KEY1 和 KEY2 灯亮

在串口调试助手中编写 AT 指令，提示如图 9.33 所示。

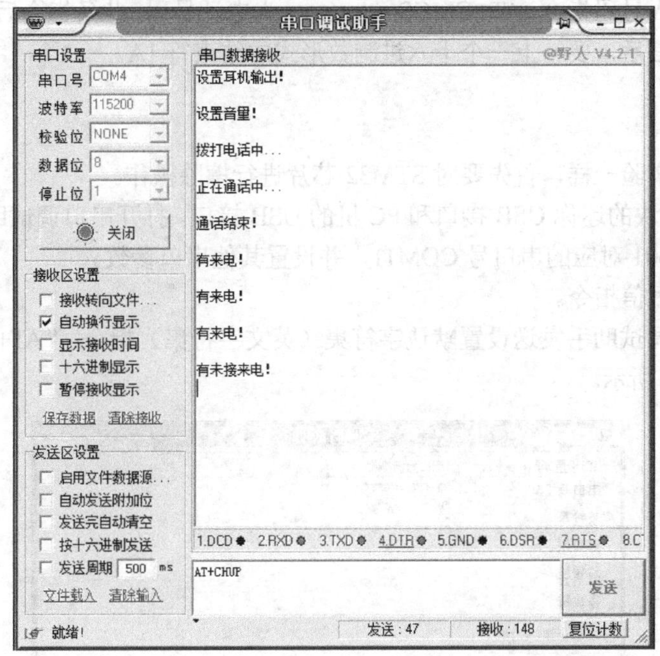

图 9.33　在串口调试助手中编写 AT 指令

思考题

1．如何实现接通电话的功能？

9.3　4G 模块驱动实验 3

实验目的

熟悉 4G 模块发送、读取短信相关的 AT 指令。

掌握利用 PC 机发送 AT 指令实现 4G 模块发送、读取短信的方法和步骤。

实验环境

硬件：4G 模块和华智 4G 模块开发板，JTAG 下载器，PC 机。

软件：ARM MDK5 集成开发环境，SEGGER J-Flash 烧录软件。

实验内容

将 4G 模块的串口（非开发板的串口）连接 PC 机。通过 PC 机中的串口调试助手发送 AT 指令来控制 4G 模块进行短信的发送、读取操作。

实验原理

要想通过 4G 模块发送短信，就需要通过 AT 指令把短信的相关内容发送给 4G 模块，包括收信人号码以及短信内容。

相关的指令包括：

① 设置短信模式指令：AT+CMGF=1（回车符）。

② 发送收信人号码指令：AT+CMGS=xxx（xxx 为电话号码，此条指令后无须添加回车符）。

③ 发送完短信后，要补上一个十六进制数形式的结束符 1A。

实验步骤

1）和前面的实验一样，首先要对 STM32 芯片进行擦除操作。

2）连接 4G 模块的迷你 USB 接口和 PC 机的 USB 接口。打开串口调试助手，选择 SimTech HS-USB AT Port 9001 对应的串口号 COM11，并设置其他串口参数。

3）发送英文短信指令。

① 通过串口调试助手发送设置默认字符集（英文字符集）指令："AT+CSCS="GSM"（回车符）"，如图 9.34 所示。

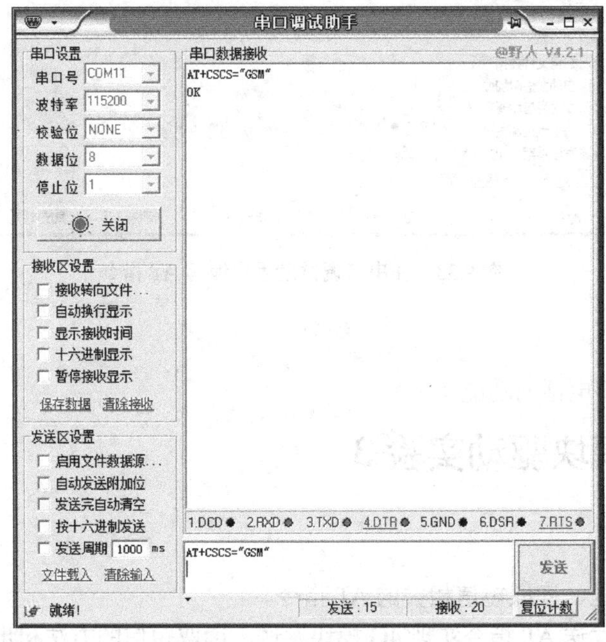

图 9.34　设置默认字符集

② 发送设置文本模式指令："AT+CSMP=17,167,0,0（回车符）"，如图 9.35 所示。

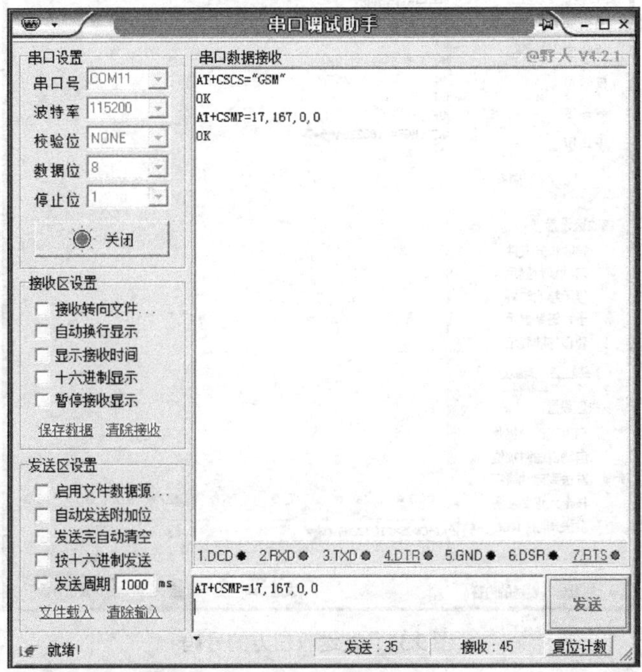

图 9.35　设置文本模式

③ 发送设置短信模式指令："AT+CMGF=1（回车符）"，如图 9.36 所示。

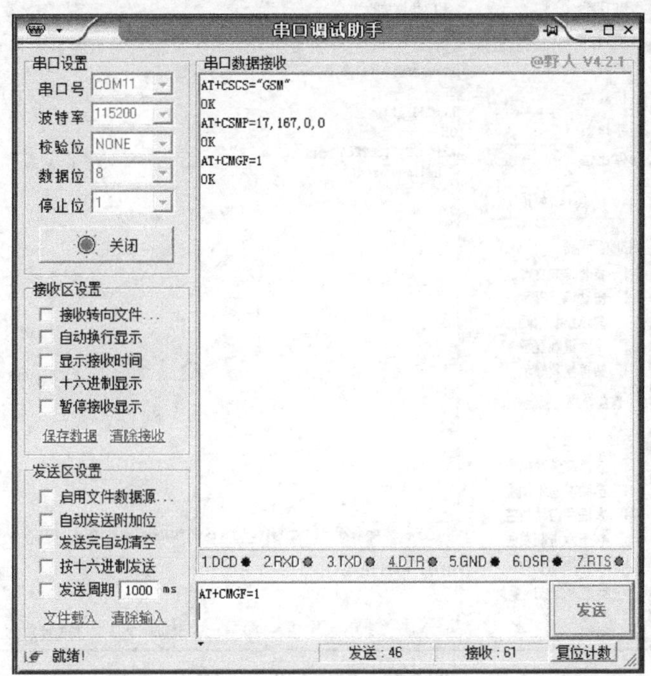

图 9.36　设置短信模式

④ 发送收信方的号码指令："AT+CMGS="1882284****"（回车符）"，如图 9.37 所示。

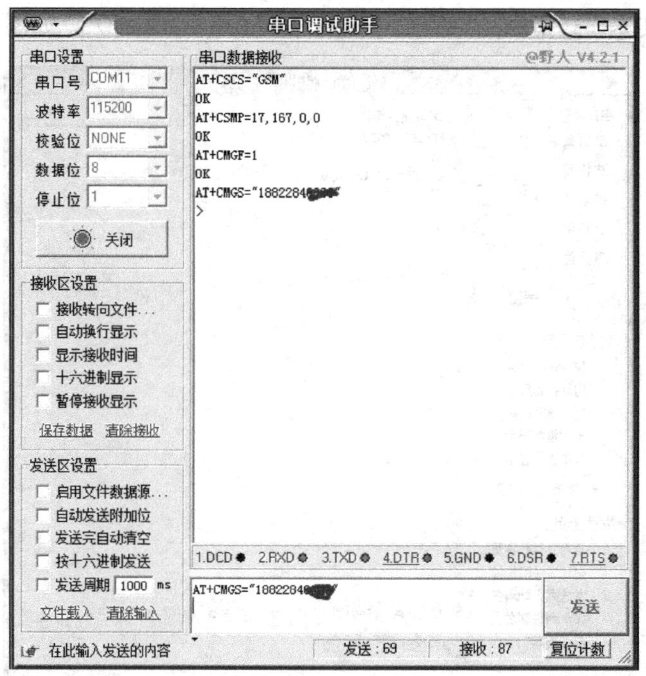

图 9.37　发送收信方的号码

⑤ 发送短信的内容为 hello world!（无回车符），如图 9.38 所示。

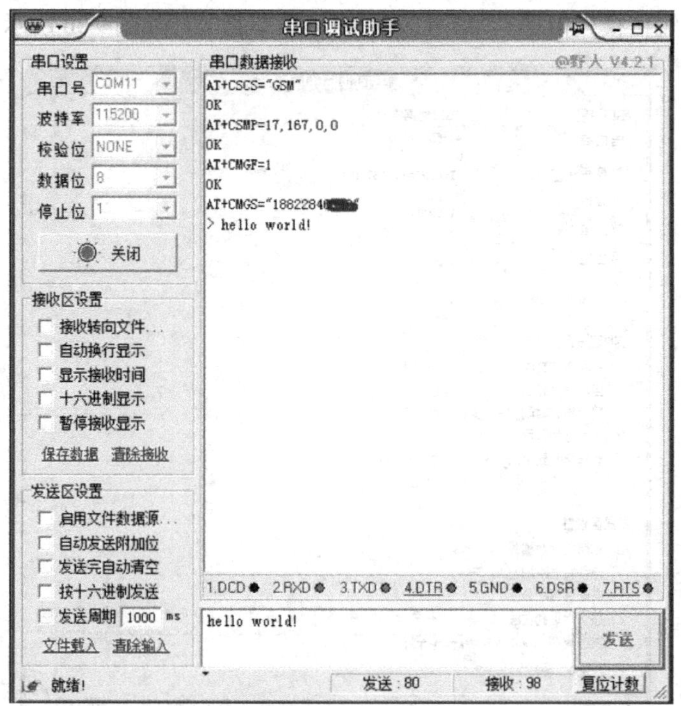

图 9.38　发送 hello world!

⑥ 这时再次以十六进制数形式发送 1A 作为结束符，短信即可成功发出，分别如图 9.39 和图 9.40 所示。

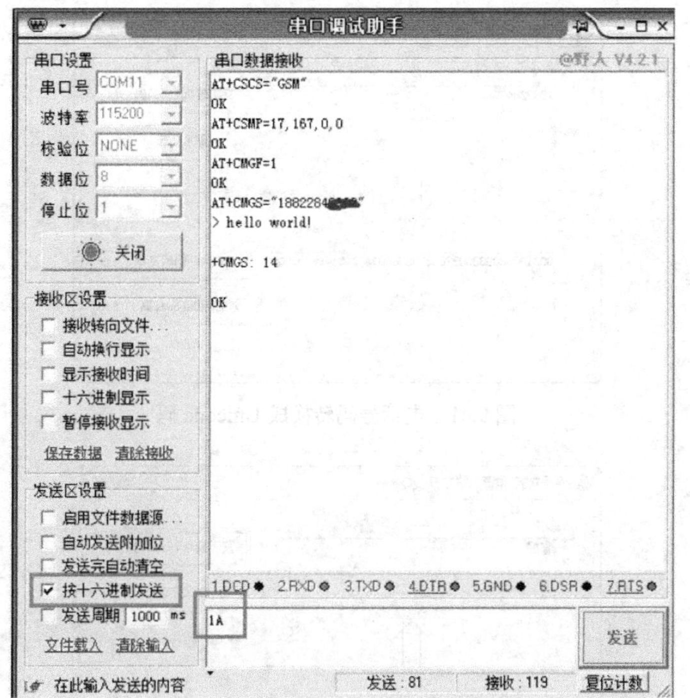

图 9.39　发送 1A 作为结束符

图 9.40　成功发出短信

4）发送中英文短信指令。由于短信内容包含中文，所以需要设置为 UCS2 编码字符集，并且之后发送的电话号码和短信都必须使用 Unicode 码的形式来发送。

例如，我们要向 1882284****发送“你好”，首先要用相关的汉字-Unicode 互换工具把“1882284****”和“你好”转换成 Unicode 字符串，当发送电话号码和短信时输入转换后的 Unicode 字符串就可以了。具体步骤如下。

① 运行编码转换软件，把电话号码和文本（短信内容）都转换成 Unicode 码，分别如图 9.41 和图 9.42 所示。

转换后，电话号码的 Unicode 码为 0031003800380032003200380034****************，短信内容的 Unicode 码为 4F60597D。

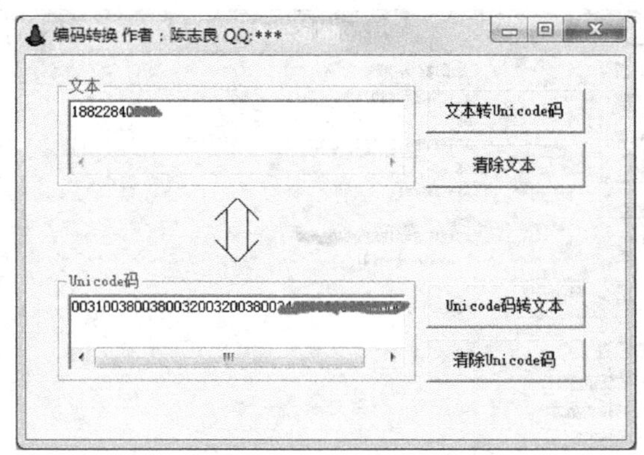

图 9.41　电话号码转换成 Unicode 码

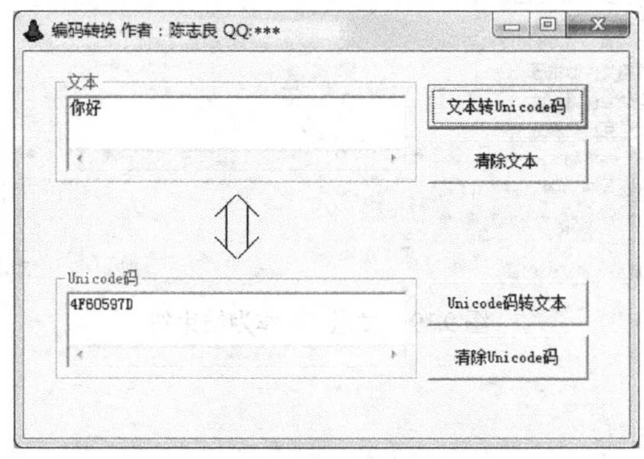

图 9.42　文本转换成 Unicode 码

② 在串口调试助手中设置字符集为 UCS2，即输入：“AT+CSCS="UCS2"（回车符）”，然后输入：“AT+CSMP=17,167,2,25（回车符）”，再输入：“AT+CMGF=1（回车符）”，如图 9.43 所示。

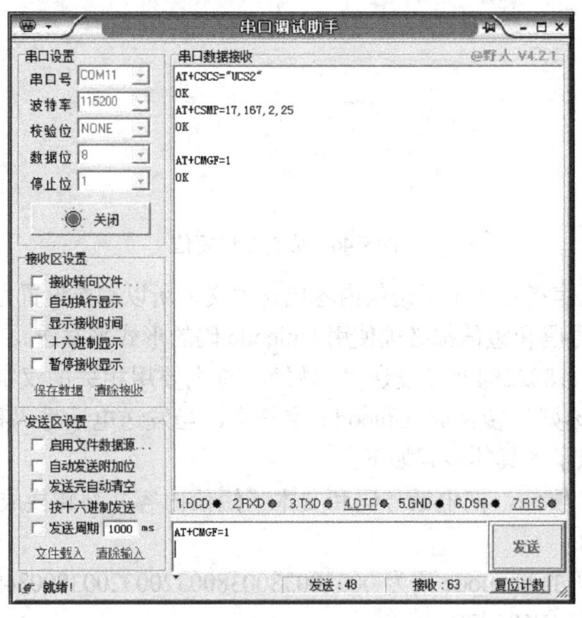

图 9.43　设置字符集为 UCS2

接下来输入发送电话号码的指令："AT+CMGS="0031003800380032003200380034***"（回车符）"，如图 9.44 所示。

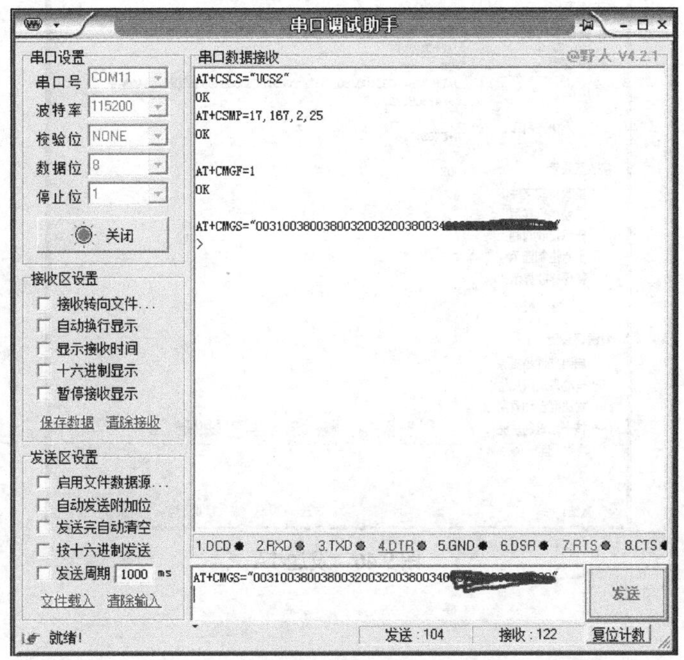

图 9.44　发送电话号码

然后输入要发送的内容："4F60597D"（无回车符），如图 9.45 所示。

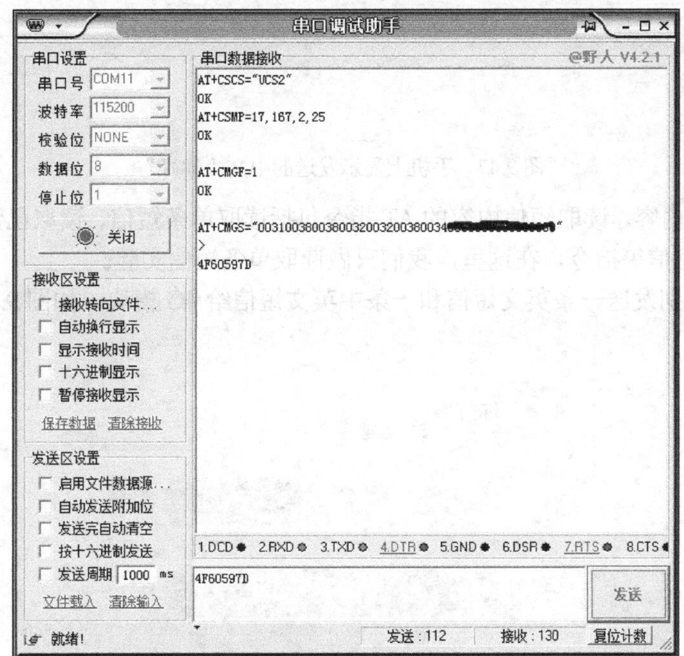

图 9.45　发送 4F60597D

最后以十六进制数形式发送结束符 1A，如图 9.46 所示，即可发送成功。手机上显示发送的中文"你好"，如图 9.47 所示。

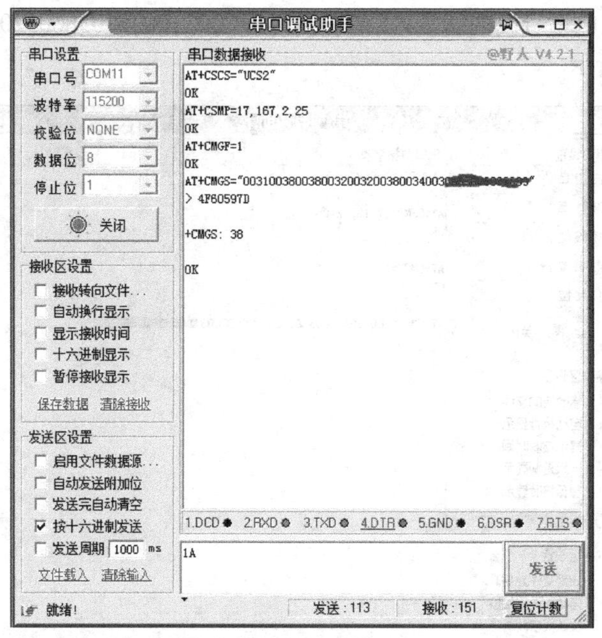

图 9.46　发送 1A

图 9.47　手机上显示发送的中文“你好”

5）读取短信内容。读取短信内容的 AT 指令包括读取单条短信、读取已读短信、读取未读短信、列出全部短信等指令，在这里，我们只做读取单条短信实验。

① 用手机分别发送一条英文短信和一条中英文短信给 4G 模块，如图 9.48 所示。

图 9.48　用手机发送短信

4G 模块串口会有收到短信提示，如图 9.49 所示。

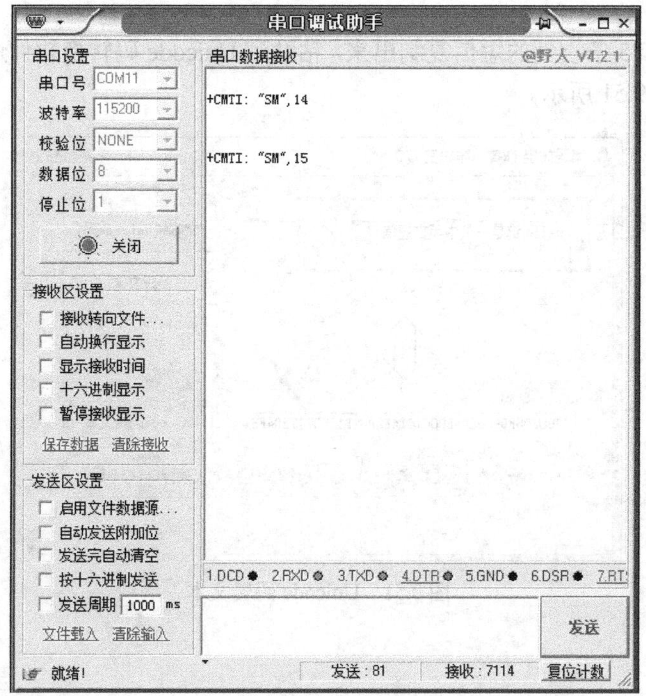

图 9.49　收到短信提示

根据提示可以看到，4G 模块接收到了两条短信，分别是第 14 条和第 15 条短信。

② 分别发送："AT+CMGR=14（回车符）"和"AT+CMGR=15（回车符）"，得到如图 9.50 所示的短信。

图 9.50　收到的短信

从图 9.50 中可以看到，第 14 条收到的短信和发送的一样，都是英文字母，第 15 条收到的短信则是一堆字符，那是因为第 15 条发送的短信中包含了中文字符，所以会以 Unicode 码的方式显示出来。

我们可以把第 15 条收到的短信复制出来，粘贴到 Unicode 码转换软件进行转换，即可得到相应的文本，如图 9.51 所示。

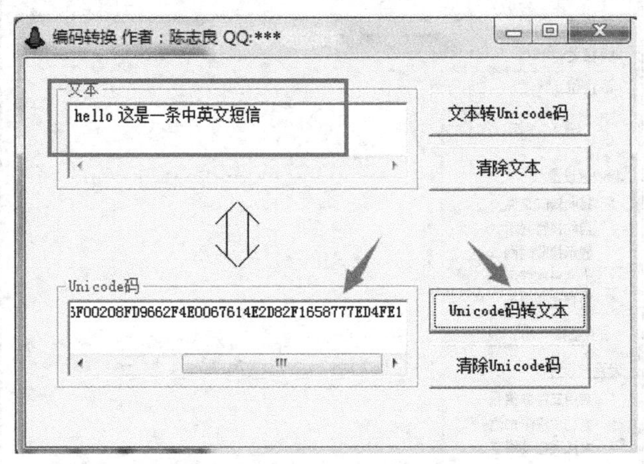

图 9.51 Unicode 码转文本

思考题

1. 读取发送给手机的短信内容。

第 10 章　STC12C5A60S2 基础实验

10.1　I/O 控制实验

实验目的

了解 STC12C5A60S2 单片机输入、输出原理。
掌握 STC12C5A60S2 单片机输入、输出的方法。
编程实现 STC12C5A60S2 的 I/O 口的应用。

实验环境

硬件：Wi-Fi 节点底板，USB 方形口线，PC 机。
软件：Windows 7，Keil μVision 集成开发环境，串口调试助手。

实验内容

编程控制 STC12C5A60S2 点亮 LED 或打开开关继电器。

实验原理

LED 硬件连接如图 10.1 所示，STC12C5A60S2 的 LED 接口如图 10.2 所示。

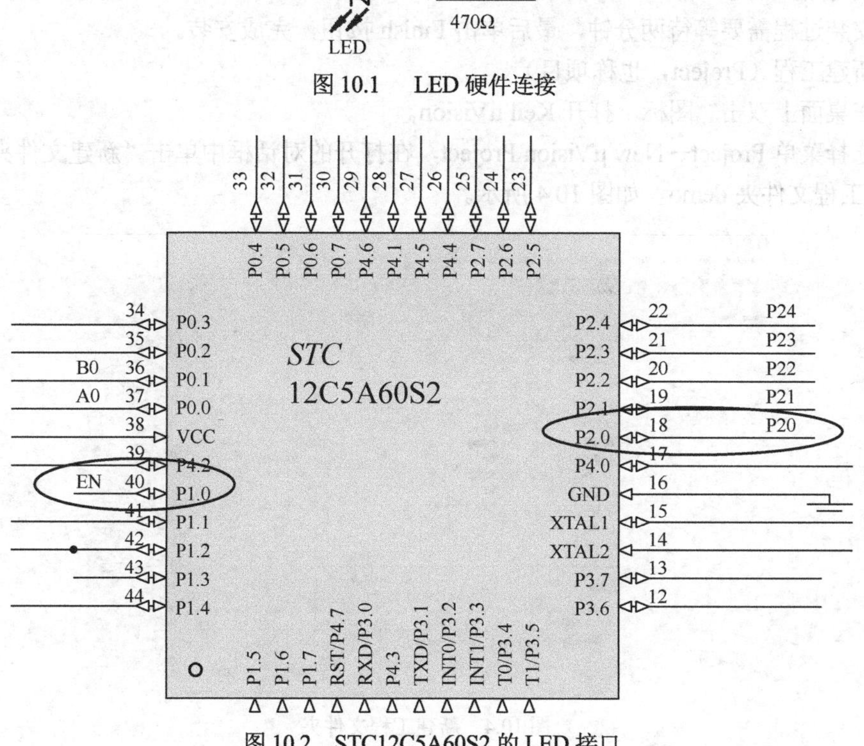

图 10.1　LED 硬件连接

图 10.2　STC12C5A60S2 的 LED 接口

实验步骤

1）安装软件。

① 双击安装软件（c51v956.exe ）进入安装向导，如图 10.3 所示，单击 Next 按钮，进入下一个页面。

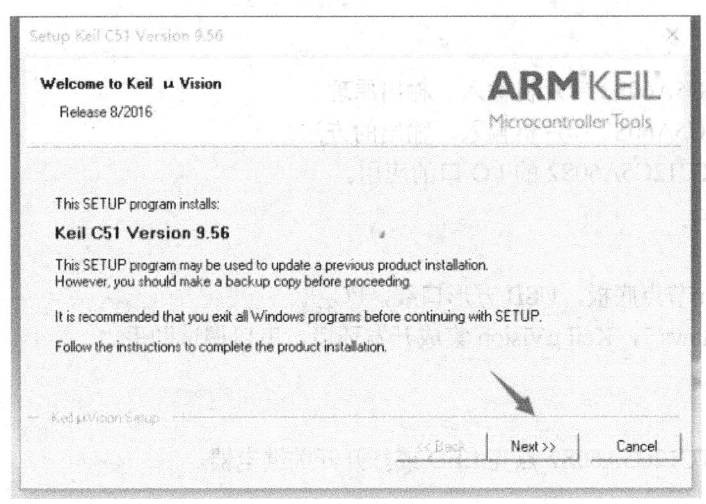

图 10.3　安装向导

② 勾选“I agree to”，单击 Next 按钮，进入下一个页面。

③ 选择路径（使用默认路径），单击 Next 按钮，进入下一个页面。

④ 填写用户信息，单击 Next 按钮，进入下一个页面。

⑤ 安装过程需要等待两分钟，最后单击 Finish 按钮，完成安装。

2）新建工程（Project，也称项目）。

① 在桌面上双击图标，打开 Keil µVision。

② 选择菜单 Project→New µVision Project，在打开的对话框中单击“新建文件夹”按钮，新建一个工程文件夹 demo，如图 10.4 所示。

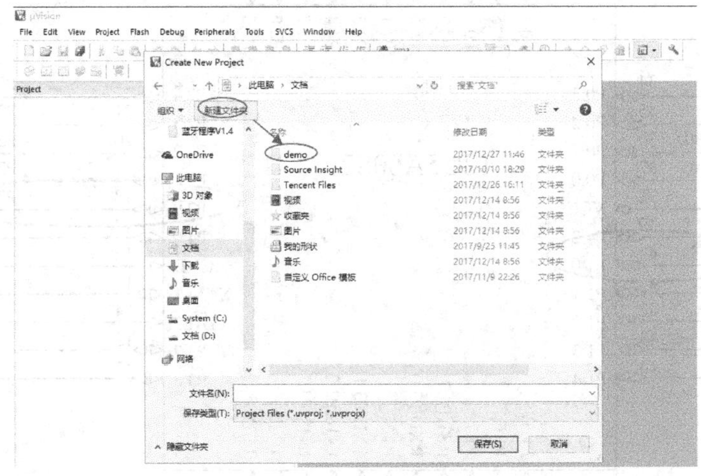

图 10.4　新建工程文件夹

③ 将新工程命名为 demo1，保存在 demo 文件夹中。

④ 工程 demo1 保存后会自动打开“Select Device for Target 'Target 1'”对话框，在其中需要为工程 demo1 选择 CPU 的型号，这里选择“STC MCU Database→STC12C5A60S2”，如图 10.5 所示。

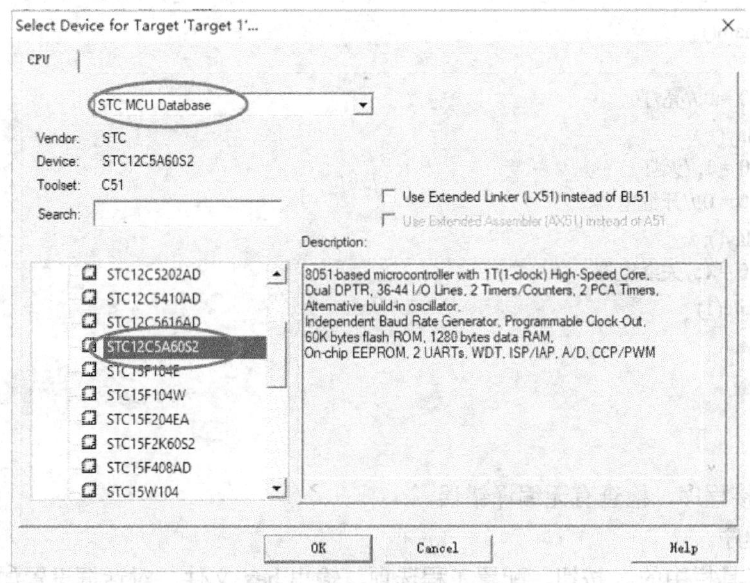

图 10.5　选择 STC12C5A60S2

⑤ 单击 OK 按钮，弹出提示框，单击“是”按钮，完成工程 demo1 的创建。

⑥ 在工程中添加 main.c 文件用于保存主程序。展开“Project:demo1→Target 1”，右击 Source Group 1，选择菜单“Add New Item to Group 'Source Group 1'”，在打开的对话框中选择 C File(.c)，文件名为 main.c，如图 10.6 所示。

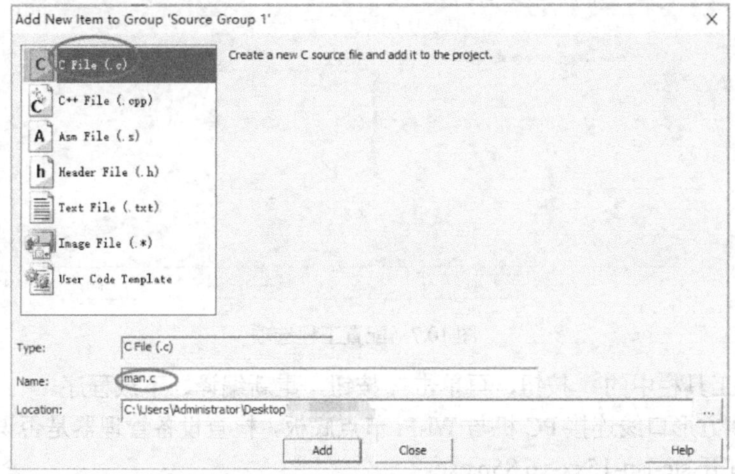

图 10.6　添加 main.c 文件

3）编写主程序。

代码如下：

```
#include "STC12C5A60S2.h"
void delay()
{
```

```
    int i,j;
    for (i=0; i<1000; i++)
    for (j=0; j<500; j++);
}
void main()
{
    P20 = 0;//亮灯
    delay();
    P20 = 1;//灭灯
//  P10 = 0;//开继电器
//  delay();
//  P10 = 1;//关继电器
//  while(1)
//  {
//      ;
//  }
}
```

编译并链接程序，检查有无编译错误。

4）下载程序。

① 单击工具栏中的按钮，配置工程选项，输出.hex 文件，对话框设置如图 10.7 所示。

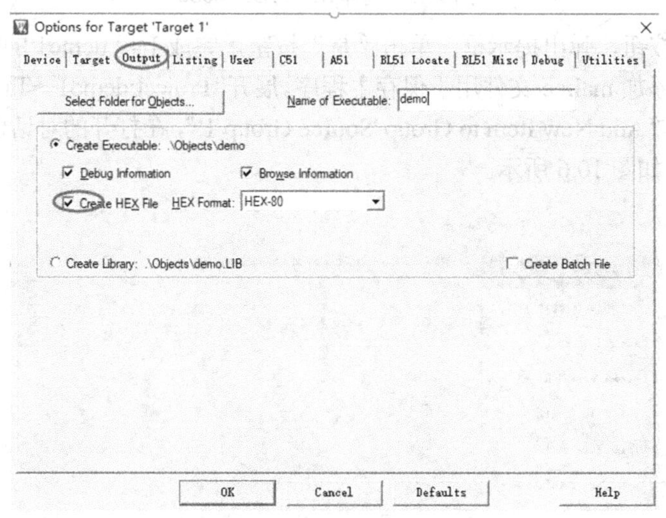

图 10.7 配置工程选项

② 先单击工具栏中的按钮，再单击按钮，重新编译、下载程序。

③ 用 USB 方形口线连接 PC 机与 Wi-Fi 节点底板，检查设备管理器是否识别到新的 COM 口，然后双击打开 stc-isp-15xx-v6.85p.exe。

④ 下载程序的步骤（见图 10.8）如下：

1—选择单片机型号（STC12C5A60S2）；

2—选择串口号（该串口是由设备管理器识别到的新 COM 口）；

3—打开程序文件，即对应工程文件夹下的.hex 文件；

4—单击“下载/编程”按钮，手动让模块重新上电（开关 S1），右侧的提示框中会提示操作成功，否则重复本步骤的操作。

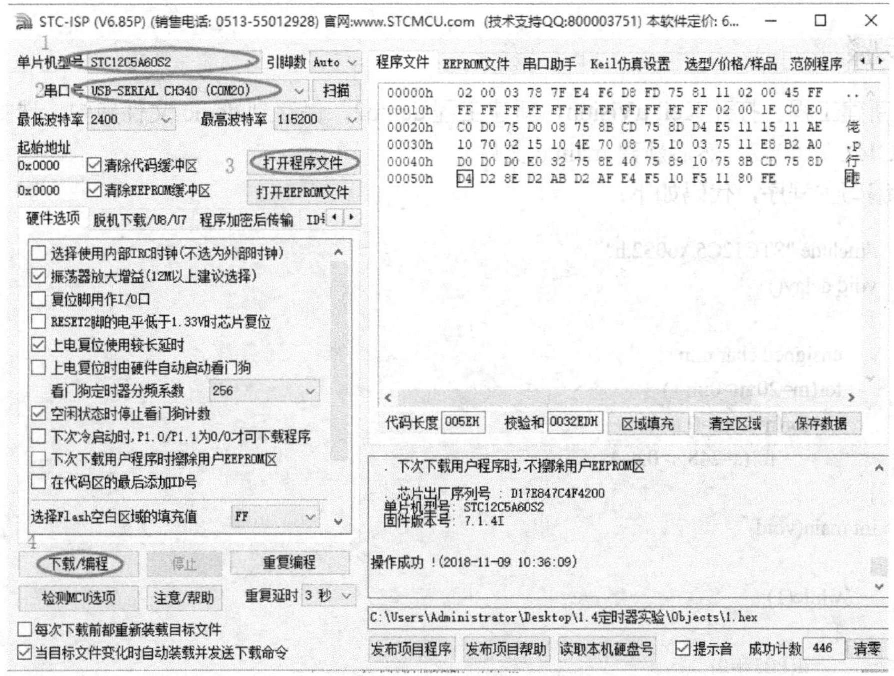

图 10.8 下载程序

思考题

1. 观察实验现象，观察 Wi-Fi 节点底板上的 L3G LED 是否被点亮。

10.2 按键实验

实验目的

了解 STC12C5A60S2 单片机的工作原理。

掌握 STC12C5A60S2 单片机按键的操作步骤和方法。

掌握编程实现 STC12C5A60S2 按键操作的方法。

实验环境

硬件：Wi-Fi 节点底板，USB 方形口线，PC 机。

软件：Windows 7，Keil μVision 集成开发环境，串口调试助手。

实验内容

编程控制 STC12C5A60S2 检测按键操作并点亮 LED 等。

实验原理

通过 Wi-Fi 节点底板的原理图可以看到 K1 键与引脚 P20 相连，按下的时候是低电平。因此，我们可以通过引脚的高、低电平来判断按键是否按下（为了防抖，检测到按键按下时需要间隔一段时间后再检测一次）。

实验步骤

1）新建工程。打开 Keil μVision，新建工程 demo2，保存到 demo 文件夹中。选择 CPU 型号为 STC12C5A60S2，然后新建 main.c 文件。

2）编写主程序，代码如下：

```
#include "STC12C5A60S2.h"
void delay()
{
    unsigned char m,n,s;
    for(m=20;m>0;m--)
        for(n=20;n>0;n--)
            for(s=248;s>0;s--);
}
int main(void)
{
    while(1)
    {
        if(P05==0)
        {
            delay();
            if(P05==0)
            {
                P20=0;
                while(!P05);
                    P20=1;
            }
        }
    }
}
```

编译、链接程序，检查有无编译错误。

3）下载程序，参考 10.1 节的实验步骤。

思考题

1．长按 Wi-Fi 节点底板上的 K1 键，如果 LED 绿灯 L3G 不亮，怎么操作？

2．松开 K1 键，LED 绿灯 L3G 亮，如何操作？

10.3 定时器实验

实验目的

了解 STC12C5A60S2 单片机中定时器的工作原理。

掌握 STC12C5A60S2 单片机中定时器的使用方法。

掌握 STC12C5A60S2 定时器的应用。

实验环境

硬件：Wi-Fi 节点底板，USB 方形口线，PC 机。

软件：Windows 7，Keil μVision 集成开发环境，串口调试助手。

实验内容

编程控制 STC12C5A60S2 定时亮灯。

实验原理

STC12C5A60S2 单片机中的定时器/计数器的结构框图如图 10.9 所示。

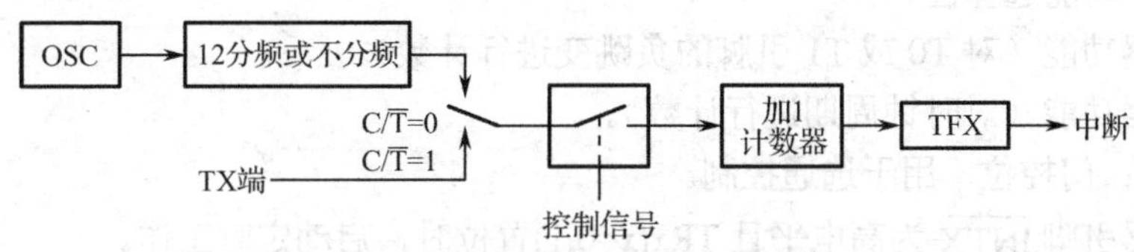

图 10.9　定时器/计数器的结构框图

定时器/计数器的核心是一个加 1 计数器。加 1 计数器的脉冲有两个来源，一个是外部脉冲源，另一个是系统的时钟振荡器。计数器对这两个脉冲源之一进行输入计数，每输入一个脉冲，计数值加 1，当计数到计数器全 1 时，再输入一个脉冲就使计数值回零，同时从最高位溢出一个脉冲使特殊功能寄存器 TCON 的 TF0 或 TF1 置 1，作为计数器的溢出中断标志。若定时器/计数器工作于定时状态，则表示定时时间到；若工作于计数状态，则表示计数值回零。所以，加 1 计数器的基本功能是对输入脉冲进行计数，至于其工作于定时还是计数状态，则取决于脉冲源。当脉冲源为时钟振荡器（等间隔脉冲序列）时，在每个时钟周期 TCON 寄存器加 1，由于计数脉冲为一个时间基准，所以脉冲数乘以脉冲间隔时间就是定时时间，因此为定时功能。当脉冲为间隔时间不等的外部脉冲时就是外部计数器，AUXR 寄存器在其对应的外输入端 T0 或 T1 有一个 11→0 的跳变加 1。外部输入信号的速率是不受限制的，但必须保证给出的电平在变化前至少采样一次。

结构框图里有两个模拟的位开关，前者决定定时器/计数器的工作方式是定时还是计数；后者受控制信号的控制，实际上决定了脉冲源是否加到计数器输入端，即决定加 1 计数器的开启与运行。起这两个开关作用的是特殊功能寄存器 TMOD 和 TCON 中的相应位，用户可对各位进行设置，从而选择不同的工作方式（计数或定时）或启动时间，并可设置响应的控制条件。另外，AUXR 寄存器中的 T0x12 和 T1x12 用于确定是否对时钟振荡器进行 12 分频。

TMOD 寄存器的各位定义见表 10.1。

表 10.1　TMOD 的各位定义

位号	D7	D6	D5	D4	D3	D2	D1	D0
定时器名称	定时器/计数器 1（T1）				定时器/计数器 0（T0）			
位名称	GATE	C/$\overline{T}$	M1	M0	GATE	C/$\overline{T}$	M1	M0

① M1 和 M0：工作方式控制位，见表 10.2。

表 10.2 M1 和 M0 工作方式控制位

M1	M0	工 作 方 式	功 能 说 明
0	0	0	13 位定时器/计数器（兼容 8048 定时器模式，一般不用）
0	1	1	16 位定时器/计数器
1	0	2	可自动装入的 8 位计数器
1	1	3	T0：分成两个 8 位计数器 T1：停止计数

对于工作方式 0～2，定时器/计数器 0 和定时器/计数器 1 的结构和工作过程是相同的。

② $C/\overline{T}$：功能选择位。

1：计数器功能（对 T0 或 T1 引脚的负跳变进行计数）。

0：定时器功能（对时钟周期进行计数）。

③ GATE：门控位，用于选通控制。

1：定时器引脚 $\overline{\text{INTX}}$ 为高电平且 TR*x*(*x*=0,1)置位时，启动定时工作。

0：每当 TR*x*(*x*=0,1)置位时，就启动定时工作。

注意：TMOD 寄存器不能进行位寻址，设置时只能对整个寄存器进行赋值。

TCON 寄存器的各位定义见表 10.3。

表 10.3 TCON 寄存器的各位定义

位号	D7	D6	D5	D4	D3	D2	D1	D0
位名称	TF1	TR1	TF0	TR0	IE1	IT1	IE0	IT0

TF1：T1 的溢出标志位。T1 启动计数后，T1 从初值开始加 1 计数。最高位产生溢出时，TF1 由硬件置 1，并向 CPU 请求中断。当 CPU 响应中断时，由硬件清零。TF1 也可以由程序查询或清零。

TR1：T1 的运行控制位。该位由软件置位和清零。当 GATE(TMOD.7)=0，TR1=1 时启动 T1 开始计数，TR1=0 时停止 T1 计数。当 GATE(TMOD.7)=1，TR1=1 且 $\overline{\text{INT1}}$ 输入高电平时，才允许 T1 计数。

TF0：T0 的溢出标志位。其含义和功能与 TF1 相似。

TR0：T0 的运行控制位。其含义和功能与 TR1 相似。

AUXR 寄存器的各位定义见表 10.4。

表 10.4 AUXR 寄存器的各位定义

位号	D7	D6	D5	D4	D3	D2	D1	D0
位名称	T0x12	T1x12	UART_M0x6	BRTR	S2SMOD	BRTx12	EXTRAM	S1BRS

T0x12：T0 速度控制位。

0：T0 的速度与传统 8051 单片机定时器的速度相同，即 12 分频。

1：T0 的速度是传统 8051 单片机定时器速度的 12 倍，即不分频。

T1x12：T1 速度控制位。

0：T1 的速度与传统 8051 单片机定时器的速度相同，即 12 分频。

1：T1 的速度是传统 8051 单片机定时器速度的 12 倍，即不分频。

实验步骤

1）新建工程。打开 Keil μVision，新建工程 demo3，保存到 demo 文件夹中。选择 CPU 型号为 STC12C5A60S2，然后新建 main.c 文件。

2）编写主程序，代码如下：

```
#include "STC12C5A60S2.h"
unsigned char i;
void main()
{
    TMOD=0x01;
    TL0=0x58;
    TH0=0x9e;
    i=20;
    ET0=1;
    EA=1;
    TR0=1;
    while(1);
}
void T0_ISR(void)interrupt 1
{
TL0=0x58;
TH0=0x9e;
    i--;
    if(i==0)
    {
        P20=!P20;
        i=20;
    }
}
```

编译、链接程序，检查有无编译错误。

3）下载程序，参考 10.1 节的实验步骤。

思考题

1．修改定时程序，使 Wi-Fi 节点底板上的 LED 绿灯定时 1 秒亮一次。

10.4　串口通信实验

实验目的

了解 STC12C5A60S2 的串口通信原理。

掌握 STC12C5A60S2 串口通信的方法和步骤。

掌握编程实现 STC12C5A60S2 串口通信的方法。

实验环境

硬件：Wi-Fi 节点底板，USB 方形口线，PC 机。

软件：Windows 7，Keil μVision 集成开发环境，串口调试助手。

实验内容

编程实现向 STC12C5A60S2 串口 1 传送数字 1～8 并显示出来。

实验原理

串行发送时，CPU 通过数据总线把 8 位并行数据发送给发送数据缓存，然后并行发送给移位寄存器，并在发送时钟和发送控制电路控制下通过 TXD 端一位一位地串行发送出去。起始位和停止位是由 UART 在发送时自动添加上去的。UART 发送完一帧后产生中断请求，CPU 响应后可以把下一个字符发送给发送数据缓存。

串行接收时，UART 监视 RXD 端，并在检测到 RXD 端有一个低电平（起始位）时开始一个新的字节接收过程。UAR 每接收到一位二进制数据位后就使接收移位寄存器左移一次，连续接收到一个字符后将其并行传输给接收数据缓存，并产生中断促使 CPU 从中取走所接收到的字符。

PC 机的 USB 接口为 USB 电平，而单片机的串口为 TTL 电平，因此必须通过电路实现 TTL 电平和 USB 电平的转换。电平转换一般使用 CH340 或者其他兼容转换芯片。单片机与 PC 机串行通信的硬件连接如图 10.10 所示。

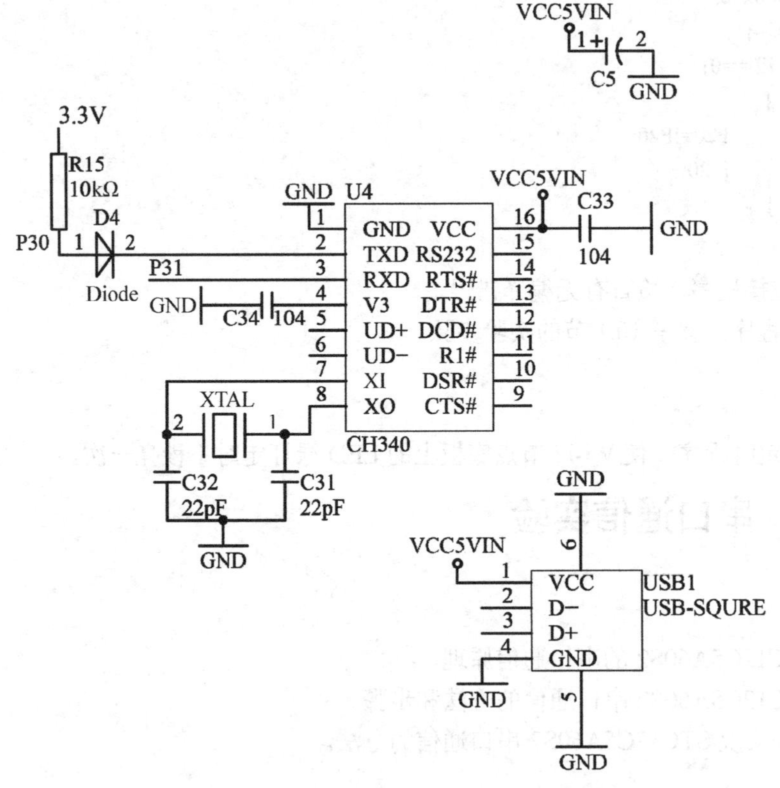

图 10.10　单片机与 PC 机串行通信的硬件连接

要在 PC 机上显示从单片机发过来的数据，可以直接用串口调试助手来测试串口连接单片机通信程序的设计正确与否。

UART1 对应的外部设备 I/O 引脚关系为：P3_0——RX，P3_1——TX。

UART2 对应的外部设备 I/O 引脚关系为：P1_2——RX，P1_3——TX。

实验步骤

1）新建工程。打开 Keil μVision，新建工程 demo4，保存到 demo 文件夹中。选择 CPU 型号为 STC12C5A60S2，然后新建 main.c 文件。

2）编写主程序，代码如下：

```
#include "STC12C5A60S2.h"
#include   "intrins.h"
#define   RELOAD_COUNT 0xfd
sbit MCU_Start_Led =P1^0;
unsigned char array[9]={0x30, 0x31, 0x32, 0x33, 0x34, 0x35, 0x36, 0x37, 0x38};
void UART_send(unsigned char i);
void delay(void);

void main(void)
{
    unsigned char i;
    SCON=0x50;
    BRT=RELOAD_COUNT;
    AUXR=0x11;
    ES=1;
    EA=1;

    delay();
    UART_send(0x6e);
    UART_send(0x75);
    UART_send(0x6d);
    UART_send(0x3a);
    for(i=0;i<9;i++)
        UART_send(array[i]);
    while(1);
}
void UART_send(unsigned char i)
{
    ES=0;
    TI=0;
    SBUF=i;
    while(TI==0);
    TI=0;
    ES=1;
}

void delay(void)
```

```
{
    unsigned int g, j;
    for(j=0;j<5;j++)
    {
        for(g=0;g<50000;g++)
        {
            _nop_();
            _nop_();
            _nop_();
        }
    }
}

void UART_Receive(void) interrupt 4
{
    unsigned char  k;
    if(RI==1)
    {
        RI=0;
        k=SBUF;
        UART_send(k+1);
    }else
        TI=0;
}
```

编译、链接程序，检查有无编译错误。

3）下载程序，参考 10.1 节的实验步骤。

思考题

1．如何使串口调试助手可以收到 num:012345678 等字节信息？

10.5　ESP8266 Wi-Fi 模块的驱动实验

实验目的

熟悉驱动 ESP8266 Wi-Fi 模块的相关 AT 指令。

掌握通过串口调试助手发送 AT 指令驱动 ESP8266 Wi-Fi 模块的方法。

掌握通过单片机发送 AT 指令驱动 ESP8266 Wi-Fi 模块的方法。

实验环境

硬件：ESP8266 Wi-Fi 模块，STM32 单片机，PC 机，智能节点。

软件：Keil μVision 集成开发环境，串口调试助手，网络调试助手。

实验内容

下载相关程序，把 STM32 单片机设置成串口透传模式，让串口 2（调试口）和串口 1（ESP8266 Wi-Fi 模块接口）实现透传，即可通过串口 2 发送 AT 指令控制 ESP8266 Wi-Fi 模块。

编程实现单片机自动控制 ESP8266 Wi-Fi 模块收发数据。

实验原理

ESP8266 Wi-Fi 模块的驱动方式为使用 AT 指令驱动，所有的操作都可通过发送 AT 指令来完成。我们可直接将其连接 PC 机的串口，通过串口调试助手来发送 AT 指令，即可了解 ESP8266 Wi-Fi 模块的工作流程。

通过串口调试助手来操作 ESP8266 Wi-Fi 模块，虽然可以很清楚地了解其工作流程，但是过程比较烦琐，在实际应用中此方法并不实用。因此需要用外部设备来自动发送 AT 指令控制此模块，实现全自动运行。

节点的通信方式有两种，一种为使用 Wi-Fi 模块，另一种为使用 ZigBee 模块。这两个模块与 STM32 之间都通过串口通信，并且都连接 STM32 的串口 1。区别在于，ESP8266 Wi-Fi 模块连接的是串口 1 的默认引脚，而 ZigBee 模块连接的是串口 1 的重映射引脚，如图 10.11 所示。

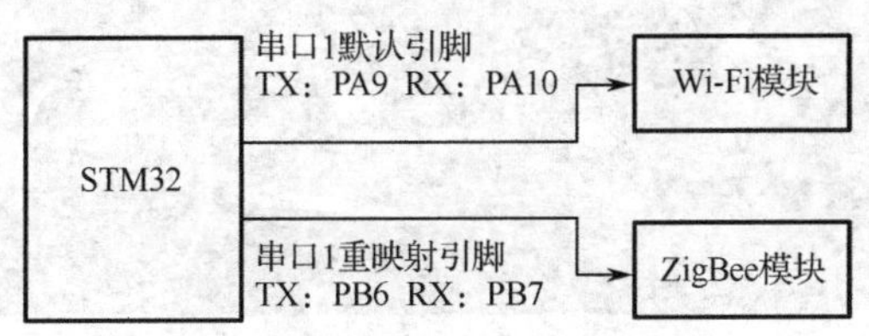

图 10.11 串口 1 的重映射引脚

我们可以设置 STM32 的串口 2（调试串口）与连接 Wi-Fi 模块的串口 1 进行透传，这样通过串口 2 发送原始 AT 指令时，Wi-Fi 模块也会收到一模一样的指令。

实验步骤

1）新建工程。打开 Keil μVision，新建工程 demo5，保存到 demo 件夹中。选择 CPU 型号为 STC12C5A60S2，然后新建 main.c 文件。

2）编写串口透传模式，代码如下：

```
#include "main.h"
#include "lcd.h"
#include "spi.h"
#include "usart.h"
#include "GPIO.h"
int main(void)
{
    GPIO_Configuration();              //GPIO 初始化
    delay_init();                      //延时函数初始化
    Lcd_Init();                        //初始化 LCD
    Usart1_Init(115200);               //串口 1 初始化
    Usart2_Init(115200);               //串口 2 初始化
    BACK_COLOR=BLACK;                  //设置背景为黑色
    POINT_COLOR=YELLOW;                //设置画笔为黄色
    LCD_Show_Chinese16x16(50,50,"串口透传模式");
    LCD_ShowString(50,80,"usart1 <---> usart2");
    while(1);
}
```

编译、下载程序，完成后，LCD 上会显示串口透传模式提示，如图 10.12 所示。

用方形口线把单片机的串口 2 与 PC 机的 USB 接口连接起来，如图 10.12 所示。

图 10.12　串口 2 与 PC 机的 USB 接口连接起来

3）打开 PC 机中的串口调试助手，设置波特率为 115200bps，其他设置如图 10.13 所示。发送字符串“AT”，若成功则返回“OK”字符串，如图 10.13 所示。

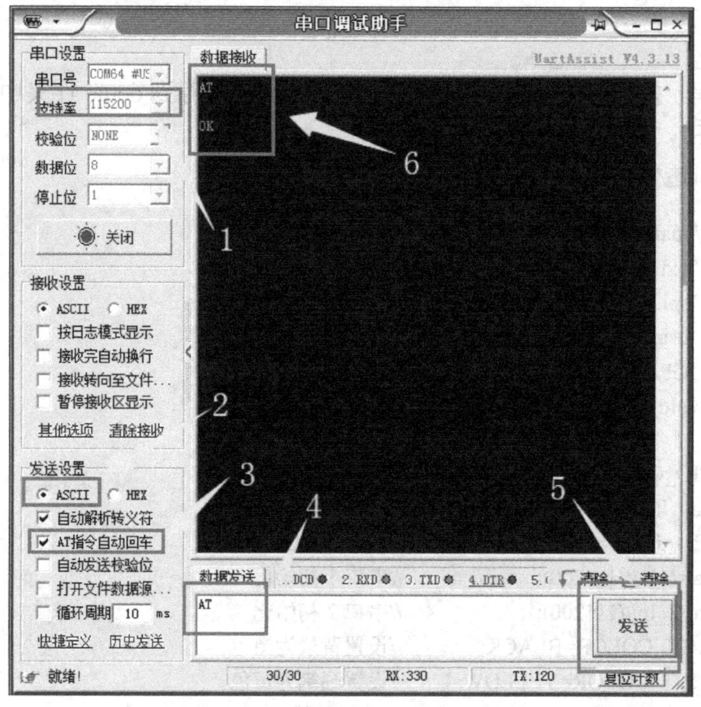

图 10.13　设置波特率为 115200bps

4）通过 AT 指令控制 ESP8266 Wi-Fi 模块发送字符串到 PC 机的网络调试助手（作为服务器）中。

① 查询 PC 机的 IP 地址。PC 机采用无线（或有线）方式连接一个 Wi-Fi 热点（或 Wi-Fi 路由器）后，查询当前的 IP 地址（可在命令控制台中输入 ipconfig 命令进行查询），如图 10.14 所示。

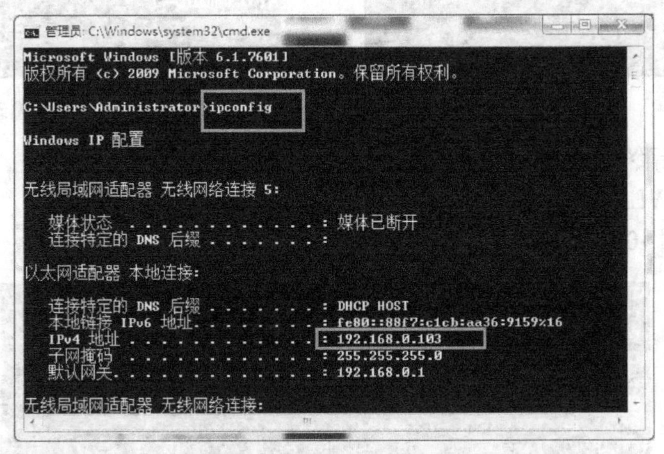

图 10.14 查询当前 IP 地址

② 打开 PC 机中的网络调试助手，建立服务器，如图 10.15 所示。

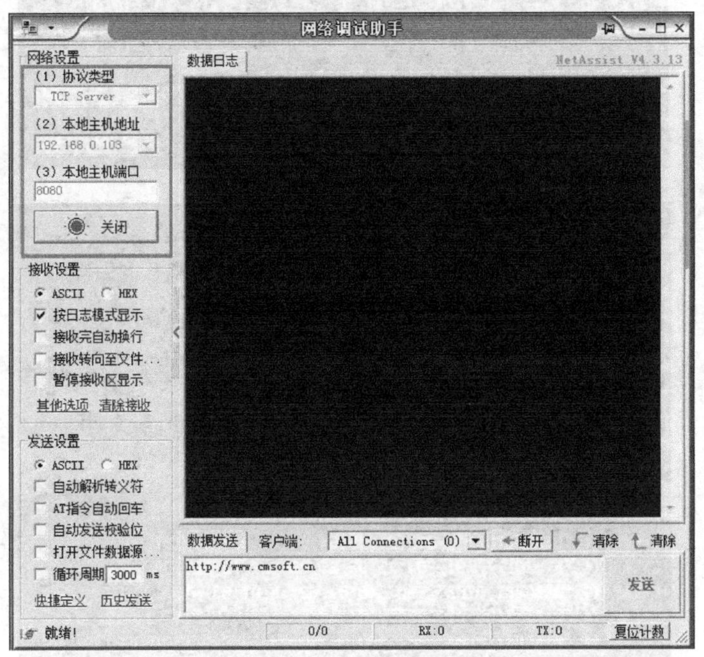

图 10.15 建立服务器

③ 发送 AT 指令：AT+RST（重启模块）。

（注意：串口调试助手中需勾选“AT 指令自动回车”复选框，如果没有勾选，则以下所有发送的 AT 指令后面必须手动回车。）

发送：AT+RST

重启模块成功后，返回结果如图 10.16 所示。

④ 发送 AT 指令：AT+CWMODE（设置模块工作模式）。

设置模块工作模式：1 为 STA 模式，2 为 AP 模式，3 为 STA 和 AP 模式。

例如，设置为 STA 和 AP 模式，发送：AT+CWMODE=3

成功后，返回结果如图 10.17 所示。

图 10.16　重启模块

图 10.17　设置模块工作模式

5）发送 AT 指令：AT+CWLAP（列出可用 Wi-Fi 列表）。

发送：AT+CWLAP

返回结果如图 10.18 所示。

```
AT+CWLAP
+CWLAP:(0,"FaryLink_EA84DC",-47,"6a:c6:3a:ea:84:dc",1,-9,0)
+CWLAP:(0,"FaryLink_EADA91",-48,"6a:c6:3a:ea:da:91",1,6,0)
+CWLAP:(4,"MERCURY_07C3",-50,"48:8a:d2:ab:07:c3",1,107,0)
+CWLAP:(0,"FaryLink_EA8E72",-50,"6a:c6:3a:ea:8e:72",1,-9,0)
+CWLAP:(0,"FaryLink_EA8DAA",-74,"6a:c6:3a:ea:8d:aa",1,3,0)
+CWLAP:(4,"WIFI_00",-47,"48:8a:d2:aa:de:bf",1,138,0)
+CWLAP:(0,"FaryLink_EACF16",-45,"6a:c6:3a:ea:cf:16",1,-2,0)
+CWLAP:(0,"FaryLink_EA8D97",-41,"6a:c6:3a:ea:8d:97",1,-6,0)
+CWLAP:(0,"FaryLink_EACF13",-47,"6a:c6:3a:ea:cf:13",1,-9,0)
+CWLAP:(0,"FaryLink_EA8DA5",-50,"6a:c6:3a:ea:8d:a5",1,-2,0)
+CWLAP:(0,"FaryLink_EADAA5",-48,"6a:c6:3a:ea:da:a5",1,-4,0)
+CWLAP:(0,"FaryLink_EADA9A",-47,"6a:c6:3a:ea:da:9a",1,-16,0)
+CWLAP:(0,"FaryLink_EA8E5E",-50,"6a:c6:3a:ea:8e:5e",1,-14,0)
+CWLAP:(0,"FaryLink_EA84F2",-54,"6a:c6:3a:ea:84:f2",1,-17,0)
+CWLAP:(2,"hjwl",-95,"50:2b:73:f8:8b:d1",1,127,0)
+CWLAP:(3,"efind123",-61,"34:79:16:01:81:08",1,115,0)
+CWLAP:(4,"TP-LINK_7148",-74,"b0:95:8e:af:71:48",1,117,0)
+CWLAP:(4,"TP-LINK_4FE9BA",-64,"38:83:45:4f:e9:ba",6,133,0)
+CWLAP:(4,"HZ_2",-49,"fc:d7:33:48:51:bc",6,130,0)
```

（a）

```
+CWLAP:(4,"EFIND",-53,"34:ce:00:30:03:a3",8,135,0)
+CWLAP:(4,"HP-Print-D7-Color LaserJet Pro",-
88,"90:cd:b6:14:86:d7",9,123,0)
+CWLAP:(4,"ChinaNet-EbuA",-73,"a8:e2:c3:5b:dd:80",10,147,0)
+CWLAP:(4,"HYCM-A",-47,"fc:7c:02:05:e4:55",11,123,0)
+CWLAP:(4,"TRwifi",-68,"dc:fe:18:83:d7:67",11,108,0)
+CWLAP:(3,"C409",-75,"b4:86:55:7f:f4:60",11,150,0)
+CWLAP:(3,"灏忚偉瀵涚殑缁夊箑鍜?,-89,"e0:a3:ac:02:6b:89",11,148,0)
+CWLAP:(3,"DIRECT-QADESKTOP-88G6RULmsJC",-
84,"30:b4:9e:bf:0c:c6",11,32767,0)
+CWLAP:(4,"ruizhen 02",-87,"88:25:93:a2:c3:88",11,123,0)
+CWLAP:(4,"GLFY",-92,"20:6b:e7:3e:15:d1",11,133,0)
+CWLAP:(3,"HC",-79,"14:75:90:79:7f:8b",11,143,0)
+CWLAP:(4,"LEADERTOP1",-89,"0c:4b:54:81:45:03",11,137,0)
+CWLAP:(4,"FY-2017",-91,"8a:25:93:25:d8:9e",12,120,0)
+CWLAP:(4,"MERCURY_0783",-50,"48:8a:d2:ab:07:83",13,133,0)
+CWLAP:(4,"WiFi-E100-019998",-88,"a4:86:ae:16:8c:e9",13,127,0)
+CWLAP:(4,"MERCURY_8D84",-87,"50:3a:a0:fd:8d:84",13,150,0)

OK
```

（b）

图 10.18　列出可用 Wi-Fi 列表

6）发送 AT 指令：AT+CWJAP（连接自己的 Wi-Fi）。

发送：AT+CWJAP="HZ_2","lxl:3098"

其中，HZ_2 为热点名称，lxl:3098 为密码。

（注意：中文分号不可用，必须在代码中输入英文分号。）

返回结果如图 10.19 所示。

7）发送 AT 指令：AT+CIPMUX（连接服务器）。

启动多模块连接，发送：AT+CIPMUX=1

返回结果如图 10.20 所示。

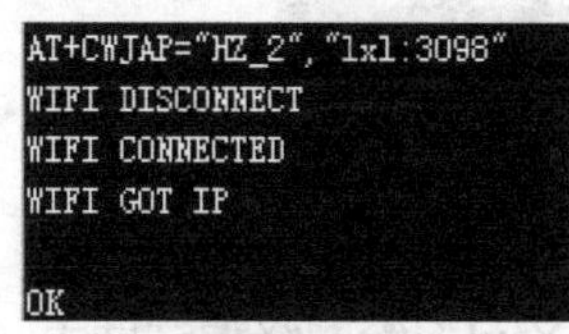

AT+CWJAP="HZ_2","1x1:3098"
WIFI DISCONNECT
WIFI CONNECTED
WIFI GOT IP

OK

图 10.19　连接自己的 Wi-Fi

AT+CIPMUX=1

OK

图 10.20　启动多模块连接

8）发送 AT 指令：AT+CIPSTART（连接服务器）。

模块的连接 ID 为 4 并连接服务器，发送：AT+CIPSTART=4,"TCP","192.168.0.103",地址（地址需要填自己 PC 机的实际地址）

返回结果如图 10.21 所示。

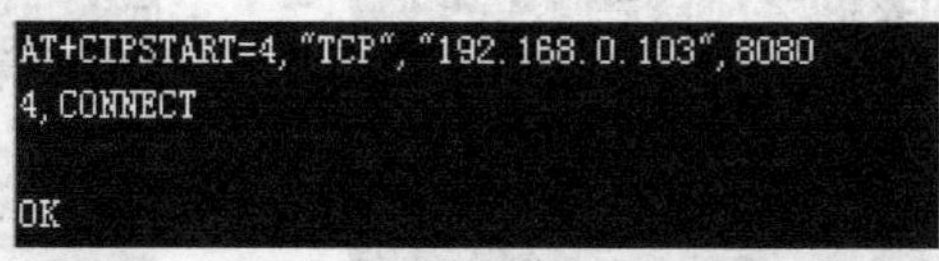

AT+CIPSTART=4,"TCP","192.168.0.103",8080
4,CONNECT

OK

图 10.21　模块的连接 ID 为 4，并连接服务器

同时，PC 机中的网络调试助手会显示连接的设备如图 10.22 所示。

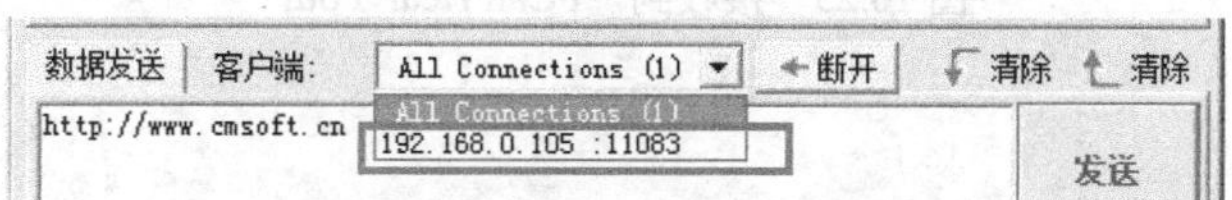

图 10.22　网络调试助手显示连接的设备

9）从服务器发送数据给 ESP8266 Wi-Fi 模块。

从网络调试助手（服务器）发送数据，串口调试助手中应返回相应的数据。

发送的数据如图 10.23 所示。

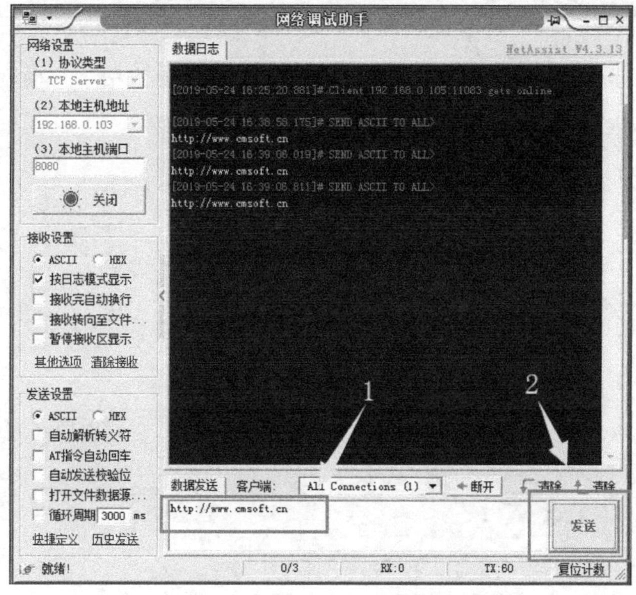

图 10.23　从网络调试助手发送的数据

返回的数据如图 10.24 所示。

```
+IPD,4,20:http://www.cmsoft.cn
+IPD,4,20:http://www.cmsoft.cn
+IPD,4,20:http://www.cmsoft.cn
```

图 10.24　返回的数据

10）从 ESP8266 Wi-Fi 模块发送数据给服务器。

例如，在串口调试助手中发送数据“I Can Hear You!”给网络调试助手（服务器）。

因为之前发起的连接 ID 为 4，所以发送字节数时需要加上 4。

发送：AT+CIPSEND=4,15　　　　（15 为字节数）

在网络调试助手中看到返回“>”后，再发送：“I Can Hear You!”。

发送成功，返回结果如图 10.25 所示

```
[2019-05-24 16:39:06.811]# SEND ASCII TO
ALL>
http://www.cmsoft.cn
[2019-05-24 16:44:32.404]# RECV ASCII FROM
192.168.0.105 :11083>
I Can Hear You!
```

(a)

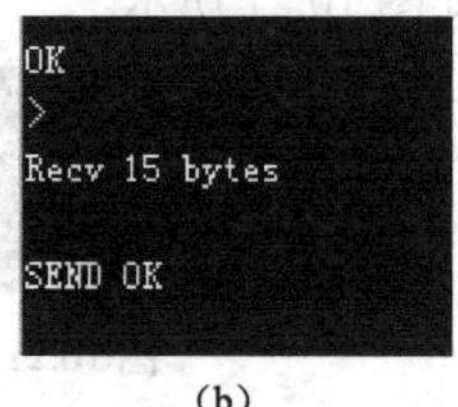

(b)

图 10.25　接收到“I Can Hear You!”

思考题

1．如何使用 AT 指令设置 AP 模式？

2．如何通过模块发送数据“Hello Wold!”给服务器？

3．如何实现 ESP8266 Wi-Fi 模块自动发送数据给服务器？